Excel大百科全书

Excel
VBA快速入门
数据处理实战技巧精粹

韩小良◎著

中国水利水电出版社
www.waterpub.com.cn
·北京·

内 容 简 介

《Excel VBA快速入门　数据处理实战技巧精粹》结合300多个精选实用实例和2个综合应用案例，详实介绍了Excel VBA的基础知识、使用方法和应用技巧。每个实例就是一个技巧，提供每个实例的详细源代码，并尽可能采用变量的方法，读者只需改变变量的值，就可以将实例提供的程序应用于其他方面。《Excel VBA快速入门　数据处理实战技巧精粹》适合于具有Excel基础知识和Excel VBA基础知识的各类人员阅读，特别适合想要学习Excel VBA但无从下手，想尽快掌握Excel VBA基本知识的各类人员阅读。还适用于开发公司信息管理应用系统的工作人员参考，也可作为大专院校经济类本科生、研究生、MBA学员及各类Excel培训班的教材或参考资料。

图书在版编目（CIP）数据

Excel VBA 快速入门：数据处理实战技巧精粹/韩小良著 .—北京：中国水利水电出版社 , 2019.6（2024.1 重印）

ISBN 978-7-5170-7501-1

Ⅰ.① E… Ⅱ.①韩… Ⅲ.①表处理软件 Ⅳ.① TP391.13

中国版本图书馆 CIP 数据核字 (2019) 第 040452 号

书　　名	Excel VBA 快速入门　数据处理实战技巧精粹 Excel VBA KUAISU RUMEN　SHUJU CHULI SHIZHAN JIQIAO JINGCUI
作　　者	韩小良　著
出版发行	中国水利水电出版社 （北京市海淀区玉渊潭南路1号D座 100038） 网址：www.waterpub.com.cn E-mail：zhiboshangshu@163.com 电话：（010）62572966-2205/2266/2201（营销中心）
经　　售	北京科水图书销售有限公司 电话：（010）68545874、63202643 全国各地新华书店和相关出版物销售网点
排　　版	北京智博尚书文化传媒有限公司
印　　刷	河北文福旺印刷有限公司
规　　格	180mm×210mm 24开本　20.75印张　672千字　1 插页
版　　次	2019年6月第1版　2024年1月第5次印刷
印　　数	18001—20000册
定　　价	79.80元

前 言
Preface

对大多数人来说，学习Excel VBA似乎是一件很困难的事情。那么，怎样学习Excel VBA才能尽快掌握并灵活运用呢？本书以大量的实例介绍Excel VBA的基本操作方法和技巧，通过阅读分析这些实例的程序代码，进行实际操作演练，就能够慢慢地将本书提供的各种方法和技巧化为自己的技能。

本书不为读者讲解晦涩难懂的术语，也不讲解各种对象、属性、方法和事件的概念，而是将各种Excel VBA知识和使用方法及技巧融合在实例之中，从而便于读者理解、分析，乃至应用于实际工作中。

本书特色

◆ 本书结合300多个精选实用案例和2个综合应用案例，详细介绍Excel VBA的基础知识、使用方法和应用技巧。

◆ 每个案例都会讲解一项技巧，在某些案例中，还介绍了相应技巧的一些变化，使读者能够通过一个案例学到尽可能多的方法和技巧。

◆ 提供每个案例的详细源代码，并尽可能采用变量的方法，读者只需改变变量的值，就可以将案例提供的程序应用于其他方面。

◆ 读者可以先从目录中查找自己感兴趣的技巧，然后打开该工作簿，并进行实际操作和查看、分析程序，从而尽快掌握该方法和技巧。

本书安排及内容简介

本书分为15章，内容涉及了Excel VBA大部分的知识和技巧。

第1~5章介绍了操作 Excel VBA 的基本方法和编程知识。

第6~13章以大量的篇幅详细介绍了操作、管理 Excel VBA 的常见对象(如 Application 对象、Workbook 对象、Worksheet 对象、Range 对象、窗体控件对象),以及对象事件的一些使用方法和应用技巧。可以说,掌握了这些对象的使用方法,也就基本掌握了 Excel VBA。

第14章和第15章详细介绍了两个运用 VBA 开发数据管理系统的综合应用案例。

我们真切希望本书提供的各种技巧能够成为您日常工作的好帮手,使您能够尽快掌握 Excel VBA,并将其应用于实际工作中。

本书读者对象

本书适合具有 Excel 基础知识和 Excel VBA 基础知识的各类人员阅读,特别适合想要学习 Excel VBA 但无从下手、想尽快掌握 Excel VBA 基础知识的各类人员阅读。本书可供开发公司信息管理应用系统的各类人员阅读,也可作为大专院校经济类本科生、研究生和 MBA 学员的教材或参考书。

关于 Excel 版本

本书所讲内容是以 Excel 2016 为操作版本,但也适用于 2007、2010 等较早期的版本。

致谢

在本书的编写过程中,得到了很多朋友的帮助,参与编写的人员有杨传强、于峰、李盛龙、董国灵、毕从牛、高美玲、王红、李满太、程显峰、王荣亮、韩良智、翟永俭、贾春雷、冯岩、韩良玉、徐沙比、申果花、韩永坤、冀叶彬、刘兵辰、徐晓斌、韩舒婷、刘宁、韩雪珍、徐换坤、张合兵、徐克令、张若曦、徐强子等,在此表示衷心的感谢!

中国水利水电出版社的刘利民老师和秦甲老师也给予了很多的帮助和支持,使得本书能够顺利出版,在此表示衷心的感谢。

由于水平有限,作者虽尽责尽力,以期本书能够满足更多人的需求,但书中难免存在疏漏之处,敬请读者批评、指正,我们会在适当的时间进行修订和补充。也欢迎加入 QQ 群一起交流,QQ 群号 580115086。

韩小良

Contents

目录

03
Chapter

Excel VBA基础语法 /35

05
Chapter

过程与自定义函数 /99

06 Chapter

VBA的对象、属性、方法和事件 /143

07 Chapter

操作Application对象 /153

08
Chapter

操作Workbook对象 /171

09
Chapter

操作Worksheet对象 /199

10 Chapter

操作Range对象 /219

11
Chapter

利用VBA处理工作表数据 /279

12
Chapter

使用用户窗体 /317

13
Chapter

使用窗体控件 /339

14
Chapter

Excel VBA综合应用案例之一：学生成绩管理系统 /409

15
Chapter

Excel VBA综合应用案例之二：客户信息管理系统 /447

01

通过录制宏了解Excel VBA

很多人觉得宏和VBA神秘莫测，非常难学，其实这是一个误区。如果要使用VBA来解决日常数据处理和分析问题，它并不难，也不神秘；如果你想成为程序员去开发应用程序，但学的又不是计算机专业，那么VBA看起来就很高深了。

VBA就是Visual Basic for Application的缩写，是一种面对对象的编程语言，其核心是VB语言，但又有自己的独特编程方法。Excel VBA对象有Application对象（Excel应用程序）、Workbook对象（工作簿)、Worksheet 对象(工作表)、Range 对象(单元格)、Chart 对象(图表)等。日常的数据处理也是在频繁处理这些对象,比如在某个工作簿的某个工作表的某些单元格里处理数据。

　　了解 Excel VBA 的第一步是录制宏,然后研究每步操作与录制的对应宏代码,可以快速掌握 Excel VBA 的基本使用方法和编程技巧。

　　在 Excel 中,大部分可以用键盘或菜单命令完成的动作都能被宏记录下来,然后将录制的宏代码与录制步骤进行对照分析,可以迅速掌握 Excel VBA 的基本语法和对象基础知识。

　　此外,在很多情况下,用户在开发应用程序时,很多代码都可以通过录制宏而获得,而不需要用户自己绞尽脑汁去编写程序,用户需要做的工作就是把录制的宏代码进行编辑加工,使之成为应用程序的一部分或可以调用的子程序。

　　本章将主要介绍有关宏操作的基础知识,包括录制宏、编辑宏、运行宏等。

1.1　录制宏

1.1.1　在功能区显示"开发工具"选项卡

在录制宏、使用VBA之前，要先在功能区显示出"开发工具"选项卡。在默认情况下，Excel的功能区中并没有出现"开发工具"选项卡，因此需要把它显示出来。方法是：在功能区的任一位置单击鼠标右键，执行快捷菜单中的"自定义功能区"命令，如图1-1所示。

图1-1　"自定义功能区"命令

执行该命令后，打开"Excel选项"对话框，在右侧的"自定义功能区"下拉列表框中选择"主选项卡"，在下方的列表框中勾选"开发工具"复选框即可，如图1-2所示。

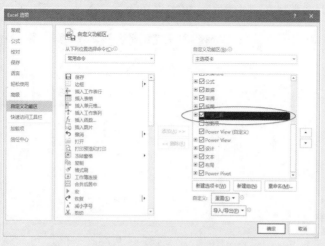

图1-2　准备在功能区显示"开发工具"选项卡

单击"确定"按钮,关闭"Excel选项"对话框,此时可以看到在功能区出现了"开发工具"选项卡,如图1-3所示。

图1-3 功能区出现"开发工具"选项卡

1.1.2 录制宏的基本方法

录制宏的方法是很简单的,其基本步骤如下。

步骤① 在"开发工具"选项卡的"代码"组中单击"录制宏"按钮,如图1-4所示。也可以单击工作表底部状态栏中的"录制宏"按钮 ,如图1-5所示。

图1-4 功能区中的"录制宏"按钮　　　　图1-5 状态栏中的"录制宏"按钮

步骤② 打开"录制宏"对话框,如图1-6所示。

图1-6 "录制宏"对话框

在"录制宏"对话框中,默认宏名为"宏",我们也可以重新命名一个更为直观的宏名,例如"数据处理"。

宏保存的默认位置为"当前工作簿",也就是说,录制的宏代码被默认保存在当前录制宏的工作簿中。

我们也可以选择其他的保存位置。在"保存在"下拉列表框中给出了3个保存位置,即"当前工作簿""新工作簿"和"个人宏工作簿",如图1-7所示。

图1-7 选择宏的保存位置

"当前工作簿"表示宏保存在当前录制宏的工作簿;"新工作簿"表示宏保存在一个新工作簿中,系统会自动创建一个新工作簿用于保存录制的宏;"个人宏工作簿"表示宏保存在一个名为Personal.xlsb的个人宏工作簿中。

在"说明"文本框中还可以输入一些说明文字,如创建者、录制宏的方式和日期。

此外,我们还可以定义快捷键,比如"Ctrl+字母(小写字母)"或"Ctrl+Shift+字母(大写字母)",以方便以后直接使用宏。但需要注意的是,在快捷键中使用的字母不能是数字或某些特殊字符(如@、#等),而使用"Ctrl+字母(小写字母)"则会使Excel的内置快捷键失效。

步骤③ 设置完毕后,单击"确定"按钮,即可进入录制宏状态,同时"录制宏"按钮变为"停止录制"按钮,如图1-8、图1-9所示。

图1-8 功能区的"停止录制"按钮

图1-9 状态栏中的"停止录制"按钮

1.1.3　录制宏应注意的事项

录制宏应注意以下事项。

(1) 在录制宏之前，最好先制定一份详细的操作步骤，然后按照操作步骤仔细操作，以减少不必要的操作，避免错误的发生。

(2) 并不是所有的对 Excel 的操作都会被录制下来，但一般绝大部分的 Excel 操作是可以通过录制宏的方式录制下来的。

1.1.4　录制宏练习

案例1-1

下面我们结合案例，来说明录制宏的基本方法和步骤。

图 1-10 所示是从 K3 导入的数据，这个表格有两个问题需要处理。

(1) A 列的日期是文本型日期，需要转换为数值型日期。

(2) A 列至 D 列存在大量空白单元格，这些空白单元格中实际上是上一行的数据，故需要填充。

	A	B	C	D	E	F	G
1	日期	单据编号	客户编码	购货单位	产品代码	实发数量	金额
2	2009-05-01	XOUT004664	37106103	客户A	005	5000	26766.74
3	2009-05-01	XOUT004665	37106103	客户B	005	1520	8137.09
4					006	1000	4690.34
5	2009-05-02	XOUT004666	00000006	客户C	001	44350	196356.7
6	2009-05-04	XOUT004667	53004102	客户D	007	3800	45044.92
7					006	600	7112.36
8	2009-05-03	XOUT004668	00000006	客户E	001	14900	65968.78
9					006	33450	148097.7
10	2009-05-04	XOUT004669	53005101	客户A	007	5000	59269.64
11	2009-05-04	XOUT004670	55803101	客户G	007	2300	27264.03
12					006	2700	32005.6
13	2009-05-04	XOUT004671	55702102	客户Y	007	7680	91038.16
14					006	1420	16832.58
15	2009-05-04	XOUT004672	37106103	客户E	005	3800	20342.73
16					006	2000	12181.23
17					007	1500	17780.89
18					008	2200	45655
19	2009-05-04	XOUT004678	91006101	客户A	007	400	4741.57
20	2009-05-04	XOUT004679	37106103	客户Q	006	10000	53533.49

Sheet1

图1-10　原始数据

步骤 ① 单击"录制宏"按钮，打开"录制宏"对话框，如图 1-11 所示。默认情况下，宏名为"宏1""宏2""宏3"这样的名字，保存位置是"当前工作簿"。我们可以重命名宏，并添加说明文字，如图1-12所示。

图1-11 默认的"录制宏"对话框　　　图1-12 设置新的宏名称，添加说明文字

步骤② 单击"确定"按钮，就开始录制宏了。

步骤③ 在当前工作表上进行数据处理操作，要特别注意尽量不要出错和重复。本例中，具体的操作过程如下。

① 选中A列。

② 单击"数据"选项卡中的"分列"按钮，打开"文本分列向导"。第1步和第2步默认；在第3步中，选中"日期"单选按钮，将A列的文本型日期转换为真正的日期，如图1-13所示。

图1-13 在"文本分列向导"的第3步选中"日期"单选按钮

③ 选择A列至D列。

④ 按F5键或者按Ctrl+G组合键，打开"定位"对话框，单击左下角的"定位条件"按钮，如图1-14所示；在弹出的如图1-15所示"定位条件"对话框中选中"空值"单选按钮，即可选中数据区域内的所有空白单元格。

图1-14　单击"定位条件"按钮

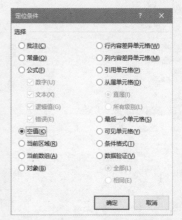

图1-15　选中"空值"单选按钮

⑤ 在单元格A4中输入公式"=A3"，按Ctrl+Enter组合键，将数据区域内所有的空白单元格填充为上一个单元格数据。

步骤④ 最后单击"停止录制"按钮，退出录制宏状态。

这样，录制宏的工作就完成了。

1.2 查看编辑宏

为了把录制的宏整理成一个通用的、可重复使用的宏，我们需要对录制的宏进行编辑和加工。

1.2.1 打开VBE窗口和代码窗口

在"开发工具"选项卡中单击"代码"组中的Visual Basic按钮，或者按Alt+F11组合键，打开Microsoft Visual Basic for Applications窗口（简称VBE窗口）。在"工程–VBAProject"窗格中单击"模块"左边的"+"号将其展开，然后双击"模块1"，打开宏代码窗口，如图1-16所示。

一般情况下，新录制的宏保存在"模块1"中。若有很多模块，而又不知道录制的宏保存在哪个模块中，可以双击每个模块进行查看。

图1-16　查看录制的宏代码

1.2.2　查看阅读录制的宏

下面是录制的宏代码。

```
Sub 整理数据 ()
'
'整理数据 宏
'任务：修改 A 列非法日期，并填充空单元格 韩小良于 2019 年 9 月 29 日录制
'
'
'
    Columns("A:A").Select
    Selection.TextToColumns Destination:=Range("A1"),DataType:=xlDelimited, _
        TextQualifier:=xlDoubleQuote,ConsecutiveDelimiter:=False,Tab:=True, _
        Semicolon:=False, Comma:=False, Space:=False, Other:=False,FieldInfo _
        :=Array(1, 5), TrailingMinusNumbers:=True
    Columns("A:D").Select
    Selection.SpecialCells(xlCellTypeBlanks).Select
    Application.CutCopyMode = False
    Selection.FormulaR1C1 = "=R[-1]C"
End Sub
```

下面对录制的宏代码进行分析。

(1) 宏命令以 Sub 开始,"Sub 整理数据()"表示宏名为"整理数据",在 Sub 和宏名之间应有至少一个空格,宏名后应有一对圆括号"()";宏命令以 End Sub 结束;在 Sub 和 End Sub 之间的各行语句均为宏代码,都是 VBA 命令。

实际上,所有的程序(除自定义函数外),都是以 Sub 开头,以 End Sub 结束。

(2) 以单引号"'"开头的语句为注释语句,仅表示对程序的注释说明。适当加入注释语句可以增强程序的可读性,避免在程序出现错误而需要修改时出现困难。注释语句以绿色字体出现,在执行宏时,所有的注释语句均被忽略。

(3) Columns 是 Excel VBA 的一种 Range 对象,Columns("A:A")表示引用 A 列。

(4) Select 是 Excel VBA 的一种方法,也就是选择某个对象的动作。Columns("A:A").Select 就是选择 A 列。

(5) Selection 表示被选中的对象,这里指的就是上一句选择的 A 列。

(6) Selection.TextToColumns 这个长语句就是执行对 A 列的分列命令,重点是将 A 列数据格式转换为日期。

(7) Columns("A:D").Select 是选择 A:D 列。当选中了 A 列至 D 列后,就使用 SpecialCells 方法定位特殊的单元格,这个语句就是 Selection.SpecialCells(xlCellTypeBlanks).Select,也就是定位所选区域内的空白单元格,并选中这些空白单元格。

(8) Application 是 Excel VBA 的最高端对象,表示的是 Excel 应用程序。CutCopyMode 是 Application 对象的一个属性,表示是否设置剪切或复制模式状态。Application.CutCopyMode = False 表示不设置。这个语句跟刚才的操作步骤没有任何关系。

(9) 语句 Selection.FormulaR1C1 = "=R[-1]C"表示在选择的这些空白单元格中批量输入公式,以填充上一个单元格的数据。这里的单元格引用方式是 R1C1 方式。

通过对上面的宏代码进行分析,可以看到很多代码是自动录制的,我们也不需要进行任何修改,保持默认的语句就可以了。

在实际工作中,有时候数据行数或者位置会发生变化,此时就需要对宏代码进行编辑加工,以使其成为通用的、可以用于任何场合的宏代码。

1.2.3 宏代码的保存位置

一般情况下,录制的宏代码,以及自己编写的 VBA 代码,都是保存在模块中。

如果是新建一个工作簿,并且也没有录制宏,要亲自动手编写代码,则需要先插入一个模块。插入模块的方法是:在 VBE 窗口中执行"插入"→"模块"命令即可,如图 1–17 所示。

图1-17 插入模块

插入模块后,会自动打开代码窗口,然后就可以在此代码窗口中编写程序代码了,如图1-18所示。

图1-18 程序代码窗口

1.3 运行宏

当录制宏完成并编辑加工后,即可运行录制的宏了。

若录制宏保存在当前的工作簿中,则在此工作簿中的任何一个工作表中都可以运行该宏。

若录制宏保存在个人宏工作簿中,则在任何一个工作簿中的任何一个工作表中都可以运行该宏。

若录制宏保存在新工作簿中,则在运行该宏之前,要先打开保存该宏的工作簿。但是,如果采用了单击命令按钮或控件的方法运行该宏(已经为按钮或控件指定了宏),则当单击按钮或控件时,系统就会自动打开保存宏的工作簿。

运行宏有很多方法,比如使用定义的快捷键、使用对话框、使用自定义的工具按钮、使用控件按钮、使用图形对象等。

1.3.1　使用命令按钮运行宏

在工作表的适当位置插入一个表单控件的命令按钮，会立即打开一个"指定宏"对话框，然后从"宏名"列表框中选择刚才录制的宏，单击"确定"按钮，就给插入的命令按钮指定了宏，如图1-19所示。

图1-19　为命令按钮指定宏

最后把命令按钮的标题文字修改为"整理数据"，单击工作表的任一单元格，退出编辑状态。

 提示

如果一个对象出现了 8 个小圆圈，则说明此时它处于编辑状态。

1.3.2　在 VBE 窗口中运行宏

打开要执行的宏代码窗口，将光标移到要运行宏的任意代码处，然后按 F5 键，或者在 VBE 窗口中执行"运行"→"运行宏"命令，即可运行该宏。

如果要逐行运行宏，可以不断地按 F8 键。

1.3.3 在其他过程中运行录制的宏

录制的宏可以单独运行,也可以在其他的过程中被调用。由于录制的宏一般是无参数的过程,因此在其他过程中运行录制的宏时,只需使用下面的Call语句。

Call 宏名

或者直接写宏名:

宏名

建议采用"Call 宏名"这个语句,因为这样看起来更加直观。

例如,假设录制了一个名为"数据分析"的宏,则在其他过程中运行该宏的语句如下:

Public Sub main()
    Call 数据分析
End Sub

1.4 删除录制的宏

当不再需要录制的宏时,我们可以将其从工作簿中删除。根据实际情况的不同,我们可以将某个录制的宏删除,也可以将录制的宏连同保存录制宏的模块一并删除。

1.4.1 删除指定的录制的宏

删除指定的录制的宏的方法是:打开VBE窗口,找到保存有要删除宏的模块,打开程序代码窗口,选择该宏的全部代码,按Delete键即可。

1.4.2 将录制的宏连同保存录制宏的模块一并删除

如果某个模块中只保存了一个录制的宏,那么可以将录制的宏连同保存录制宏的模块一并删除。具体方法如下:

步骤 ① 在"工程–VBAProject"(工程资源管理器)窗格中,选择保存有要删除宏的模块。

步骤 ② 单击鼠标右键,在弹出的快捷菜单中执行"移除 ***"命令,如图1-20所示。

图1-20　选择要删除的模块并执行快捷菜单命令

步骤 ③ 在弹出的警告对话框中，单击"否"按钮，即可将该模块完全删除，如图1-21所示。

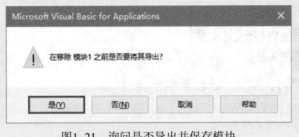

图1-21　询问是否导出并保存模块

如果在图1-21所示对话框中单击"是"按钮，就会要求指定保存该模块的位置并进行保存。这样，在以后还想使用这个宏时，可以再次导入到工作簿中。

1.5　有宏代码的工作簿注意事项

1.5.1　保存有宏代码的工作簿

有宏代码的工作簿，必须保存为"Excel启用宏的工作簿"类型，其扩展名是".xlsm"。

1.5.2 设置宏安全等级

为了能够启用宏,需要设置宏安全等级。方法是:单击"开发工具"选项卡中的"宏安全性"按钮,打开"信任中心"对话框,选中"禁用所有宏,并发出通知"单选按钮,如图1-22所示。

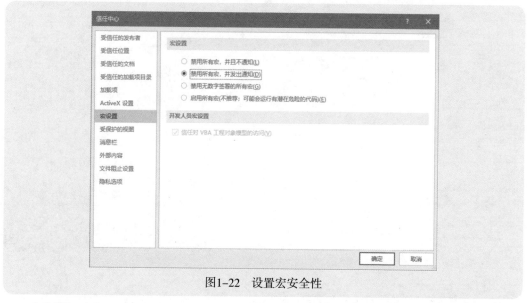

图1-22　设置宏安全性

这种设置,可以让我们在打开工作簿时对是否启用宏有一个选择。当打开有宏代码的工作簿时,会在功能区底部出现一个警告标记,如图1-23所示。如果认为该宏可信任,就单击"启用内容"按钮。

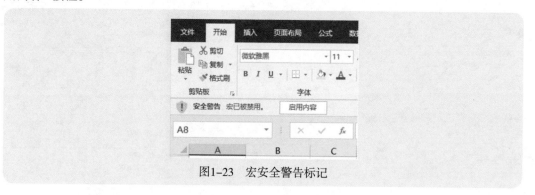

图1-23　宏安全警告标记

Chapter

02

使用VBE工具

Excel VBA的操作，诸如编写程序代码、插入模块、创建窗体和控件、修改程序、调试程序等，都是在VBE窗口中进行的。VBE窗口中有很多工具按钮、命令以及相关的窗口，利用这些工具、命令和窗口，我们可以很方便地进行VBA操作。

2.1 VBE窗口的结构

在Excel工作表界面下，单击"开发工具"选项卡"代码"组中的Visual Basic按钮，或者按Alt+F11组合键，就会打开Microsoft Visual Basic for Applications窗口（简称VBE窗口）。如图2-1和图2-2所示就是典型的VBE窗口。

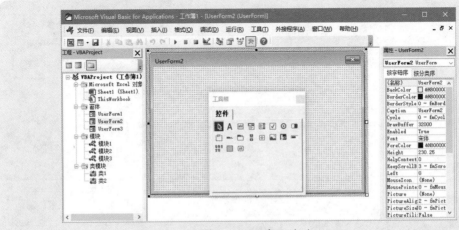

图2-1　VBE窗口（1）

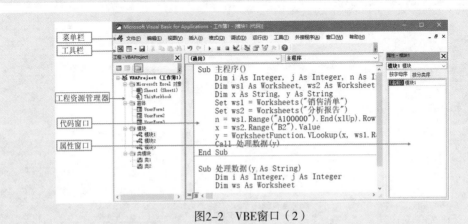

图2-2　VBE窗口（2）

VBE窗口有很多工具按钮、命令，以及相关的窗口。例如，在图2-1所示的VBE窗口中，最上面是菜单栏和工具栏；左边是"工程资源管理器"窗口；中间是对象/代码窗口；右边是属性窗口。此外，通过执行某些命令，还可以打开其他一些工具栏和窗口，也可以根据自己的喜好重新安排VBE窗口。

2.2 设置VBE窗口项目

在VBE窗口中执行"工具"→"选项"命令，打开"选项"对话框，如图2-3所示。通过此对话框，我们可以对编辑器的有关属性、格式等项目进行设置。

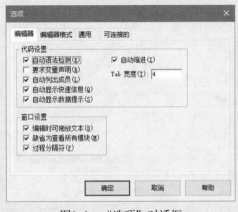

图2-3 "选项"对话框

2.2.1 设置"编辑器"选项卡项目

在"编辑器"选项卡中包括"代码设置"和"窗口设置"两个选项组。

1. "代码设置"各项目的功能

（1）自动语法检测

"自动语法检测"选项决定Visual Basic是否在输入一行代码之后自动校对并修正语法。

（2）要求变量声明

"要求变量声明"是指在模块中是否必须进行变量声明。如果勾选该复选框，则会在任一新模块的标准声明中添加Option Explicit语句。如图2-4所示就是在勾选"要求声明变量"复选框后，当插入一个新模块时，自动在模块的顶部出现Option Explicit 语句。

图2-4　在新模块顶部自动出现Option Explicit 语句

（3）自动列出成员

"自动列出成员"是指在程序中输入对象和句点后，系统会自动列出该对象的所有可用的属性和方法，只要在此列表中选择需要的属性或方法，按空格键、Tab 键或双击鼠标左键，就可以将选中的属性或方法输入到代码中，如图2-5所示。

图2-5　自动列出所有可选的成员

在对VBA合法语句和函数输入各个参数、设置对象的属性值时，系统还会显示函数参数或对象属性的常数列表，供用户快速选择输入函数参数或对象的属性值，如图2-6所示。

图2-6　自动列出所有可选的常数

（4）自动显示快速信息

"自动显示快速信息"是指在输入合法的VBA语句或函数名之后，关于该语句或函数的语法立即显示在当前行的下面，并用黑体字显示它的第一个参数的信息。例如，输入函数名MsgBox，再输入一个空格，就会显示MsgBox函数的参数列表信息，如图2-7所示。

图2-7 自动快速显示函数的语法信息

（5）自动显示数据提示

"自动显示数据提示"就是显示出指针所在位置的变量值，只能在中断模式下使用。如图2-8所示，当鼠标移到变量x上方时，就显示出该变量的计算结果为"x = "这是测试""。

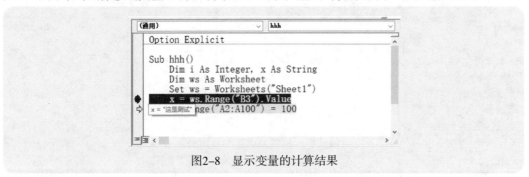

图2-8 显示变量的计算结果

（6）自动缩进

"自动缩进"就是定位代码的第一行，所有接下来的代码会在该定位点开始。

（7）Tab宽度

"Tab宽度"就是设置定位点宽度，范围为1~32个空格，默认值是4个空格。

2. "窗口设置"各项目的功能

(1) 编辑时可拖放文本

"编辑时可拖放文本"是指在当前代码中,可以从"代码"窗口拖放元素到"立即"窗口或"监视"窗口。

(2) 缺省为查看所有模块

"缺省为查看所有模块"选项用于设置新模块的默认状态。在代码窗口中查看过程,单一滚动列表时,一次只看一个过程,这不会改变当前已打开模块的视图方式。

(3) 过程分隔符

"过程分隔符"选项用于显示或隐藏"代码"窗口中每个过程尾端的分隔符条,只有当"缺省为查看所有模块"复选框被选中时它才起作用。

2.2.2 设置"编辑器格式"选项卡项目

"编辑器格式"选项卡用于设置 Visual Basic 代码的外观,如图2-9所示。

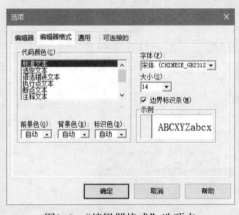

图2-9 "编辑器格式"选项卡

"编辑器格式"选项卡中包括"代码颜色""字体""大小""前景色""背景色""标识色""边界标识条"和"示例"等项目,各个项目的功能介绍如下。

(1) 代码颜色

在列表框中列出了各种代码颜色的设置情况,这些设置决定代码的前景色、背景色和标识色。

● 前景色:指定所选择文本的前景色。

● 背景色：指定所选择文本的背景色。
● 标识色：指定页边距指示区的颜色。
(2) 字体
指定所有代码所使用的字体。
(3) 大小
指定代码使用的字体大小。
(4) 边界标识条
使边界标识条成为可见的或不可见的。
(5) 示例
显示字体、大小及颜色设置的示例文本。

2.2.3 设置"通用"选项卡项目

"通用"选项卡用于指定当前Visual Basic窗体设置、错误处理及编译设置，如图2-10所示。

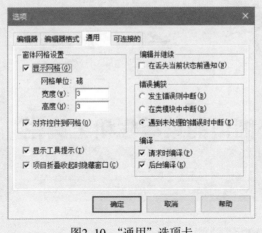

图2-10 "通用"选项卡

在"通用"选项卡中，主要是根据需要对窗体网格进行设置，其他保持默认即可。
"窗体网格设置"用于确定窗体在编辑时的外观。

● 显示网格：确定是否要显示网格。
● 网格单位：显示窗体使用的网格单位，可设置网格的宽度和高度。默认情况下，网格的宽度和高度都是3磅。
● 对齐控件到网格：自动将控件的外缘放在网格上。

2.2.4 设置"可连接的"选项卡项目

"可连接的"选项卡用于选择想要连接的那些窗口，如图2-11所示。连接发生在窗口附加到其他可连接的窗口或应用程序窗口的边缘时。当移动一个可连接的窗口时，该窗口将很快被移到此位置。

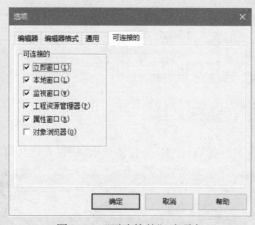

图2-11 "可连接的"选项卡

2.3 VBE窗口的菜单栏和工具栏

VBE 窗口的菜单栏和工具栏是编制程序和调试程序的重要工具，下面将详细介绍。

2.3.1 VBE 窗口的菜单栏

VBE窗口的菜单栏中包括11个下拉菜单，囊括了程序开发过程中需要的全部命令，如图2-12所示。例如，要插入用户窗体、模块等，就可以执行"插入"菜单下的命令。

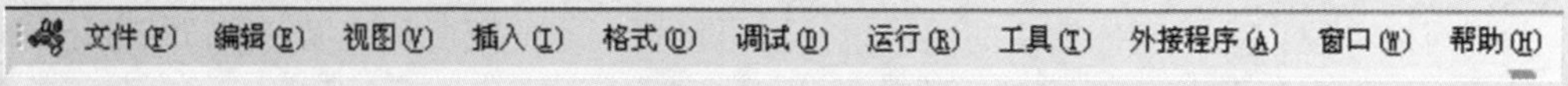

文件(F) 编辑(E) 视图(V) 插入(I) 格式(O) 调试(D) 运行(R) 工具(T) 外接程序(A) 窗口(W) 帮助(H)

图2-12 VBE菜单栏

2.3.2 VBE 窗口的工具栏

利用工具栏可以快速地访问常用的菜单命令。VBE标准工具栏如图2-13所示，各命令按钮的功能和快捷键如表2-1所示。

图2-13 VBE标准工具栏

表2-1 VBE标准工具栏

命令按钮	功　　能	快　捷　键
⌧	返回到Excel窗口	Alt+Q
▤	插入用户窗体	
▤	保存	Ctrl+S
✂	剪切	Ctrl+X
▤	复制	Ctrl+C
▤	粘贴	Ctrl+V
▥	查找	Ctrl+F
↺	撤销上一次操作	Ctrl+Z
↻	重复上一次操作	
▶	运行子过程和用户窗体，即运行宏程序	F5
⏸	中断当前正在运行的宏	Ctrl+Break
■	重新设置，即当宏在运行过程中出现错误时，单击此按钮解除调试状态	
▥	设计模式，单击进入设计模式，再单击退出设计模式	
▨	工程资源管理器，单击可打开"工程资源管理器"窗口	Ctrl+R
▤	属性窗口，单击可打开属性窗口，可设置对象的属性	F4
▤	对象浏览器，单击可启动"对象浏览器"窗口，用来查看对象的属性和方法	F2

2.4 工程资源管理器窗口的结构

在 VBE 窗口中，单击工具栏中的▨按钮、按快捷键 Ctrl+R 或执行"视图"→"工程资源管理器"命令，就会打开"工程资源管理器"窗口。

在"工程资源管理器"窗口的顶部有3个按钮,其功能分别介绍如下。

● "查看代码"按钮▣:单击此按钮,可在打开的代码窗口中查看选中对象的宏代码。

● "查看对象"按钮▣:单击此按钮,可以查看选中的对象。

● "切换文件夹"按钮▣:单击此按钮,可在不同文件夹(如对象、窗体和模块)之间转换。

在"工程资源管理器"窗口中,列出了打开的工作簿和它们所加载的对象,包括Microsoft Excel对象、窗体、模块、类模块等,如图2-14所示。

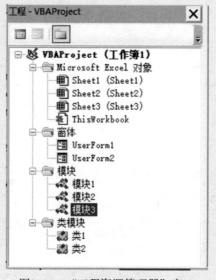

图2-14 "工程资源管理器"窗口

在"Microsoft Excel对象"下列出了所有打开的工作表(如Sheet1、Sheet2、Sheet3等)对象和一个工作簿(ThisWorkbook)对象。工作表事件程序代码都被放置于相应的工作表对象中,而专用于工作簿的事件程序代码被放置于ThisWorkbook对象中。

"窗体"是一个窗口或对话框,是用户界面的一部分。Excel VBA提供了用户窗体及各种控件,用户可以设计出美观、实用的应用程序界面。用户设计的窗体和控件事件程序代码被保存在窗体中。

"模块"是用户存放程序代码的地方,用户设计的除窗体和控件以及工作簿和工作表对象的事件程序外的所有程序代码都保存在模块中。用户录制的宏也保存在模块中。

"类模块"允许用户创建自己的对象。此外,类模块也支持程序员之间共享代码。在使用Application对象和嵌入图表对象的事件时,用户需要创建类模块。

2.5 操作模块

2.5.1 插入模块

插入模块的方法：执行"插入"→"模块"命令。插入的模块默认名为"模块1""模块2"……当录制宏时，Excel会自动创建存放宏代码的模块。

2.5.2 更改模块的名称

我们还可以对模块的名字进行修改，方法是：选择要修改名字的模块，执行"视图"→"属性窗口"命令，或单击工具栏中的"属性窗口"按钮，或直接按F4键，打开模块的属性窗口，如图2-15所示。在属性窗口中，将模块的默认名(例如"模块1")改为一个更直观的名字，如图2-16所示。

图2-15 模块的属性窗口　　　　图2-16 修改模块的名字

将模块的名字改为直观的名字，并存放一些与名字相关的子程序，可以方便用户管理这些子程序。

2.5.3 删除模块

删除模块的方法如下：选择要删除的模块，单击鼠标右键，在弹出的快捷菜单中执行"移除***"命令，在系统随之弹出的警告对话框中，单击"否"按钮，即可将该模块完全删除。

如果在弹出的警告对话框中单击"是"按钮，系统则会要求用户指定保存该模块对象的位置并进行保存。删除模块的具体方法可参阅第1章的内容。

2.6 使用代码窗口

代码窗口是用来编写、显示以及编辑 VB 代码的窗口。打开窗体控件、工作簿或工作表对象、模块的代码窗口后，可以查看不同窗体控件、工作簿或工作表对象、模块中的代码，并且在它们之间进行复制以及粘贴等操作。

2.6.1 代码窗口的结构

代码窗口的结构如图2-17所示。

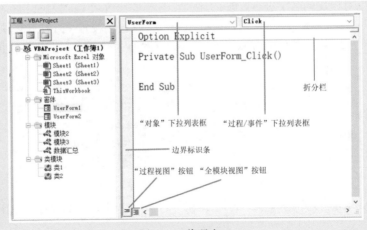

图2-17 代码窗口

代码窗口的各个组成部分说明如下。

（1）"对象"下拉列表框：显示所选对象的名称。单击右侧的下拉按钮，可在弹出的下拉列表框中选择所需对象。例如，图2-17就显示了用户窗体UserForm对象。

（2）"过程/事件"下拉列表框：单击右侧的下拉按钮，在弹出的下拉列表框中列出了对象的所有事件。当选择一个事件后，与该事件相关的系统默认过程就会显示在代码窗口中。例如，图2-17就是显示命令按钮UserForm的Click事件。

（3）拆分栏：将拆分栏向下拖放，可以将代码窗口分隔成两个水平窗格，两者都具有滚动条，可以在同一时间查看代码中的不同部分。将拆分栏拖放到窗口的顶部或下端，或者双击拆分栏,都可以关闭其中一个窗格。

(4) 边界标识条:位于代码窗口左边的灰色区域,在此会显示出边界标识。

(5)"过程视图"按钮:单击此按钮,将显示所选的过程。同一时间只能在代码窗口中显示一个过程。

(6)"全模块视图"按钮:单击此按钮,将显示模块中所有过程的代码。这是系统的默认状态。

2.6.2 在代码窗口中只显示某个过程

如果要在代码窗口中只显示某个过程,可以将光标移到该过程的任意处,然后单击"过程视图"按钮,就会在代码窗口中显示该过程,而其他的过程则被隐藏起来。

2.6.3 显示模块中的所有过程

如果要在代码窗口中显示模块中的所有过程,单击"全模块视图"按钮,就会在代码窗口中显示出所有过程。

2.6.4 快速定位到某个过程

定位到某个过程的简单方法是,单击"过程/事件"框右侧的下拉按钮,在弹出的下拉列表框中选择要定位的过程名,即可迅速将光标移到该过程。

2.7 使用立即窗口

立即窗口是 VBE 窗口的一个重要组成部分,我们可以在此窗口中查看过程的中间计算结果、调试程序、执行 VB 命令,或者将计算结果输出到立即窗口中。

打开立即窗口的简单方法是按Ctrl+G组合键。当然,也可以执行"视图"→"立即窗口"命令。

2.7.1 在立即窗口中查看计算结果

如果要在立即窗口中查看计算结果,可以采用下面的两种方法。

方法一：在程序中设置下面的语句。

Debug.Print 变量名或表达式

那么，在运行程序后，就会将变量或表达式的计算结果输出到立即窗口。

方法二：在程序的适当语句或最后一句设置断点，按F5键运行程序，然后在立即窗口中输入 "? 变量名或表达式"，即可得到变量名或表达式的计算结果，如图2-18所示。

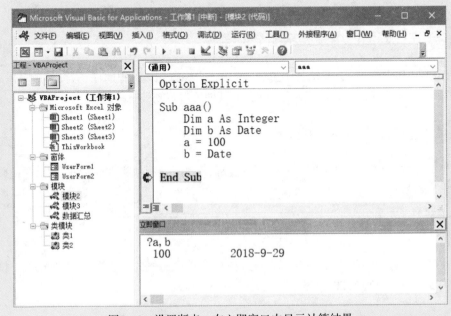

图2-18　设置断点，在立即窗口中显示计算结果

2.7.2　在立即窗口中执行命令

在立即窗口中执行语句或命令，可以迅速得到需要的结果。例如，我们要隐藏工作表 Sheet1，直接在立即窗口中输入下面的语句就可以了。

Worksheets("Sheet1").Visible = False

注意

在语句的前面没有任何的字符。

2.8　使用本地窗口

本地窗口用来调试程序。当程序编制完毕后，可以通过本地窗口对程序的运行结果进行检查，它将自动显示出所有在当前过程中的变量声明及变量值。

执行"视图"→"本地窗口"命令，即可打开本地窗口。

2.8.1　本地窗口的结构

图2-19所示为打开一个新的工作簿时的本地窗口。在本地窗口中，有"表达式""值"和"类型" 3列，其含义介绍如下。

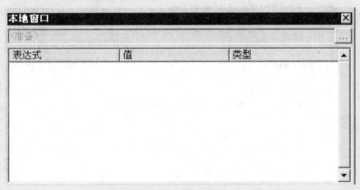

图2-19　本地窗口的结构

（1）表达式：列出变量的名称。

（2）值：列出所有变量的值。

（3）类型：列出变量的类型。不能在此编辑数据。

2.8.2　通过本地窗口检查程序的变量定义和运算结果

在调试程序时，可以在本地窗口中检查程序的运算结果。在利用立即窗口调试程序时，应先对程序设置断点。当程序运行到设置断点的语句时就会中断，此时在本地窗口中将显示程序的变量定义和变量的计算结果，如图2-20所示。

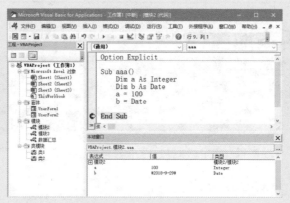

图2-20　设置断点，在本地窗口中查看程序的变量定义和变量的计算结果

2.9　使用VBE的快捷键

在 VBE 窗口中有很多快捷键，使用这些快捷键可以大大提高编程效率。表 2-2 所示是常用的快捷键。

表2-2　VBE常用快捷键

快　捷　键	描　　述
F1	得到函数、语句、方法、属性或事件的上下文相关帮助
F2	显示"对象浏览器"
F4	打开属性窗口
F5	运行一个 Sub/UserForm 或者宏
F7	查看代码窗口
F8	执行一行代码（逐行）
F9	设置或删除断点
Ctrl+Shift+F9	清除所有断点
Ctrl+Break 或 Esc	停止执行 Visual Basic 应用程序
Ctrl+J	打开"属性/方法列表"
Ctrl+Shift+J	打开"常数列表"
Ctrl+I	打开"快速信息"
Ctrl+Shift+I	打开"参数信息"

快　捷　键	描　　述
Ctrl+Y	删除当前行
Ctrl+Delete	删至词尾
Tab	缩进
Shift+Tab	撤销缩进

2.10　获取VBA帮助信息

　　Excel VBA的帮助工具，可以为用户提供在线技术支持。用户可以利用Excel VBA的帮助工具来查看和了解各种函数、属性、方法，以及VBA的各种特性等。充分利用Excel VBA的帮助信息，可迅速掌握Excel VBA的语法、对象、属性、方法和事件等，并可以实地操作帮助信息提供的示例。

　　执行"帮助"→"Microsoft Visual Basic 帮助"命令，或按F1键，即可打开Visual Basic帮助窗口。不同版本的帮助窗口不太一样，这里就不再详细说明。

　　除了使用VBA帮助窗口来获得帮助外，还可以在程序中直接得到VBA帮助信息。例如，要获取程序中的Select方法的帮助信息，就将光标停留在Select的任意位置，按F1键，即可得到关于Select方法的帮助信息。

Chapter

03

Excel VBA基础语法

与其他程序设计语言一样，Excel VBA也有自己的语法规则。由于 Excel VBA是基于 Excel 应用程序的 Visual Basic 语言，因此 Excel VBA的语法规则与VB基本是一样的。

3.1 数据类型

3.1.1 数据类型

在VBA中，变量的数据类型多达十几种，包括Integer(整型)、Long(长整型)、Single(单精度浮点型)、Double(双精度浮点型)、Currency(货币型)、Byte(字节型)、String(字符串型)、Boolean(布尔型)、Date(日期型)、Object(对象型)、Variant(变体型)等。变量数据类型决定了变量能够存储哪种数据。表3-1所示为数据类型的有关说明。

表3-1 数据类型说明

数 据 类 型	存储数据类型	数 据 范 围
Integer	整数	−32768 ~ 32767
Long	整数	−2147483648 ~ 2147483647
LongLong(64位环境)	整数	−9223372036854775808 ~ 9223372036854775807
Single	包含小数数据	负数：−3.402823E38 ~ −1.401298E−45 正数：1.401298E−45 ~ 3.402823E38
Double	包含小数数据	负数：−1.79769313486231E308 ~ −4.94065645841247E−324 正数：4.94065645841247E−324 ~ 1.79769313486231E308
Currency	包含小数数据	−922337203685477.5808 ~ 922337203685477.5807
Decimal	包含小数数据	没有小数点时为 +/−79228162514264337593543950335 有28位小数时为 +/−7.9228162514264337593543950335 最小的非零值为 +/−0.0000000000000000000000000001
Byte	存储二进制数据	0 ~ 255
String	字符串	变长字符串：0~ 大约20亿个 定长字符串：0~ 大约64K个
Boolean	布尔型	True 和 False
Date	日期	100年1月1日 ~ 9999年12月31日
Object	存储32位地址	任何 Object 引用
Variant	可变数据	数字型：任何数值，最大可达 Double 范围 字符串型：与变长 String 相同
用户自定义	所有元素所需数目	每个元素的范围与它本身的数据类型的范围相同

3.1.2 自定义数据类型

除了利用现有的数据类型对变量进行声明外，我们还可以自定义数据类型。

自定义数据类型可包含一个或多个某种数据类型的数据元素、数组或一个先前定义的自定义类型。

自定义数据类型要使用Type语句。Type语句只能在标准模块中使用；如果要在类模块中使用，则必须在Type语句前冠以关键字Private。

案例3-1

本例是利用Type语句定义用户数据类型，然后在程序中使用自定义的数据类型。

```vba
Type EmployeeRecord        '创建用户自定义的类型
    '定义各元素的数据类型
    ID As Integer
    Name As String
    Address As String
    Phone As Long
    HireDate As Date
End Type


Public Sub CreateRecord()
    Dim Rec As EmployeeRecord        '声明变量
    With Rec                          '对 EmployeeRecord 变量的赋值必须在过程内进行
        .ID = 10001
        .Name = " 张三 "
        .Address = " 北京市海淀区 "
        .Phone = 13529991904#
        .HireDate = #2/8/1985#
    End With
End Sub
```

3.2 声明及使用常量

在整个程序运行过程中，值保持不变的量称为常量。常量可以是字符串、数值、逻辑值等，因此常量有数值常量、字符常量、符号常量、逻辑常量、日期常量和内置常量等几种。

我们可以自己定义一组常量，以代替具体的值，也可以使用 VBA 内置常量。

3.2.1 数值常量

数值类型的常量称为数值常量，由正负号、数值和小数点组成。例如，3、5.7、–12、0、2.34E12、–5.2E–12、3.45D16、–2.03D–16等都是数值常量。这里，E表示单精度，D表示双精度。

3.2.2 字符常量

字符数据类型的常量称为字符常量，用定界符(双引号 "")表示。例如，"姓名" "客户A" "200" "你好！" "AA"，这些都是字符常量。要特别注意的是，"200"表示的是一个字符串200，而非数值200。

3.2.3 符号常量

符号常量是指在程序中用符号表示的常量。当在程序中多次使用一些常数值时，可以定义符号常量。语法如下：

Const 常量名 = 常量值

例如，下面的语句就是定义了PI、AA和DD 3个常量，分别表示3.1415926、" 客户 A " 和2018年10月3日。

Const PI = 3.1415926

Const AA = " 客户 A "

Const DD = #10/3/2018#

可以在一条语句中声明符号常量，同时对符号常量的数据类型进行定义。下面的语句就是将Name声明为字符串类型的符号常量，其值为字符串 " 姓名 "；将Age声明为整型的符号常量,其值为35。

```
Const Name As String=" 姓名 "
Const Age As Integer=35
```

3.2.4　逻辑常量

逻辑常量只有两个,即True(真)和False(假)。

3.2.5　日期常量

用#括起来的字符串就是日期常量,如#3/2/2007#、#1/10/2007#都是日期常量。若在程序中有以下两个语句: a = #3/2/2018#, b = #1/10/2018#,则变量a就等于"2018年3月2日",变量b就等于"2018年1月10日"。

日期常量也可以使用双引号("")括起来,例如,下面的两个语句是等同的。

```
a = #3/2/2018#
a = "2018-3-2"
```

3.2.6　内置常量

VBA还有很多内置常量,一般以vb或xl为前缀。其中,VBA对象库常量以vb开头,Microsoft Excel对象库提供的常量以xl开头。

例如,vbRed表示红色,vbYes表示是,xlNone表示没有。

在程序中使用VBA内置常量,可以使应用程序更加灵活。

表3-2~表3-4所示是常见的一些VBA内置常量。

表3-2　Color 常量

常　量	值	描　述	常　量	值	描　述	常　量	值	描　述
vbBlack	0	黑色	vbYellow	65535	黄色	vbCyan	16776960	青色
vbRed	255	红色	vbBlue	16711680	蓝色	vbWhite	16777215	白色
vbGreen	65280	绿色	vbMagenta	16711935	紫红色			

表3-3　Date 常量

常　量	值	描　述	常　量	值	描　述	常　量	值	描　述
vbSunday	1	星期日	vbWednesday	4	星期三	vbSaturday	7	星期六
vbMonday	2	星期一	vbThursday	5	星期四			
vbTuesday	3	星期二	vbFriday	6	星期五			

表3-4　Miscellaneous 常量

常　　量	等　　于	描　　述
vbCrLf	Chr(13) + Chr(10)	回车符与换行符结合
vbCr	Chr(13)	回车符
vbLf	Chr(10)	换行符
vbNullChar	Chr(0)	值为0的字符
vbTab	Chr(9)	Tab字
vbBack	Chr(8)	退格字符

下面的两条语句都是将单元格颜色填充为红色，其效果是一样的。

语句 1：Range("A1:D10").Interior.Color = vbRed

语句 2：Range("A1:D10").Interior.Color = 255

下面的语句是取消单元格 A1 的颜色填充。

Range("A1").Interior.ColorIndex = xlNone

下面的过程就是使用了 MsgBox 参数常量 vbYesNo、vbDefaultButton2 和 vbQuestion 来设置按钮和图标，使用 MsgBox 参数常量 vbNo 来判断是否退出系统，使用 vbCrLf 分两行显示信息文字。

```
Sub 修改数据 ()
    If MsgBox(" 是否修改数据 ?" & vbCrLf & " 请单击是或否按钮 ", _
        vbYesNo + vbDefaultButton2 + vbQuestion, _
        "MsgBox 参数常量使用举例 ") = vbNo Then Exit Sub
    '下面是数据处理语句
End Sub
```

运行此程序，会打开如图 3-1 所示提示对话框。

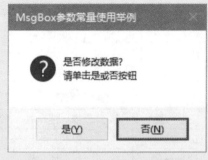

图3-1　Excel VBA内置常量举例

3.3 声明及使用变量

在利用VBA进行计算时，常常需要临时存储数据，这些数据保存到变量中。对于每个变量，必须有一个唯一的变量名字和相应的数据类型。

3.3.1 强制声明变量

VBA允许使用未定义的变量，也就是说，在使用变量时可以不加任何声明而直接使用(默认是变体变量)，这种情况称为隐式声明。

不过，这种方法虽然简单，却容易在发生错误时令系统产生误解。因此，一般最好先对变量进行声明，然后再使用。这种情况称为显式声明。

所谓显式声明，就是每个变量必须先声明才能使用，否则会出现错误警告。为了使用户不要忘记声明变量，可以强制使用Option Explicit语句，对变量进行强制声明。

使用Option Explicit语句的最大优点就是输入错误会在编译时被检测到，从而提醒用户更正错误。

强制声明变量可以采用下面两种方法。

(1) 在各个模块的顶部添加如下语句。

Option Explicit

(2) 执行"工具"→"选项"命令，打开"选项"对话框，在"编辑器"选项卡中选中"要求变量声明"复选框。

但需要注意的是，这种方法只能在以后创建的新模块中自动添加语句"Option Explicit"，而已经存在的模块中不能自动添加，仍需要用户手工添加。

3.3.2 定义变量应注意的事项

变量的命名必须遵循下列规则。

● 变量名必须以字母或汉字开头，不能以数字或其他字符开头。如A、单价、AB_20、销售部门1、B4等都是合法的变量名，而6BB、$AA都是非法的变量名。
● 变量名必须由字母、数字、汉字或下划线(_)组成。
● 变量名中不能包含句点(.)、空格或者其他类型声明字符(如%、$、@、&、！)。
● 变量名最长不能超过255个字符。

● 变量名不能与某些关键词同名, 如 Or、And、If、Loop、Abs 等。

3.3.3 定义变量

对变量进行声明一般可采用 Dim 或 ReDim, 此外还有 Public、Private、Static, 它们既可以对一个变量进行声明, 也可以对多个变量进行声明。语法如下:

● Dim 变量名 [As 数据类型], [变量名 [As 数据类型]...]
● ReDim 变量名 [As 数据类型], [变量名 [As 数据类型]...]
● Public 变量名 [As 数据类型], [变量名 [As 数据类型]...]
● Private 变量名 [As 数据类型], [变量名 [As 数据类型]...]
● Static 变量名 [As 数据类型], [变量名 [As 数据类型]...]

提示

方括号 [] 表示可选, 以后各章的介绍均使用这种描述。

例如, 将 XY 定义为字符串型变量, 其声明如下。

Dim XY As String

在一条语句中可以定义多个变量, 变量之间用逗号分隔。例如:

Dim aa As String, bb As Integer, cc As Single, dd As Date

需要注意的是, 下面的语句仅声明了变量 C 是整型, 而变量 A 和 B 为 Variant 型。

Dim A, B, C As Integer

如果变量 A 和 B 也为整型, 则必须用下面的语句进行声明。

Dim A As Integer, B As Integer, C As Integer

在用 Dim 语句声明一个变量后, VBA 自动为该变量赋值。根据定义的具体情况, 初始值是不一样的。

● 若变量为数值型, 则初值为零。
● 若变量为字符串型, 则初值为空字符串。
● 未定义数据类型的变量, 则默认为 Variant。

3.3.4 使用类型标识符定义变量

除了利用 Dim 等定义变量外, 我们还可以利用类型标识符在赋值语句中直接定义变量。

例如, 在语句 "A$ ="产品价格""中, A$ 就直接定义了 A 为字符串变量, $ 表示定义为字符串。其他一些声明变量的符号有 %(整型)、&(长整型)、!(单精度浮点型)、#(双精度浮点型)、@

（货币型）。

下面的程序就是直接使用这些类型标识符在执行语句中直接定义变量。

```
Sub test()
    a$ = " 客户名称 "
    b% = 1000.343
    c& = 10000000.92747
    d! = 1460000000
    e# = 2.58E+32
    f@ = 2958537.31
End Sub
```

 提示

如果做了强制声明变量的设置，也就是在模块的顶部有Option Explicit语句，那么这样的变量声明是不被允许的。

3.3.5　定义和使用对象变量

对象变量不存储数据，但它们会告诉数据在哪儿。例如，可以用对象变量告诉VBA数据在当前活动工作表的单元格A2。使用对象变量，使定位数据更加容易。

对象变量的声明和前面介绍的变量声明类似，唯一的不同是在关键字As后面必须输入词语关键字Object作为数据类型。例如：

Dim Rng As Object

这条语句就声明了一个叫作Rng的对象变量。

但是，只声明对象变量是不够的，在程序中使用这个变量之前，还必须给这个对象变量赋予确定的值。

可以使用关键字Set为对象变量赋值。关键字Set后面是等号，再后面是该变量指向的值。例如：

Set Rng = Worksheets("Sheet1").Range("A1:E10")

上面的语句给对象变量Rng赋值，这个值指向工作表Sheet1的单元格区域A1:E10。

使用对象变量的好处是：它可以代替真实对象的使用，比真实对象更短、更容易记住。

对象变量可以引用任意一种对象。因为VBA有多种对象，为了使程序可读性更强、运行更快，最好创建引用到具体对象类型的对象变量。例如，可以将Rng对象变量声明为Range对象，而不是通常的对象变量(Object)。

Dim Rng As Range

如果要引用一个具体的工作表,则可以声明一个 Worksheet 对象 ws。

Dim ws As Worksheet

案例3-2

下面的程序就是设置指定单元格的字体,这里定义了一个名为 cf 的字体(Font)对象变量。

```
Sub 设置字体 ()
    Dim ws As Worksheet
    Dim cf  As Font
    Set ws = Worksheets("sheet1")
    Set cf = ws.Range("A1:B10").Font
    With cf
        .Size = 10
        .Bold = True
        .Color = vbRed
        .Italic = True
    End With
    Set ws = Nothing
    Set cf = Nothing
End Sub
```

当对象变量不再需要时,可以将其赋值为 Nothing,这将释放内存和系统资源。

Set ws = Nothing

3.3.6 定义模块级变量

所谓模块级变量,就是对该模块中所有的子程序和自定义函数都有效的变量,在该模块中的任何子程序和自定义函数都可以访问它,但在其他模块的子程序和自定义函数则不能访问。当模块级变量在某个过程中计算出结果后,在其他的过程中就可以使用这个结果。

对于模块级变量,可在该模块的顶部使用 Dim 或 Private 进行声明。

案例3-3

下面的程序就是定义模块级变量,当运行程序"测试"时,就调用"主程序",并将变量 x

和y的结果输出。

Dim x As Single, y As String

```
Sub 主程序 ()
    Dim ws As Worksheet
    Set ws = Worksheets("Sheet1")
    x = ws.Range("B2")
    y = ws.Range("B3")
End Sub

Sub 测试 ()
    Call 主程序
    MsgBox "x=" & x & vbCrLf & "y=" & y
End Sub
```

3.3.7　定义公共变量

公共变量就是对应用程序的所有模块的子程序和自定义函数都有效的变量。对于公共变量，应在某标准模块的顶部使用Public进行声明。

我们可以创建一个专门保存公共变量的标准模块，以便于查看变量的定义和使用。

图3-2所示就是一个公共变量定义的例子。

图3-2　定义公共变量

3.4 定义数组

数组是同类变量的一个有序集合。数组中的元素称为数组元素。数组元素具有相同的名字和数据类型，通过下标（索引）来识别它们。如果要使用数组，就必须先声明数组，包括声明数组的维度和数据类型。

3.4.1 定义静态数组

静态数组是指维数和大小固定不变的数组。静态数组使用Dim来声明。语法如下：

Dim 数组名（数组元素上下界，...）As 数据类型

数组元素的下界在省略时为0，上界不得超过Long数据类型的取值范围。

数组元素上下界的个数表示维数，当只有一个时表示一维数组。

数组中所有的元素具有相同的数据类型。当数据类型为Variant时，各元素可以保护不同类型的数据。

数组声明有以下两种形式。

形式一：

Dim A(10) As Currency 或 Dim A(0 To 10) As Currency

表示变量A为一维数组，数组元素的个数为11个（0~10），数组大小为11，数据类型为货币型。

形式二：

Dim A(3,4) As Integer 或 Dim A(0 To 3,0 To 4) As Integer

表示变量A为二维数组，其中第一个数组元素的个数为4个（0~3），第二个数组元素的个数为5个（0~4），数组大小为4×5=20，数据类型为整型。

案例3-4

下面的程序代码就是把工作表"客户资料"中A列的客户名称保存到数组customer中。

```
Sub 客户分析 ()
    Dim ws As Worksheet
    Dim i As Integer
    Dim customer(1 To 20) As String
```

```
    Set ws = Worksheets(" 客户资料 ")
    For i = 1 To 20
        customer(i) = ws.Range("A" & i + 1)
    Next i
    ' 下面是对客户进行分析的代码
    '...
End Sub
```

3.4.2 定义动态数组

动态数组是指在程序运行时其大小可以变化的数组。使用动态数组可以节省内存，加快运行速度。动态数组使用ReDim来声明。例如：

ReDim ABC(n) As Integer

该语句表示在程序运行中，变量n是变化的，因而数组ABC的大小也是变化的。当然，动态数组的声明语句必须放在数组元素变量赋值语句的后面。

案例3-5

例如，在案例3-4中，如果客户数是变化的，那么可以使用下面的程序代码。

```
Sub 客户分析 ()
    Dim ws As Worksheet
    Dim i As Integer
    Dim n As Integer
    Set ws = Worksheets(" 客户资料 ")
    n = ws.Range("A10000").End(xlUp).Row – 1
    ReDim customer(1 To n) As String
    For i = 1 To n
        customer(i) = ws.Range("A" & i + 1)
    Next i
    ' 下面是对客户进行分析的代码
    '...
End Sub
```

3.4.3 将数组的缺省下界设置为 1

在默认情况下, 数组下界的缺省(即默认)值是 0。在实际编程中, 我们常常需要将数组下界的缺省值设置为 1。这时有如下两种方法。

方法一: 在定义数组时直接进行设置。例如:

Dim A (1 To 10) As Currency

ReDim ABC(1 To n) As Integer

方法二: 使用 Option Base 语句, 即在模块的顶部写入下面的语句。

Option Base 1

案例3-6

下面的程序就是使用 Option Base 语句将数组下界的缺省值设置为 1。

```
Option Base 1
Public Sub 数组缺省下界 ()
    Dim a(100) As String, b(50) As Single
    MsgBox " 数组 a 的下界是 " & LBound(a) & ", 上界是 " & UBound(a)
    MsgBox " 数组 b 的下界是 " & LBound(b) & ", 上界是 " & UBound(b)
End Sub
```

✋ **注意:**

如果使用 Option Base 语句, 则必须写在模块的所有过程之前。一个模块中只能出现一次 Option Base, 且必须位于带维数的数组声明之前。

3.4.4 获取数组的最小下标和最大下标

为了对数组的元素进行循环, 我们需要知道数组的最小下标和最大下标。要获取数组的最小下标和最大下标, 可分别使用 LBound 函数和 UBound 函数来实现。

● LBound 函数: 获取数组的最小下标。

● UBound 函数: 获取数组的最大下标。

假设我们定义了如下的数组 A:

Dim A(1 To 100, 0 To 5, –3 To 10)

下面是使用 LBound 函数和 UBound 函数获取数组 A 的最小下标和最大下标的几个例子。

第一维的最小下标：LBound(A, 1)=1；第一维的最大下标：UBound(A, 1)=100。

第二维的最小下标：LBound(A, 2)=0；第二维的最大下标：UBound(A, 2)=5。

第三维的最小下标：LBound(A, 3)=−3；第三维的最大下标：UBound(A, 3)=10。

如果在LBound函数和UBound函数中省略维数，就默认是第一维。例如，LBound(A)=1；UBound(A)=100。

3.5　数据运算规则及运算符

运算符是代表VBA某种运算功能的符号。VBA程序会按照运算符的含义和运算规则执行实际的运算操作。

VBA中的运算符包括赋值运算符、数学运算符、比较运算符、逻辑运算符、字符连接运算符等。

3.5.1　赋值运算符

赋值运算符用来给变量、变长数组或对象的属性赋值，即把赋值运算符右边的内容赋值给赋值运算符左边的变量或属性。VBA中的赋值运算符是"="，其一般格式如下。

变量 = 值

对象 . 属性 = 值

案例3-7

本例演示了赋值运算符的应用方法。

```
Sub hhh()
    Dim i As Integer
    Dim x As String
    Dim ws As Worksheet
    i = 100                              ' 把 100 赋值给变量 i
    Set ws = Worksheets("Sheet1")        ' 把工作表 "Sheet1" 赋值给变量 ws
    x = ws.Range("A1")                   ' 把工作表 "Sheet1" 的单元格 A1 的数据赋值给变量 x
    MsgBox "i=" & i & "   x=" & x
End Sub
```

3.5.2　数学运算符

VBA 提供了完整的数学运算符，可以进行复杂的数学运算。常用的数学运算符有 +（加）、–（减）、*（乘）、/（除）、\（整除）、–（负号）、^（乘幂）。

案例3-8

下面的程序演示了数学运算符的应用。

```
Sub www()
    a = 100
    b = 800
    c = 300
    x = a + b + c
    y = b / c
    z = b \ c
    p = -(a + b + c)
    MsgBox "x=" & x & vbLf & "y=" & y & vbLf & "z=" & z& vbLf & "p=" & p
End Sub
```

3.5.3　比较运算符

比较运算符用来比较两个表达式。比较运算符有 =(等于)、<>(不等于)、>(大于)、<(小于)、>=(大于或等于)、<=(小于或等于)、Like(字符串模糊匹配)、Is(逻辑等)。

案例3-9

本例联合使用了两个判断条件，一个是判断A列里哪个单元格含有"媒体"两个字，另一个是判断B列单元格是否为"北京"。

```
Sub 查找数据()
    Dim ws As Worksheet
    Dim n As Integer, i As Integer
    Set ws = Worksheets("Sheet1")
    n = ws.Range("A10000").End(xlUp).Row
    For i = 1 To n
```

```
            If ws.Range("A" & i) Like "* 媒体 *" And ws.Range("B" & i) = " 北京 " Then
                MsgBox " 客户全称 ： " & ws.Range("A" & i)
                Exit For
            End If
        Next i
    End Sub
```

3.5.4　逻辑运算符

逻辑运算符用来执行逻辑运算，包括Not(非)、And(与)、Or(或)、Xor(异或)、Eqv(相等)、Imp(逻辑蕴含)。

在上面的案例3-9中，我们就使用了And连接两个判断条件，也就是说，两个条件必须同时满足。

3.5.5　字符连接运算符

我们经常要做连接字符串的操作，此时可以使用字符连接运算符"&"或者"+"，前者可以连接任意的数据，后者只能连接文本字符串。

例如，下面两条语句的结果是一样的。

x = "2018 年 " & Range("A1")

x = "2018 年 " + Range("A1")

下面两条语句的结果也是相同的。

x = "1000" + "10"

x = 1000 & 10

但是，下面两条语句的结果就截然不同了，第一条语句的结果是字符串10010，第二条语句的结果是数值1010。

x = "1000" + "10"

x = 1000 + 10

3.6　语句基本知识

Visual Basic 中的语句是一个完整的命令，它可以包含关键字、运算符、变量、常数，以及表达式。关于语句的写法、规则、基础知识和技能，我们都需要好好学习一下。

3.6.1 写声明语句

声明语句用于为变量、常数或程序取名,并且指定一种数据类型。

例如,定义常量和变量就是声明语句。

Const limit As Integer = 33

Dim AA As String, BB As Integer

Dim Rng As Range

Dim ws As Worksheet

声明过程和自定义函数也是声明语句。例如,下面的语句Public Sub hhh(与 End Sub 语句相匹配)声明一个过程,命名为hhh。当hhh过程被调用或运行时,所有包含于Sub与End Sub之间的语句都被执行。

Public Sub hhh()

End Sub

下面的语句 "Public Function myName(AA As String) As String" 就是声明一个名为myName的自定义函数,它有一个字符串类型的参数 "AA",函数返回值为字符串。

Public Function myName(AA As String) As String

End Function

 说明

> 如果是公共过程(公共子程序或公共自定义函数),Sub 或Function 前面的Public可以省略。

3.6.2 写赋值语句

赋值语句用于指定一个值或表达式给变量或常量。

根据赋值变量或常量的不同,赋值语句有所区别。

(1) 对普通变量,赋值语句的语法格式如下。

变量 = 表达式

例如:

AA = 1000

BTT = AA + CC * 100

（2）对对象变量，赋值语句要使用Set关键词。语法格式如下：

Set 变量 = 表达式

例如：

Set Rng = Range("A1:C5")

3.6.3　写可执行语句

可执行语句用于初始化动作。它可以执行一个方法或函数，并且可以循环或从代码块中分支执行。可执行语句通常包含数学或条件运算符。各种循环语句、条件语句等都是可执行语句。下面分别介绍常用的循环语句和条件语句。

3.7　循环语句

所谓循环语句，是指在执行语句时，需要对其中的某条或某部分语句重复执行多次。常见的循环语句有 For...Next 循环语句、For Each...Next 循环语句、Do... Loop 循环语句、While ... Wend 循环语句。

3.7.1　使用 For ... Next 循环语句

For ... Next循环语句属于计数循环语句。For ... Next循环语句的语法格式如下：

For 计数器 = 初始值 To 终值值 [Step 步长]

　　[循环体]

　　[Exit For]

　　[循环体]

Next 计数器

这里，步长可以为正数、负数或没有步长。如果步长为正，则初始值必须小于终止值；如果步长为负，则初始值必须大于终止值；如果没有设置步长，则步长默认值为1。

执行For ... Next循环结构的步骤如下：

（1）设置计数器等于初始值。

（2）如果步长为正，测试计数器是否大于终止值，若计数器大于终止值，则停止循环而执行Next后面的语句；如果步长为负，测试计数器是否小于终止值，若计数器小于终止值，则停止循环而执行Next后面的语句。

(3) 执行循环体。

(4) 如果在循环体之间存在 Exit For 语句，那么就退出 For … Next 循环而执行 Next 后面的语句。

(5) 计数器＝计数器＋步长。

(6) 转到步骤(2)。

下面的自定义函数是利用 For…Next 循环语句计算 1～n(正整数)的所有正整数之和。

```
Public Function Sumt(n As Long) As Long
    Dim i As Long
    For i = 1 To n
        Sumt = Sumt + i
    Next i
End Function
```

案例3-10

循环结构可以嵌套，即在一个循环结构中可以有其他的循环结构。本例在当前活动工作表中设计一个九九乘法表，使用了 2 个嵌套循环语句。

```
Public Sub 九九乘法表 ()
    Dim i As Integer, j As Integer
    Range("A1") = " 九九乘法表 "
    For i = 1 To 9
        For j = 1 To i
            Cells(i + 1, j) = i & "*" & j & "=" & i * j
        Next j
    Next i
End Sub
```

运行这个程序，就可以得到如图3-3所示的九九乘法表。

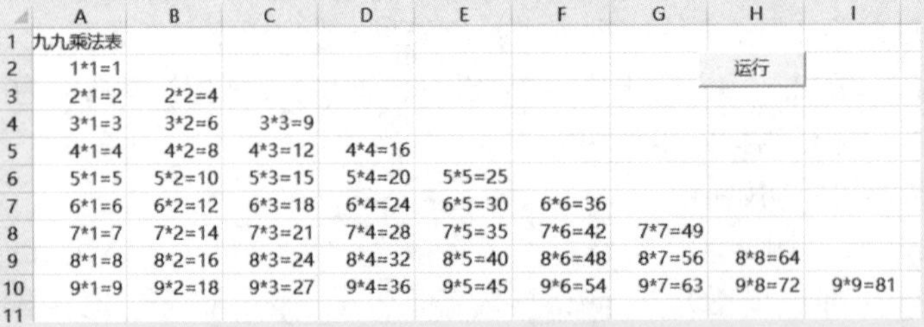

	A	B	C	D	E	F	G	H	I
1	九九乘法表								
2	1*1=1						运行		
3	2*1=2	2*2=4							
4	3*1=3	3*2=6	3*3=9						
5	4*1=4	4*2=8	4*3=12	4*4=16					
6	5*1=5	5*2=10	5*3=15	5*4=20	5*5=25				
7	6*1=6	6*2=12	6*3=18	6*4=24	6*5=30	6*6=36			
8	7*1=7	7*2=14	7*3=21	7*4=28	7*5=35	7*6=42	7*7=49		
9	8*1=8	8*2=16	8*3=24	8*4=32	8*5=40	8*6=48	8*7=56	8*8=64	
10	9*1=9	9*2=18	9*3=27	9*4=36	9*5=45	9*6=54	9*7=63	9*8=72	9*9=81
11									

图3-3　利用For…Next循环语句制作九九乘法表

3.7.2 使用 For Each...Next 循环语句

For Each...Next循环语句也属于计数循环语句,它是对集合中的所有元素进行循环。其语法格式如下:

For Each 集合中元素 In 集合

　[循环体]

Next [集合中元素]

在使用For Each...Next循环语句循环集合中的元素时,最好养成先定义集合对象变量的习惯。

案例3-11

本例循环当前工作簿中的所有工作表,并将每个工作表名称输出到当前工作表的A列。

```
Public Sub 工作表名称 ()
    Dim ws As Worksheet
    Dim i As Integer
    i = 1
    For Each ws In ThisWorkbook.Worksheets
        Range("A" & i) = ws.Name
        i = i + 1
    Next
    Set ws = Nothing
End Sub
```

3.7.3 退出 For 循环

退出For循环必须使用Exit For语句,一般要设置一个条件判断语句,在满足条件时就退出循环。

案例3-12

本例判断在当前工作簿中是否存在指定名称的工作表。

```
Public Sub 判断工作表 ()
    Dim ws As Worksheet
    Dim wsName As String
    Dim myExist As Boolean
```

```
    myExist = False
    wsName = InputBox(" 请输入工作表名称 : ")
    For Each ws In ThisWorkbook.Worksheets
        If LCase(ws.Name) = LCase(wsName) Then
            myExist = True
            Exit For
        End If
    Next
    If myExist = True Then
        MsgBox " 工作表 <" & wsName & "> 存在 !"
    Else
        MsgBox " 工作表 <" & wsName & "> 不存在 !"
    End If
    Set ws = Nothing
End Sub
```

3.7.4 使用 Do...Loop 循环语句

前面介绍的 For ... Next 循环语句用于已知需要执行多少次循环的情况,当不知道需要执行多少次循环时,最好使用 Do...Loop 循环语句。

Do...Loop 循环语句实际上就是根据某个条件是否成立来决定是否执行相应的循环体,它有下述 4 种不同的结构语法形式。

1. 第一种结构

第一种结构是先测试条件,当判定条件为 True 时就执行语句块,否则就跳到循环体外。

```
Do While 判定条件
    循环体
Loop
```

案例3-13

下面的自定义函数就是使用 Do ... Loop 循环的第一种结构来计算 1 ~ n(正整数)的所有正整数之和。

```
Public Function Sumt(n As Long) As Long
```

```
    Dim i As Long
    i = 1
    Do While i <= n
        Sumt = Sumt + i
        i = i + 1
    Loop
End Function
```

2. 第二种结构

第二种结构是先执行循环体，再测试条件。当判定条件为True时就执行循环体，否则就跳到循环体外。

```
Do
    循环体
Loop While 判定条件
```

案例3-14

下面的自定义函数就是使用Do ... Loop循环的第二种结构来计算1~n(正整数)的所有正整数之和。

```
Public Function Sumt(n As Long) As Long
    Dim i As Long
    i = 1
    Do
        Sumt = Sumt + i
        i = i + 1
    Loop While i <= n
End Function
```

3. 第三种结构

第三种结构是先测试条件，当判定条件为False时就执行循环体，否则就跳到循环体外。

```
Do Until 判定条件
    循环体
Loop
```

案例3-15

下面的自定义函数就是使用Do ... Loop循环的第三种结构来计算1 ~ n(正整数)的所有正整数之和。

```
Public Function Sumt(n As Long) As Long
    Dim i As Long
    i = 1
    Do Until i > n
        Sumt = Sumt + i
        i = i + 1
    Loop
End Function
```

4. 第四种结构

第四种结构是先执行语句块,再测试条件。当判定条件为False时就执行语句块,否则就跳到循环体外。

```
Do
    循环体
Loop Until 判定条件
```

案例3-16

下面的自定义函数就是使用Do ... Loop循环的第四种结构来计算1 ~ n(正整数)的所有正整数之和。

```
Public Function Sumt(n As Long) As Long
    Dim i As Long
    i = 1
    Do
        Sumt = Sumt + i
        i = i + 1
    Loop Until i > n
End Function
```

3.7.5　退出 Do 循环

退出Do循环必须使用Exit Do语句，一般要设置一条条件判断语句，在满足条件时就退出循环。

案例3-17

本例联合利用Do循环和Exit Do语句计算1～n(正整数)的所有正整数之和。

```
Public Function Sumt(n As Long) As Long
    Dim i As Long
    i = 1
    Do
        Sumt = Sumt + i
        i = i + 1
        If i > n Then Exit Do
    Loop
End Function
```

3.7.6　使用 While … Wend 循环语句

While … Wend循环语句用于对条件进行判断，如果条件成立，就执行循环体，直到条件不成立为止。

While … Wend循环语句的语法结构如下：

```
While 判定条件
    循环体
Wend
```

案例3-18

本例利用While … Wend循环语句计算1～n(正整数)的所有正整数之和。

```
Public Function Sumt(n As Long) As Long
    Dim i As Long
    i = 1
    While i <= n
        Sumt = Sumt + i
```

```
        i = i + 1
    Wend
End Function
```

3.7.7　循环数组中的所有元素

利用UBound函数和LBound函数获取数组的最大下标和最小下标,然后利用For...Next循环语句循环数组中的每个元素。

◎ 案例3-19

本例循环数组中的每个元素,并显示出来。

```
Public Sub 循环数组元素 ()
    Dim myArray(5) As Variant
    Dim i As Long
    myArray(0) = "aa": myArray(1) = "bb": myArray(2) = "cc"
    myArray(3) = "dd": myArray(4) = "ee": myArray(5) = "ff"
    For i = LBound(myArray) To UBound(myArray)
        Range("A" & i + 1) = myArray(i)
    Next i
End Sub
```

3.7.8　循环对象集合中的所有对象

循环对象集合中的所有对象可使用For...Each循环语句。前面介绍的循环当前工作簿中的所有工作表,并显示每个工作表的名称的例子就是使用For...Each循环语句循环对象集合中的所有对象。

此外,我们也可以利用集合的Count属性获取集合中对象的数目,然后利用For...Next循环语句循环对象集合中的所有对象。

◎ 案例3-20

在本例中,先利用Worksheets集合的Count属性获取当前工作簿的所有工作表数目,然后循环所有工作表,并显示每个工作表的名称。

```
Public Sub 工作表数目 ()
    Dim ws As Worksheet
    Dim i As Integer
    For i = 1 To ThisWorkbook.Worksheets.Count
        Set ws = ThisWorkbook.Worksheets(i)
        MsgBox " 第 " & i & " 个工作表的名称为 : " & ws.Name
    Next i
    Set ws = Nothing
End Sub
```

3.7.9　使用多重循环

所谓多重循环，就是一个循环中还有循环。前面介绍的九九乘法表就是一个多重循环的例子。多重循环可以是前面介绍的各种循环语句相互嵌套使用。

案例3-21

本例循环当前工作簿中除第1个工作表"汇总"外的每个工作表，并把每个工作表B列的数据提取到"汇总"工作表。

```
Public Sub 从工作表取数 ()
    Dim ws As Worksheet
    Dim ws0 As Worksheet
    Dim i As Integer, j As Integer
    Set ws0 = ThisWorkbook.Worksheets(" 汇总 ")
    ws0.Range("B2:I10").ClearContents
    For i = 2 To ThisWorkbook.Worksheets.Count
        Set ws = ThisWorkbook.Worksheets(i)
        For j = 2 To 10
            ws0.Cells(j, i) = ws.Range("B" & j)
        Next j
    Next i
End Sub
```

3.8 条件控制语句

在一般情况下，一个 VBA 的 Sub 子程序和 Function 函数的运行都是从第一条语句开始，然后逐条运行，直至遇到 End Sub 或 End Function 才结束整个程序的运行。但在很多情况下，需要程序按照一定的条件执行，即满足某些条件时执行一些语句，而不满足这些条件时则转去执行另外一些语句，这就需要对程序进行条件结构设计和分情况选择结构设计。

常用的条件结构和选择结构有 If 条件语句和 Select Case 语句等。

3.8.1 使用 If 条件语句

If 条件语句分为单行格式和多行格式。单行格式是指写在一行的 If 条件语句；多行格式则是指写成数行的 If 条件语句。

1. 单行格式的 If 条件语句

单行格式的 If 条件语句格式如下：

If 条件 Then 语句 1 [Else 语句 2]

在这个 If 条件语句中，当条件满足时，执行语句 1；否则执行语句 2。但是，"Else 语句 2"不是必需的，它是一个可选的条件语句。

案例3-22

例如，下面的自定义函数就是利用单行格式的 If 条件语句求两个数的最大值。

```
Public Function maxValue(a As Single, b As Single) As Single
    If a > b Then maxValue = a Else maxValue = b
End Function
```

案例3-23

下面的程序就是根据用户的选择来决定是否退出过程。

```
Public Sub 是否退出 ()
```

```
    Dim res
    res = MsgBox(" 是否退出过程 ", vbYesNo + vbQuestion)
    If res = vbYes Then Exit Sub
    MsgBox " 你没有退出程序，下面继续运行 ", vbInformation
End Sub
```

2. 多行格式的 If 条件语句

多行格式的 If 条件语句又分为 3 种格式：If...Then 格式、If...Then...Else 格式和 If...Then...ElseIf...Then 格式。

（1）If... Then 格式

If... Then 条件格式如下：

```
If 条件 Then
    语句块
End If
```

这种格式的含义就是，当条件满足时就执行 Then 后面的语句块，否则就跳出条件语句而执行 End If 后面的语句。

案例3-24

下面的程序就是根据用户的选择来决定是否执行修改数据的操作。

```
Public Sub 判断处理 ()
    Dim res
    res = MsgBox(" 是否进行数据修改 ", vbYesNo + vbQuestion)
    If res = vbYes Then
        ' 修改数据语句块
    End If
    ' 其他语句块
End Sub
```

（2）If...Then...Else 格式

If...Then...Else 条件格式如下：

```
If 条件 Then
    语句块 1
Else
```

语句块 2

End If

这种格式的含义就是，当条件满足时就执行 Then 后面的语句块 1，否则就执行 Else 后面的的语句块 2。

案例3-25

下面的自定义函数就是利用多行格式的 If 条件语句求两个数的最大值。

```
Public Function maxValue(a As Single, b As Single) As Single
    If a > b Then
        maxValue = a
    Else
        maxValue = b
    End If
End Function
```

（3）If...Then...ElseIf...Then 格式

If...Then...ElseIf...Then 条件格式如下：

```
If 条件 1 Then
    语句块 1
ElseIf 条件 2 Then
    语句块 2
[ElseIf 条件 3 Then
    语句块 3]
    …
[Else
    语句块 n]
End If
```

这种格式的含义就是，当条件不满足时就再执行新的条件判断，而且 ElseIf 部分可以嵌套多层。

案例3-26

例如，下面的自定义函数就是利用 If...Then...ElseIf...Then 格式的 If 条件语句计算个税。

```
Public Function 个税 ( 月工资 As Single, 其他扣除费 As Single) As Single
```

```
    Dim 税率 As Single, 速扣数 As Single, 应纳税所得额 As Single
    应纳税所得额 = 月工资 – 5000 – 其他扣除费
    If 应纳税所得额 > 0 Then
        If 应纳税所得额 <= 3000 Then
            税率 = 0.03: 速扣数 = 0
        ElseIf 应纳税所得额 <= 12000 Then
            税率 = 0.1: 速扣数 = 210
        ElseIf 应纳税所得额 <= 25000 Then
            税率 = 0.2: 速扣数 = 1410
        ElseIf 应纳税所得额 <= 35000 Then
            税率 = 0.25: 速扣数 = 2660
        ElseIf 应纳税所得额 <= 55000 Then
            税率 = 0.3: 速扣数 = 4410
        ElseIf 应纳税所得额 <= 80000 Then
            税率 = 0.35: 速扣数 = 7160
        Else
            税率 = 0.45: 速扣数 = 15160
        End If
        个税 = Round( 应纳税所得额 * 税率 – 速扣数 , 2)
    Else
        个税 = 0
    End If
End Function
```

3.8.2　使用 Select Case 语句

当一个表达式与多个不同的值进行比较时，使用多分支的条件语句比较麻烦，这时可使用分情况选择语句Select Case。其语法结构如下：

```
Select Case 变量或表达式
    Case 值 1
        语句块 1
    [Case 值 2
        语句块 2]
```

...

　　[Case 值 n

　　　　语句块 n]

End Select

其中，值1、值2…可以取以下几种形式。

(1) 具体常数，如1、2、"A""单价"等。

(2) 连续的数据范围，如1 To 100、A To C等。

(3) 满足某个条件的表达式，如Is关系表达式，可以是<、<=、>、>=、<>、=六种情况。

此外，在实际使用中，上述几种格式可以混合使用，例如：

Case Is < 5, 10, 30, 40, Is > 100

案例3-27

本例演示了使用Select...Case语句来设计个税自定义函数。

```
Public Function 个税 ( 月工资 As Single, 其他扣除费 As Single) As Single
    Dim 税率 As Single, 速扣数 As Single, 应纳税所得额 As Single
    应纳税所得额 = 月工资 – 5000 – 其他扣除费
    If 应纳税所得额 > 0 Then
        Select Case 应纳税所得额
            Case 0 To 3000
                税率 = 0.03: 速扣数 = 0
            Case 3000.01 To 12000
                税率 = 0.1: 速扣数 = 210
            Case 12000.01 To 25000
                税率 = 0.2: 速扣数 = 1410
            Case 25000.01 To 35000
                税率 = 0.25: 速扣数 = 2660
            Case 35000.01 To 55000
                税率 = 0.3: 速扣数 = 4410
            Case 55000.01 To 80000
                税率 = 0.35: 速扣数 = 7160
            Case Is > 80000.01
                税率 = 0.45: 速扣数 = 15160
```

```
      End Select
      个税 = Round( 应纳税所得额 * 税率 - 速扣数 , 2)
   Else
      个税 = 0
   End If
End Function
```

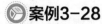案例3-28

本例根据当前日期所属的时间段,判断它是属于本月的上旬、中旬还是下旬。

```
Public Function 判断时间段 ( 日期 As Date) As String
   Select Case Day( 日期 )
      Case 1 To 10
         判断时间段 = " 本月上旬 "
      Case 11 To 20
         判断时间段 = " 本月中旬 "
      Case 21 To 31
         判断时间段 = " 本月下旬 "
   End Select
End Function
```

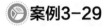案例3-29

下面的自定义函数是根据考试分数判断成绩等级。

```
Public Function ScoreLevel(score As Integer) As String
   Select Case score
      Case Is >= 90
         ScoreLevel = " 优 "
      Case Is >= 80
         ScoreLevel = " 良 "
      Case Is >= 70
         ScoreLevel = " 中 "
      Case Is >= 60
         ScoreLevel = " 及格 "
```

```
        Case Else
            ScoreLevel = " 不及格 "
    End Select
End Function
```

3.9 语句书写技巧

为了使编写的代码整洁、可读性强,便于维护和调试,语句的书写也是有窍门的。下面介绍几个语句书写的技巧。

3.9.1 将多条语句写在同一行

在某些情况下,为了使程序更加简洁明了,可以将多条相似的语句写在同在一行上。

● 对于赋值语句,需要用冒号(:)将各个语句隔开。
● 对于声明语句,需要用逗号(,)将各个语句隔开。

案例3-30

在本例中,将几条语句写在同一行上。

```
Public Sub 一行书写 ()
    Dim na(15) As String, class(15) As String, score(15) As Integer
    Dim i As Integer
    For i = 2 To 15
        na(i-1) = Cells(i,1): class(i-1) = Cells(i,2): score(i-1) = Cells(i,3)
    Next i
End Sub
```

如果是多行书写,代码如下。

```
Public Sub 多行书写 ()
    Dim na(15) As String
    Dim class(15) As String
    Dim score(15) As Integer
    Dim i As Integer
```

```
    For i = 2 To 15
        na(i − 1) = Cells(i, 1)
        class(i − 1) = Cells(i, 2)
        score(i − 1) = Cells(i, 3)
    Next i
End Sub
```

3.9.2 将一条语句断开成数行

在VBA中，一行最多允许书写255个字符，如果超过了255个字符，就需要将该行语句断开成数行书写，并在各行的最后加上续行符"_"（由一个空格和一个下划线组成）。例如：

```
If MsgBox(" 是否修改数据 ", _
    vbYesNo + vbQuestion, _
    " 修改数据 ") = vbYes Then
```

3.9.3 添加注释语句

注释语句是用来说明程序中某些语句的功能和作用的，有利于用户维护和调试程序。在VBA中，有以下两种方法添加注释语句。

方法一：使用单引号"'"。此时注释语句可以位于某语句末尾，也可单独一行。如果要在语句的末尾添加注释，必须在语句后面插入至少一个空格，然后加上注释文本。注释默认以绿色文本显示。例如：

```
' 下面进行汇总计算
n = 100
```

或

```
n = 100        ' 下面进行汇总计算
```

方法二：使用Rem。此时注释语句只能单独一行。例如：

```
Rem 下面进行汇总计算
```

3.9.4 使用 With 语句提高程序运行效率

当使用对象的诸多属性和方法时，最好使用With语句，这样可以提高程序的运行效率，也使得程序更加整洁和易读。

案例3-31

下面的程序就是使用With语句对指定单元格区域进行属性设置。

```
Public Sub 使用 With 语句 ()
    Dim Rng As Range
    Dim Fnt As Font
    Set Rng = Range("A1:D5")
    With Rng
        .Clear
        .Value = 100
        Set Fnt = .Font
        With Fnt
            .Bold = True
            .ColorIndex = 5
            .Italic = True
            .Size = 16
        End With
        .BorderAround xlContinuous, xlThick, 3
        .Columns.AutoFit
    End With
    Set Fnt = Nothing
    Set Rng = Nothing
End Sub
```

04

使用工作簿函数和VBA函数

在VBA程序中，我们不仅可以直接使用VBA内置函数，还可以通过Application对象的WorksheetFunction属性来调用Excel工作簿函数。本章我们将学习工作簿函数和VBA函数的使用方法。

4.1 在VBA中使用工作簿函数

如要在VBA中使用工作簿函数，必须使用Application对象的WorksheetFunction属性来调用。但需要注意的是，并不是所有的工作簿函数都可以使用WorksheetFunction属性来调用。当在VBA中输入"Application.WorksheetFunction."后，系统会显示出一个可供调用的工作簿函数列表，从中可以选择需要的函数，如图4-1所示。

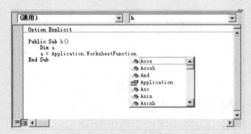

图4-1　可以使用Application对象的WorksheetFunction属性来调用的工作簿函数列表

4.1.1 在 VBA 过程中调用工作簿函数

在VBA过程中调用工作簿函数有以下两种形式。

形式一：使用完整的Application对象的WorksheetFunction属性表达。例如：

x = Application.WorksheetFunction.Max(20, 60)

形式二：省略Application对象，直接使用WorksheetFunction属性表达式。例如：

x = WorksheetFunction.Max(20, 60)

案例4-1

下面的程序是利用工作簿函数SUM计算指定单元格区域的数据之和。

```
Public Sub 调用工作簿函数 ()
    Dim Rng As Range
    Dim sumt As Single
    Set Rng = Range("A1:G20")     ' 指定任意单元格区域
```

```
    sumt = WorksheetFunction.Sum(Rng)
    MsgBox sumt
End Sub
```

案例4-2

本例使用工作簿函数COUNTA统计项目个数，用MATCH函数定位查找数据，这种查找方法要比循环判断查找快得多。

```
Sub 开始查找 ()
    Dim n As Integer, m As Integer
    Dim myName As String
    Dim ws As Worksheet
    Dim Rng As Range
    Set ws = Worksheets(" 源数据 ")
    Range("C5:C17").ClearContents
    myName = Range("C2")
    m = WorksheetFunction.CountA(ws.Range("1:1"))
    n = WorksheetFunction.Match(myName, ws.Range("B:B"), 0)
    Set Rng = ws.Range("E" & n & ":Q" & n)
    Range("C5:C17") = WorksheetFunction.Transpose(Rng)
    MsgBox " 查询完毕!", vbInformation
End Sub
```

案例数据及查找结果如图4-2所示。

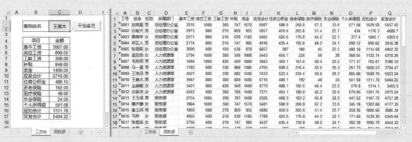

图4-2　利用工作簿函数查找数据

如果查询表的项目次序与源数据工作表上的项目次序不一样，我们可以使用MATCH函数进行定位，再使用VLOOKUP函数查找数据。此时程序如下：

```
Sub 开始查找 ()
    Dim i As Integer
    Dim myName As String
    Dim ws As Worksheet
    Set ws = Worksheets(" 源数据 ")
    Range("C5:C17").ClearContents
    myName = Range("C2")
    For i = 5 To 17
        Range("C" & i) = WorksheetFunction.VLookup(myName, ws.Range("B:Q"), _
        WorksheetFunction.Match(Range("B" & i), ws.Range("B1:Q1"), 0), 0)
    Next i
    MsgBox " 查询完毕!", vbInformation
End Sub
```

4.1.2 通过 VBA 向单元格输入工作簿函数

通过VBA向单元格输入工作簿函数，可以采用字符串的方式。例如，要向单元格 A11 中输入公式 "=SUM(A1:A10)"，则可以使用下面的语句。

Range("A11") = "=SUM(A1:A10)"

或者

Range("A11").Formula = "=SUM(A1:A10)"

案例4-3

如果要向单元格 E1、E2、E3 和 E4 中输入计算前 4 列求和公式，则可以使用下面的程序。

```
Public Sub 字符串函数 ()
    Dim i As Integer
    For i = 1 To 4
        Cells(i, 5) = "=SUM(A" & i & ":D" & i & ")"
    Next i
End Sub
```

通过这种字符串的方式，我们可以向单元格中输入复杂的计算公式。下面的语句就是一个例子。

Range("A11") = "=SUM(A1:A10)+200+SIN(50)+SQRT(AVERAGE(A1:A10))"

4.1.3　通过 VBA 向单元格输入普通公式

通过 VBA 向单元格输入普通公式, 可以采用上述的输入字符串的方法。具体的例子见前面的介绍。

4.1.4　通过 VBA 向单元格输入数组公式

向单元格或单元格区域输入数组公式, 需要使用 Range 对象的 FormulaArray 属性。

案例4-4

本例向单元格区域 C1:C10 输入数组公式 "=A1:A10*B1:B10"。

```
Public Sub 数组公式 ()
    Dim Rng As Range
    Set Rng = Range("C1:C10")    ' 指定任意的单元格区域
    Rng.FormulaArray = "=A1:A10*B1:B10"
End Sub
```

提示

在输入数组公式时, 采用定义 Range 对象变量的方法, 这样不容易出错。

案例4-5

本例采用定义 Range 对象变量的方法, 向单元格区域 C1:C10 输入数组公式 "=A1:A10* B1:B10"。

```
Public Sub 输入数组公式 ()
    Dim Rng As Range
    Dim Rng1 As Range
    Dim Rng2 As Range
    Set Rng1 = Range("A1:A10")    ' 指定任意的单元格区域
    Set Rng2 = Range("B1:B10")    ' 指定任意的单元格区域
    Set Rng = Range("C1:C10")     ' 指定任意的单元格区域
    Rng.FormulaArray = "=" & Rng1.Address(False, False) _
```

```
        & "*" & Rng2.Address(False, False)
End Sub
```

4.1.5 获取单元格中的公式表达式

利用 Range 对象的 Formula 属性，我们可以获取输入到单元格内的计算公式。

案例4-6

本例利用 Range 对象的 Formula 属性获取指定单元格内的计算公式。

```
Public Sub 获取公式 ()
    Dim Rng As Range
    Dim 公式 As String
    Set Rng = Range("A1")  ' 指定任意单元格
    If Rng.HasFormula = True Then
        公式 = Rng.Formula
        MsgBox " 单元格 " & Rng.Address(0, 0) & " 内的计算公式为 : " & 公式
    Else
        MsgBox " 没有输入计算公式 "
    End If
End Sub
```

4.1.6 判断某单元格区域是否为数组公式单元格区域的一部分

当某单元格或单元格区域为数组公式区域的一部分时，我们是无法向这些单元格内输入数据的。因此，判断某单元格或单元格区域是否为数组公式区域的一部分是非常重要的。

利用 Range 对象的 FormulaArray 属性，可以判断某单元格区域是否为数组公式单元格区域的一部分。如果该单元格区域内全部单元格都是相同的数组公式区域，则表明该单元格区域是数组公式区域；否则，只要有一个单元格没有公式，或者有公式但公式不是数组公式，则表明该单元格区域不是一个完整的数组公式区域。

案例4-7

本例判断指定单元格区域是否为数组公式单元格区域的一部分。

```
Public Sub 判断公式 ()
    Dim myFormula As Variant
    Dim Rng As Range
    Set Rng = Range("C1:C8")    ' 指定任意单元格区域
    myFormula = Rng.FormulaArray
    If myFormula <> "" Then
        MsgBox " 单元格区域 " & Rng.Address(0, 0) & " 是一个数组公式区域。"
    Else
        MsgBox " 单元格区域 " & Rng.Address(0, 0) & " 不是一个数组公式区域。"
    End If
End Sub
```

4.1.7 删除工作表中的所有数据，但保留所有公式

当工作表中有很多公式和数据时，我们可以仅仅删除数据而保留全部公式，以便于重新计算工作表。删除工作表中除公式外的所有数据，可以使用Range集合的SpecialCells方法。

案例4-8

下面的程序就是删除当前工作表的全部数据，而仅留下所有的公式。为了能够删除数据，这里设置了错误处理语句On Error Resume Next。

```
Public Sub 保留公式 ()
    On Error Resume Next
    Cells.SpecialCells(xlCellTypeConstants, 23).ClearContents
End Sub
```

4.2 使用VBA常用计算函数

Excel VBA 有大量的内置函数可供使用，如数学函数、日期和时间函数、字符串函数、转换函数、财务函数、检查函数、数组函数、格式函数、文件函数等。这些函数为我们进行数据处理和计算提供了丰富的工具。

VBA内置函数的调用形式如下：

函数名（参数1，参数2，...）

4.2.1 VBA 函数与工作簿函数的区别

VBA内置函数是指能够在VBA程序中直接使用的函数，而工作簿函数是指能在工作表中直接调用的函数，或者在VBA中必须通过WorksheetFunction属性调用的函数。

有些VBA函数的名称与Excel工作簿函数的名称相同，并且函数的参数也相同。例如，在Excel工作表中有一个计算年金现值的函数PV，在VBA中也有一个计算现值的函数pv，并且它们的参数也相同；但应注意，它们仍然是两种不同类型的函数。

某些具有相同功能的VBA函数与工作簿函数，其名称是有所区别的。例如，在工作表中，计算算术平方根的函数是SQRT；而在VBA中，计算算术平方根的函数是sqr。

4.2.2 快速获取函数的参数信息

在VBA中使用函数并输入函数的参数时，系统会自动显示函数的参数信息，如图4-3所示。当函数的参数输入完毕后，就不再显示参数信息了。如果想要重新显示函数的参数信息，可以将光标移到函数表达式的任意处，然后按Ctrl+I组合键，或者将光标移到函数括弧内的任意参数处，再按Ctrl+Shift+I组合键，如图4-4所示。

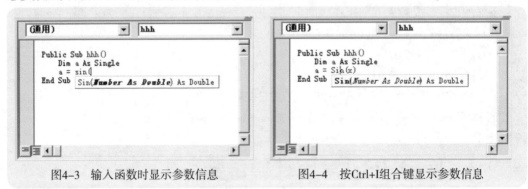

图4-3 输入函数时显示参数信息　　　　图4-4 按Ctrl+I组合键显示参数信息

4.2.3 日期和时间函数

Excel中有大量的日期和时间函数，常用的日期和时间函数如表4-1所示。

表4-1 常用的日期和时间函数

函 数	返回类型	功 能	例 子	返 回 值
Date	Date	返回系统当前日期	x = Date	#2018-11-14#
Time	Date	返回系统当前时间	x= Time	7:03:20
Now	Date	返回系统当前日期和时间	x = Now	2018-11-14 7:03:20
Day	Integer	返回日,1~31的整数	Day(#2018-11-14#)	25
Month	Integer	返回月,1~12的整数	Month (#2018-11-14#)	12
Year	Integer	返回年	Year (#2018-11-14#)	2018
Weekday	Integer	返回星期	Weekday (#2018-11-14#)	4
			Weekday (#2018-11-14#,vbMonday)	3
Hour	Integer	返回小时,0~23的整数	Hour(#16:43:55#)	16
Minute	Integer	返回分钟,0~59的整数	Minute(#16:43:55#)	43
Second	Integer	返回秒,0~59的整数	Second(#16:43:55#)	55
DateAdd	Date	返回一段时间之后/之前的日期	DateAdd("m",2,#2018-10-4#)	2018-12-4
			DateAdd("yyyy",2,#2018-10-4#)	2020-12-4
DateDiff	Long	返回两个日期间的时间间隔	DateDiff("m",#2011-5-15#, #2018-6-1#)	85(个月)
			DateDiff("q",#2011-5-15#, #2018-6-1#)	28(个季度)
			DateDiff("ww",#2011-5-15#, #2018-6-1#)	367(周)
DatePart	Integer	判断日期属于哪个时间段	DatePart("q",#2018-10-4#)	4(第4季度)
			DatePart("ww",#2018-10-4#)	40(第40周)
DateSerial	Date	返回指定年月日的日期	DateSerial(2018,10,4)	2018-10-4
TimeSerial	Date	返回指定时分秒的时间	TimeSerial(15,20,33)	15:20:33

案例4-9

本例显示当日的日期、时间、月份、年份、星期等信息。

Public Sub 日期时间函数 ()

    MsgBox " 今天是 : " & Date

    MsgBox " 今天是 : " & Year(Date) & " 年 "

    MsgBox " 今天是 : " & Month(Date) & " 月 "

```
    MsgBox " 今天是 ： " & Day(Date) & " 日 "
    MsgBox " 今天是星期 " & Weekday(Date, vbMonday)
    MsgBox " 现在是 ： " & Time
    MsgBox " 现在是 ： " & Hour(Time) & " 时 " _
        & Minute(Time) & " 分 " & Second(Time) & " 秒 "
End Sub
```

案例4-10

本例设计一个给定起始时间和截止时间的周次列表(这仅仅是一个函数练习)。

```
Public Sub 日期函数 ()
    Dim BeginDate As Date
    Dim EndDate As Date
    Dim week As Integer
    Dim i As Integer
    BeginDate = #1/1/2018#
    EndDate = #12/31/2018#
    week = DateDiff("ww", BeginDate, EndDate, vbMonday)
    For i = 1 To week
        Range("A" & i + 1) = i
        Range("B" & i + 1) = BeginDate + (i - 1) * 7
        Range("C" & i + 1) = Range("B" & i + 1) + 6
        Range("D" & i + 1) = DatePart("q", Range("B" & i + 1), vbMonday)
        Range("E" & i + 1) = Month(Range("B" & i + 1))
    Next i
End Sub
```

4.2.4 字符串函数

VBA为我们提供了大量的字符串函数,其中常用的字符串函数如表4-2所示。这些函数中,有些与工作簿函数的名称及功能是相同的。

表4-2　常用的字符串函数

函　　数	返回类型	功　　能	例　　子	返　回　值
StrComp(字符串1,字符串1[,比较])	VariantInteger	比较两个字符串。字符串1<字符串2,返回值-1;字符串1=字符串2,返回值0;字符串1>字符串2,返回值1	StrComp("AF", "FS4")	-1
StrConv(字符串,数字)	String	变换字符串。数字为1时,将字符串内容转换成大写;数字为2时,将字符串内容转换成小写	StrConv("fghh",1) StrConv("AAhh",2)	"FGHH"""aahh"
Format(字符串,可选参数)	VariantString	设置字符串格式	Format(Date,"Long Date")	"2018年5月9日"
LCase(字符串)	String	将字符串转换成小写	LCase("LoNg")	"long"
UCase(字符串)	String	将字符串转换成大写	UCase("Long")	"LONG"
Space(长度)	String	在字符串中插入数个空格	"Hi"&Space(2)&"World"	"Hi World"
String(长度,字符)	String	重复数个字符	String(5, "*")	"*****"
Len(字符串)	Long	计算字符串长度	Len("Customer")	8
InStr([开始位置,]字符串1,字符串2[,比较])	VariantLong	字符串2在字符串1中最先出现的位置	InStr(1,"GHmdml","m")	3
Left(字符,长度)	String	从左起取指定个数的字符	Left("fdgm32",4)	"Fdgm"
Right(字符,长度)	String	从右起取指定个数的字符	Right("fdgm32",4)	"gm32"
Mid(字符串,开始位置[,长度])	String	从开始位置起取指定个数的字符	Mid("DG32LD4",4,3)	"2LD"
LTrim(字符串)	String	去掉字符串左边的空格	LTrim(" ghGH ")	"ghGH "
RTrim(字符串)	String	去掉字符串右边的空格	RTrim(" ghGH ")	" ghGH"
Trim(字符串)	String	去掉字符串前后的空格	Trim(" ghGH ")	"ghGH"
Asc(字符串)	Integer	字符串首字母的ASCII代码	Asc("abc")	97
Chr(数字)	String	将数字转换成ASCII代码指定的字符	Chr(65)	"A"
Str(数字)	String	数字转换成字符串	Str(54)	"54"
Val(字符串)	Variant	字符串转换成数字	Val("54D5SL23")	5400000

⊗ 案例4-11

本例演示了常用字符串函数的使用。

```
Public Sub 字符串函数 ()
    Dim Str As String
    Str = " 北京市海淀区   AAbbC    Wmp kk001 "
    MsgBox " 原始字符串为 : " & Str & vbCrLf & vbCrLf _
        & " 字符串长度为 : " & Len(Str) & vbCrLf _
        & " 左边 3 个字符为 : " & Left(Str, 3) & vbCrLf _
        & " 右边 3 个字符为 : " & Right(Str, 3) & vbCrLf _
        & " 从左边第 3 个开始取 3 个字符为 : " & Mid(Str, 3, 3) & vbCrLf _
        & " 转换为大写 : " & UCase(Str) & vbCrLf _
        & " 转换为小写 : " & LCase(Str) & vbCrLf _
        & " 去掉左边的空格后为 : " & LTrim(Str) & vbCrLf _
        & " 去掉右边的空格后为 : " & RTrim(Str) & vbCrLf _
        & " 去掉两边的空格后为 : " & Trim(Str)
End Sub
```

⊗ 案例4-12

本例把工作表 A 列的日期分别转换为中文星期、英文星期、中文月份、英文月份，其中用到了 Format 函数。

```
Public Sub 字符串函数 ()
    Dim ws As Worksheet
    Dim i As Integer
    Dim x As Date
    Set ws = Worksheets("Sheet1")
    For i = 2 To 13
        x = ws.Range("A" & i)
        ws.Range("B" & i) = Format(x, "aaaa")
        ws.Range("C" & i) = Format(x, "dddd")
        ws.Range("D" & i) = Format(x, "m 月 ")
        ws.Range("E" & i) = Format(x, "mmmm")
```

```
    Next i
End Sub
```

4.2.5 财务函数

在VBA中,大部分的财务函数与工作簿财务函数不论是名称还是参数完全相同。一些常用的财务函数如表4-3所示。

表4-3　常用的财务函数

函数名	返回类型	语　　法	功　　能
SLN	Double	SLN(cost, salvage, life)	在一期里指定一项资产的直线折旧
DDB	Double	DDB(cost, salvage, life, period[, factor])	指定一笔资产在一特定期间内用双倍余额递减法计算的折旧
SYD	Double	SYD(cost, salvage, life, period)	指定某项资产在一指定期间用年数总计法计算的折旧
PV	Double	PV(rate, nper, pmt[, fv[, type]])	指定在未来定期、定额支付且利率固定的年金现值
FV	Double	FV(rate, nper, pmt[, pv[, type]])	指定在未来定期、定额支付且利率固定的年金终值
Pmt	Double	Pmt(rate, nper, pv[, fv[, type]])	指定定期、定额支付且利率固定的年金支付额
IPmt	Double	IPmt(rate, nper, pv[, fv[, type]])	指定在一段时间内对定期、定额支付且利率固定的年金所支付的利息值
PPmt	Double	PPmt(rate, nper, pv[, fv[, type]])	指定在定期、定额支付且利率固定的年金的指定期间内的本金偿付额
Rate	Double	Rate(nper,pmt, pv[, fv[, type,guess]])	指定每一期的年金利率
IRR	Double	IRR(values()[, guess])	指定一系列周期性现金流(支出或收入)的内部收益率
MIRR	Double	MIRR(values(), finance_rate, reinvest_rate)	指定一系列周期性现金流(支出或收入)的修正内部收益率
NPV	Double	NPV(rate, values())	指定根据一系列定期的现金流(支付和收入)和贴现率而定的投资净现值
NPer	Double	NPer(rate, pmt, pv[, fv[, type]])	指定定期、定额支付且利率固定的总期数

表4-3中的各参数含义介绍如下。

● cost:必要参数。Double型变量,用于指定资产的初始成本。

- salvage：必要参数。Double 型变量，用于指定使用年限结束时的资产价值(即残值)。
- life：必要参数。Double 型变量，用于指定资产的可用年限。
- period：必要参数。Double 型变量，用于指定计算资产折旧所用的那一期间。
- factor：可选参数。Variant 型变量，用于指定递减倍数，可省略。如果省略，表示 2(双倍余额法)。此为默认值。
- rate：必要参数。Double 型变量，用于指定每一期的利率。
- nper：必要参数。Integer 型变量，用于指定一笔年金的付款总期数。
- pmt：必要参数。Double 型变量，用于指定每一期的付款金额。付款金额通常包含本金和利息，且此付款金额在年金的有效期间不变。
- fv：可选参数。Variant 型变量，用于指定在付清贷款后所希望的未来值或现金结存。如果省略，默认值为 0。
- pv：必要参数。Double 型变量，用于指定未来一系列付款或收款的现值。
- type：可选参数。Variant 型变量，用于指定贷款到期时间，即是期初还是期末。期末为 0，期初为 1。如果省略，默认值为 0。
- values()：必要参数。Double 型数组，用于指定现金流值。此数组必须至少含有一个负值(支付)和一个正值(收入)。
- guess：可选参数。Variant 型变量，用于指定 Rate 返回的估算值。如果省略，则 guess 为 0.1 (10%)。
- finance_rate：必要参数。Double 型变量，用于指定财务成本上的支付利率。
- reinvest_rate：必要参数。Double 型变量，用于指定由现金再投资所得利率。

注意

　　life 和 period 参数必须用相同的单位表示。例如，如果 life 用月份表示，则 period 也必须用月份表示。同样，rate 必须与 nper 相对应。例如，如果 nper 用月份表示，则 rate 也必须用月利率表示。

案例4-13

本例利用财务函数 Pmt 来计算等额年金。

```
Public Sub 财务函数 ()
    MsgBox " 月支付额为 (VBA 函数 ) : " & Pmt(0.06 / 12, 30 * 12, -30000)
    '下面是使用工作簿函数 pmt 计算
    MsgBox " 月支付额为 ( 工作簿函数 ) : " & WorksheetFunction.Pmt(0.06/12,30*12,-30000)
End Sub
```

4.2.6 数学函数

VBA 数学函数非常多，常用的包括 Abs 函数、Exp 函数、Sqr 函数、Fix 函数、Int 函数、Log 函数、Rnd 函数、Sgn 函数、Sin 函数、Cos 函数、Tan 函数和 Atn 函数等。这些函数的使用方法很简单，如表 4-4 所示。

表 4-4　数学函数

函　数	返回类型	功　能	参　数 x	例　子	返　回　值
Abs(x)	与 x 相同	x 的绝对值	数字表达式	Abs(-60.43)	60.43
Atn(x)	Double	角度 x 的反正切值	数字表达式	Atn(1)	0.785398163397448
Cos(x)	Double	角度 x 的余弦值	角的弧度	Cos(60*3.1416/180)	0.499997879272546
Exp(x)	Double	e（自然对数底）的幂值	数字表达式	Exp(1.2)	3.32011692273655
Fix(x)	Double	x 的整数部分	数字表达式	Fix(-23.65)	-23
Int(x)	Double	x 四舍五入的整数部分	数字表达式	Int(-23.65)	-24
Log(x)	Double	x 的自然对数值	数字表达式	Log(10)	2.30258509299405
Rnd(x)	Single	0 ~ 1 之间的随机数	数字表达式		
Round(x,y)	与 x 相同	按照指定小数位数 y 进行四舍五入运算	数字表达式	Round(100.598,2)	100.60
Sgn(x)	VariantInteger	x>0时，返回1；x=0时，返回0；x<0时，返回-1	数字表达式	Sgn(55)Sgn(0)Sgn(-32)	10-1
Sin(x)	Double	角度 x 的正弦值	角的弧度	Sin(30*3.1416/180)	0.500001060362603
Sqr(x)	Double	x 的平方根	数字表达式	Sqr(2)	1.4142135623731
Tan(x)	Double	角度 x 的正切值	角的弧度	Tan(45*3.1416/180)	1.00000367321185

案例4-14

本例演示了一些 VBA 数学函数的具体使用情况。

```
Public Sub 数学函数 ()
    Const pi = 3.14159265358979
    MsgBox "30 度角的正弦为：" & Sin(30 * pi / 180) & vbCrLf _
        & "30 度角的余弦为：" & Cos(30 * pi / 180) & vbCrLf _
        & "-30485.6587 的绝对值为：" & Abs(-30485.6587) & vbCrLf _
        & "-30485.6587 的整数部分为：" & Int(-30485.6587) & vbCrLf _
        & "30485.6587 的整数部分为：" & Int(30485.6587) & vbCrLf _
```

```
         & "30485.6587 四舍五入保留两位小数点为 : " & Round(30485.6587, 2) & vbCrLf _
         & "30485.6587 的算术平方根为 : " & Sqr(30485.6587) & vbCrLf _
         & " 产生一个 0~1 的随机数 : " & Rnd
End Sub
```

4.2.7 检查函数

检查函数用于判断某表达式是否为某一种类型的数据。常用的检查函数如表4-5所示。

表4-5　常用的检查函数

函　　数	返 回 类 型	功　　　　能
IsArray	Boolean	检查一个变量是否为数组
IsDate	Boolean	检查一个表达式是否为日期
IsEmpty	Boolean	检查一个变量是否已经初始化
IsNull	Boolean	检查一个表达式是否不包含任何有效数据
IsError	Boolean	检查一个表达式是否为错误值
IsMissing	Boolean	指出一个可选的 Variant 参数是否已经传递给过程
IsNumeric	Boolean	指出一个表达式的运算结果是否为数字
IsObject	Boolean	指出一个标识符是否表示对象变量

案例4-15

下面的程序演示了其中几个检查函数的使用方法。

```
Public Sub 检查函数 ()
    'IsArray 函数的使用
    Dim MyArray(1 To 5) As Integer, YourArray      ' 声明数组变量
    YourArray = Array(1, 2, 3)                     ' 使用数组函数
    MsgBox IsArray(MyArray)                        ' 返回 True
    MsgBox IsArray(YourArray)                      ' 返回 True
    'IsEmpty 函数的使用
    Dim MyVar
    MsgBox IsEmpty(MyVar)                          ' 返回 True
    MyVar = Null                                   ' 赋以 Null
    MsgBox IsEmpty(MyVar)                          ' 返回 False
```

```
MyVar = Empty                              '赋以 Empty
MsgBox IsEmpty(MyVar)                       '返回 True
'IsNumeric 函数的使用
MyVar = " 北京 "
MsgBox IsNumeric(MyVar)                     '返回 False
MyVar = 194849
MsgBox IsNumeric(MyVar)                     '返回 True
'IsDate 函数的使用
MyVar = #10/5/2018#
MsgBox IsDate(MyVar)                        '返回 True
End Sub
```

4.2.8　转换函数

转换函数用于将一个表达式强制转换成某种特定的数据类型。一些常用的转换函数如表4-6所示。

表4-6　常用的转换函数

函　　数	返回类型	例　　子	返　回　值
CBool(x)	Boolean	CBool(5=5)	True
CByte(x)	Byte	CByte(125.5678)	126
CCur(x)	Currency	CCur(543.214588*2)	1086.4292
CDate(x)	Date	CDate("February 12,2018")	Date 型 2018-2-12
CDbl(x)	Double	CDbl(234.456784)	234.4568
CInt(x)	Integer	CInt(2345.5678)	2346
CLng(x)	Long	CLng(25427.45)	25427
CSng(x)	Single	CSng(75.3421555)	75.34216
CStr(x)	String	CStr(437.324)	"437.324"
CVar(x)	Variant	CVar(54325 & "000")	"54325000"

4.2.9　利用 IIf 函数返回两个参数中的一个

IIf 函数的功能是根据表达式的值来返回两个参数中的一个。IIf 函数在判断两个数据哪个最大的场合非常有用，可以简化程序代码。

案例4-16

本例演示了IIf函数的使用方法。

```
Public Sub IIf 函数 ()
    Dim a As Single, b As Single
    a = 5435.75: b = 46121.488
    MsgBox "a=" & a & Space(5) & "b=" & b _
        & vbCrLf & "a 和 b 的最大值为 : " & IIf(a > b, a, b) _
        & vbCrLf & "a 和 b 的最小值为 : " & IIf(a < b, a, b)
End Sub
```

4.2.10 利用 Choose 函数从参数列表中选择并返回一个值

Choose函数用于从参数列表中选择并返回一个值，其语法如下。

```
Choose(index, choice-1[, choice-2, ... [, choice-n]])
```

其中，index为必要参数，数值表达式或字段，其运算结果是一个数值，且界于1和可选择的项目数之间；choice为必要参数，Variant表达式，包含可选择项目的其中之一。

案例4-17

下面的自定义函数就是利用Choose函数从参数列表中选择并返回一个值。当函数参数是1时，函数返回“北京”；当参数为2时，函数返回“上海”，以此类推。

```
Function GetCity(Ind As Integer) As String
    GetCity = Choose(Ind, " 北京 ", " 上海 ", " 天津 ", " 南京 ", " 沈阳 ")
End Function
```

图4-5所示是这个自定义函数的应用示例。

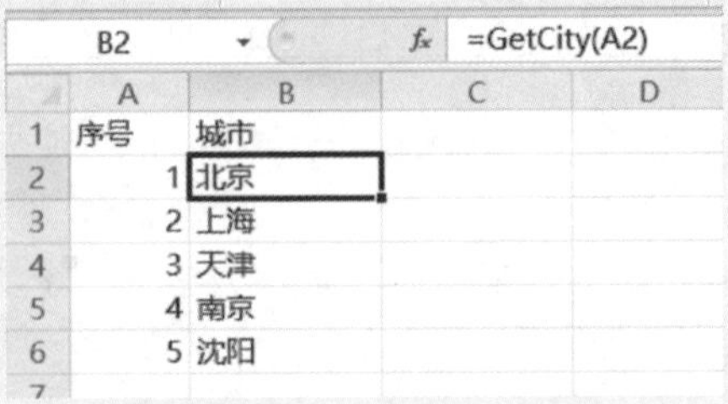

B2 =GetCity(A2)

	A	B	C	D
1	序号	城市		
2	1	北京		
3	2	上海		
4	3	天津		
5	4	南京		
6	5	沈阳		
7				

图4-5 Choose函数应用示例

4.2.11 利用 Switch 函数从参数列表中选择并返回一个值

Switch 函数和 Choose 函数类似，但它是以两个一组的方式返回所要的值。其语法如下：

Switch(expr–1, value–1[, expr–2, value–2 _ [, expr–n,value–n]])

其中，expr 为必要参数，即要加以计算的 variant 表达式；value 为必要参数，如果相关的表达式为 True，则返回此部分的数值或表达式。

Switch 函数的参数列表由多对表达式和数值组成。表达式是由左至右加以计算的，而数值则会在第一个相关的表达式为 True 时返回。当没有一个表达式为 True 时，Switch 函数会返回一个 Null 值。

案例4-18

下面的自定义函数就是根据输入的部门名称获取该部门的负责人。

Function 负责人 (部门 As String) As String
　负责人 =Switch(部门 =" 部门 A"," 张三 ", 部门 =" 部门 B"," 李四 ", 部门 =" 部门 C"," 王五 ")
End Function

在工作表中调用这个自定义函数，如图4-6所示。

	B2	▼	f_x	=负责人(A2)
	A	B	C	
1	部门	负责人		
2	部门A	张三		
3	部门B	李四		
4	部门C	王五		
5	部门A	张三		
6				

图4-6　Switch函数的应用

4.2.12 重要的数组函数 Array

Array 函数是一个非常重要的 VBA 数组函数，常用来对某些数据进行循环，或者实现数据的快速输入。

注意

Array 函数的各个参数之间要用逗号隔开。如果是文本，要用双引号括起来；如果是数字，直接输入；如果是日期，用双引号或者井号括起来。

案例4-19

本例创建一个变体数组，然后循环数组的各个元素，并输入到工作表中。

```
Public Sub Array 函数 ()
    Dim myArray As Variant
    Dim i As Integer
    myArray = Array(" 张三 ", " 男 ", 10000, "6/5/2018", "100083")
    For i = LBound(myArray) To UBound(myArray)
        Cells(1, i + 1) = myArray(i)
    Next i
End Sub
```

案例4-20

本例分别选择指定的工作表，并把每个工作表A1单元格的数据提取到"汇总表"中。

```
Public Sub Array 函数 ()
    Dim myArray As Variant
    Dim i As Integer
    Dim ws As Worksheet
    Set ws = Worksheets(" 查询表 ")
    myArray = Array(" 深圳 ", " 北京 ", " 苏州 ", " 上海 ", " 武汉 ")
    For i = LBound(myArray) To UBound(myArray)
        ws.Range("A" & i + 2) = myArray(i)
        ws.Range("B" & i + 2) = Worksheets(myArray(i)).Range("A1")
    Next i
End Sub
```

案例4-21

利用Array函数，我们还可以快速创建列标题和行标题。需要注意的是，在创建行标题时，需要使用工作表的转置函数Transpose。

本例就是在当前工作表中利用Array函数快速创建列标题和行标题。

```
Public Sub 输入标题 ()
```

```
    Dim myArray As Variant
    myArray = Array(" 姓名 ", " 性别 ", " 通信地址 ", " 联系电话 ", "E-mail")
    MsgBox " 下面将创建列标题 "
    Range("A1:E1") = myArray
    MsgBox " 下面将创建行标题 "
    Range("A3:A7") = WorksheetFunction.Transpose(myArray)
End Sub
```

4.2.13 重要的格式函数 Format

Format 函数是一个重要的格式函数, 其功能是将数字或日期转换为指定格式的文字。其语法如下：

Format(数字 , 格式代码)

这里的 "格式代码" 必须是合法的, 并且要用双引号括起来。Format 函数与工作簿函数 TEXT 的功能是一样的。

1. 格式化数值

例如：

```
Format(12345.54853, "0") = 12346
Format(12345.54853, "0.0") = 12345.5
Format(12345.54853, "0.00") = 12345.55
Format(12345.54853, "0.000") = 12345.549
Format(12345.54853, "0.00%") = 1234554.85%
Format(12345.54853, "#,##0") = 12,346
Format(12345.54853, "#,##0.00") = 12,345.55
Format(12345.54853, " $ #,##0;($ #,##0)") = $ 12,346
Format(-12345.54853, " $ #,##0.00;($ #,##0.00)") = ($ 12,345.55)
Format(12345.54853, " ￥#,##0.00;( ￥#,##0.00)") = ￥12,345.55
Format(-12345.54853, " ￥#,##0.00;( ￥#,##0.00)") = ( ￥12,345.55)
```

2. 格式化日期

例如：

```
Format(#3/26/2018#, "yyyy-mm-dd") = 2018-03-26
Format(#3/26/2018#, "yyyymmdd") = 20180326
```

Format(#3/26/2018#, "yyyy-mm") = 2018-03

Format(#3/26/2018#, "yyyymm") = 201803

Format(#3/26/2018#, "mm-dd-yyyy") = 03-26-2018

Format(#3/26/2018#, "dd-mm-yyyy") = 26-03-2018

Format(#3/26/2018#, "Long Date") = 2018 年 3 月 26 日

Format(#3/26/2018#, "Short Date") = 2018-3-26

Format(#3/26/2018#, "yyyy 年 m 月 d 日 aaaa") = 2018 年 3 月 26 日 星期一

Format(#3/26/2018#, "mmm-d-yyyy dddd") = Mar-26-2018 Monday

Format(#5:04:23 PM#, "Long Time") = 17:04:23

Format("17:04:23", "AMPM hh:mm:ss") = 下午 05:04:23

Format("17:04:23", "hh:mm:ss AMPM") = 05:04:23 下午

3. 格式化字符串

例如：

Format("HELLO", "<") = "hello"　　　　　　　　'将大写转换为小写

Format("This is it", ">") = "THIS IS IT"　　　　'将小写转换为大写

4.3　输入和输出函数

Excel VBA 有两个非常重要的输入／输出函数：InputBox 和 MsgBox 函数。前者用于实现人机对话，通过对话框输入数据；后者是信息提示框，提醒用户做进一步操作。

4.3.1　输入函数 InputBox

InputBox 函数用于接收用户由键盘输入的数据，也称输入框。语法格式如下：

InputBox（prompt [，title] [，default] [，ypos] [，xpos] [helpfile，context]）

InputBox 函数中各个参数的含义说明如下。

● prompt：必需参数。一个字符串表达式，即显示在对话框中的消息，其最大长度是 1024 个字符。若 prompt 的内容超过一行，则可以在每一行之间用回车符 Chr(13)(或 vbCr)、换行符 Chr(10) (或 vbLf) 或回车符与换行符的组合 Chr(13) & Chr(10)(或 vbCrLf) 将各行分隔开来。

● title：输入框标题栏的字符串；如果省略，则标题栏中为 Excel 应用程序名。

- default：一个文本框显示的字符串；如果省略，则文本框为空。
- xpos和ypos：对话框在屏幕上的起始位置。
- helpfile和context：对话框的帮助信息。

在调用InputBox函数时，会出现一个对话框，其中有一个文本框以及"确定"和"取消"按钮。对话框等待用户在文本框中输入内容。如果用户单击"确定"按钮或按下Enter键，则InputBox函数返回值是文本框中输入的内容；如果单击"取消"按钮或者按Esc键，则返回一个零长度字符串。

◉ 案例4-22

本例设计一个输入日期的输入框，默认值为当前日期。

```
Public Sub InputBox 函数 ()
    On Error GoTo hhh
    Dim myDate As Date
    myDate = InputBox(" 请输入日期 : ", " 输入日期 ", Date)
    MsgBox myDate
    Exit Sub
hhh:
    MsgBox " 你按了 "取消" 键 ! ", vbCritical
End Sub
```

运行这个程序，就会出现如图4-7所示的对话框。

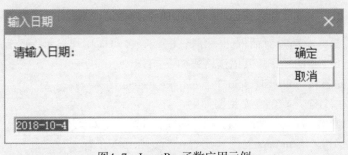

图4-7　InputBox函数应用示例

如果在InputBox函数中设置了helpfile参数，就会在信息输入框中显示"帮助"按钮。

案例4-23

下面的程序就是在信息输入框中显示"帮助"按钮。

```
Public Sub InputBox 函数 ()
    On Error GoTo hhh
    Dim myDate As Date
    myDate = InputBox(" 请输入日期 : ", " 输入日期 ", Date, , , "C:\readme.hlp", 10)
    MsgBox myDate
    Exit Sub
hhh:
    MsgBox " 你按了"取消"键!", vbCritical
End Sub
```

运行程序后的信息输入框如图4-8所示。

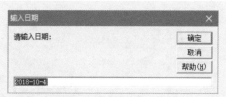

图4-8　在信息输入框中显示"帮助"按钮

4.3.2 输出函数 MsgBox

　　MsgBox 函数是一个信息对话框(也称消息框)函数,可向用户显示一些有用信息,以便根据这些信息决定下一步的操作。其语法格式如下:

MsgBox（prompt [, buttons] [, title] [, helpfile, context]）

MsgBox 函数中各个参数的含义说明如下。

- prompt: 必需参数。一个字符串表达式,即显示在对话框中的消息,其最大长度是1024个字符。若prompt的内容超过一行,则可以在每一行之间用回车符Chr(13)(或vbCr)、换行符Chr(10) (或vbLf) 或回车符与换行符的组合Chr(13) & Chr(10)(或vbCrLf)将各行分隔开来。
- buttons: 可选参数。几个内置常量的总和,用来指定显示按钮的数目、形式以及使用的图标样式,分别如表4-7~表4-9所示。
- title: 在对话框标题栏中显示的标题字符串,默认为空白。

● helpfile 和 context: 对话框的帮助信息。

表4-7　显示按钮类型及数目

内置常量名	常量取值	含　义
VbOkOnly	0	显示 OK(确定)按钮
VbOkCancel	1	显示 OK(确定)及 Cancel(取消)按钮
VbAbortRetryIgnore	2	显示 Abort(终止)、Retry(重试)及 Ignore(忽略)按钮
VbYesNoCancel	3	显示 Yes(是)、No(否)及 Cancel(取消)按钮
VbYesNo	4	显示 Yes(是)及 No(否)按钮
VbRetryCancel	5	显示 Retry(重试)及 Cancel(取消)按钮

表4-8　显示图标样式

内置常量名	常量取值	含　义
VbCritical	16	显示停止图标 ⊗
VbQuestion	32	显示询问图标 ?
VbExclamation	48	显示警告图标 ⚠
VbInformation	64	显示信息图标 ⓘ

表4-9　显示哪一个按钮是默认值

内置常量名	常量取值	含　义
VbDefaultButton1	0	第1个按钮
VbDefaultButton2	256	第2个按钮
VbDefaultButton3	512	第3个按钮
VbDefaultButton4	768	第4个按钮

　　MsgBox 函数等待用户单击按钮,返回一个Integer型值,告诉用户单击的是哪一个按钮。返回值如表4-10所示。如果按Esc键,则与单击"取消"按钮是相同的。

表4-10　MsgBox函数返回值

按　钮　名	内置常量	返　回　值
Ok(是)	VbOk	1
Cancel(取消)	VbCancel	2
Abort(终止)	VbAbort	3
Retry(重试)	VbRetry	4
Ingore(忽略)	VbIngore	5
Yes(是)	VbYes	6
No(否)	VbNo	7

> ✋ **注意**
>
> InputBox函数和MsgBox函数出现的对话框都要求用户在执行应用程序之前做出响应，即不允许在对话框未关闭之前就进入程序的其他部分。

案例4-24

本例涉及一个删除数据缓冲器，就是在删除数据之前询问用户是否要删除数据，显示询问图标，有两个按钮（"是"和"否"），默认按钮为第2个按钮（"否"）。

```
Public Sub MsgBox 函数 ()
    If MsgBox(" 是否要删除数据？", vbQuestion + vbYesNo + vbDefaultButton2, _
    " 删除数据 ") = vbYes Then
        MsgBox " 下面将删除数据！"
    Else
        MsgBox " 放弃删除数据！"
    End If
End Sub
```

运行这个程序，就会出现如图4-9所示的对话框。

图4-9　MsgBox函数应用示例

案例4-25

下面的程序是设计一个能够检验输入数据是否正确的消息框，若输入数据正确，则继续执行下面的语句；若输入数据错误，则重新输入数据；若不想进行任何操作，则退出程序。

```
Public Sub 数据处理 ()
    Dim res
重新输入数据:
```

```
'（输入数据语句）
res = MsgBox(" 输入数据是否正确 ?" & vbCrLf & vbCrLf, _
    vbYesNoCancel + vbQuestion, " 检查输入数据 ")
If res = vbYes Then
    GoTo 继续计算
ElseIf res = vbNo Then
    MsgBox " 数据不正确！请重新输入数据!", vbCritical + vbOKOnly, " 警告 "
    GoTo 重新输入数据
Else
    End
End If
继续计算：
    MsgBox " 继续运行程序!", vbInformation + vbOKOnly, " 继续 "
    ' 下面的语句 ……
End Sub
```

程序运行并输入数据后，将弹出如图4-10所示的消息框。

图4-10　信息提示框

案例4-26

本例设计一个退出应用程序消息框。单击"确定"按钮就退出程序，单击"取消"按钮时取消操作。这里，在信息框中将出现疑问图标，默认按钮为第2个按钮。程序如下：

```
Public Sub hhh()
    Dim res
    res=MsgBox(" 是否退出系统?",vbOKCancel+vbQuestion+vbDefaultButton2, " 退出 ")
    If res = vbYes Then Exit Sub
    ' 其他语句
End Sub
```

程序运行后，将出现如图4-11所示的消息框。

图4-11 "退出"消息框

4.3.3 使用不返回值的 MsgBox 函数

MsgBox 函数还可以不返回函数值，这样的对话框仅仅是用作提示。例如，当程序运行完毕后弹出一个对话框，告诉用户程序运行完毕。

MsgBox " 数据处理完毕！", vbOKOnly + vbInformation, " 数据分析 "

此语句的对话框如图4-12所示。

图4-12 MsgBox函数应用示例

05

过程与自定义函数

过程就是一段程序代码。它主要有两种类型：子程序过程和函数过程。

子程序过程又称子程序，它执行一些有用的任务，但是不返回任何值（不过可以在各个子程序之间传递数据）。子程序以关键字 Sub 开头，以关键字 End Sub 结束。子程序可以用宏录制器录制，或者在 VBA 编辑器窗口中直接编写。

函数过程又称自定义函数，它执行具体任务并返回值。自定义函数以关键字Function开头，以关键字End Function结束。自定义函数可以在子程序里执行，也可以在工作表里访问，就像Excel的内置函数一样。

　　不论是子程序还是自定义函数，它们都保存在相关对象（模块对象、工作簿对象、工作表对象或窗体对象）中。通常情况下，我们前面接触到的子程序和函数过程都保存在模块中。当录制宏时，会自动创建模块并保存录制的宏代码。我们也可以插入新模块，方法是在VBE中执行"插入"→"模块"命令。模块的默认名为模块1、模块2……

　　前面我们给出了许多例子，这些都是子程序或自定义函数的应用。本章将对过程与自定义函数做进一步的介绍。

5.1　子程序

在 VBA 中，有两种类型的 Sub 子过程：通用子过程和事件子过程。

5.1.1　什么是通用子过程

通用子过程的定义语法如下：

[Private|Public|Static] Sub 过程名（[参数列表]）

  [局部变量和常数声明]

  语句块

  [Exit Sub]

  语句块

End Sub

在 Sub 和 End Sub 之间的语句块就是每次调用过程要执行的部分。

在通用子过程的过程声明语句中，Public 表示全局过程(公用过程)，所有模块的其他过程都可以访问这个过程。在默认的情况下，所有模块中的子程序和自定义函数都被声明为 Public。全局过程前面的 Public 可以省略。

Private 或 Static 表示局部过程(私有过程)，只有本模块中的过程才能访问。例如，工作簿对象、工作表对象、窗体控件等的事件程序都是局部过程。

子程序可以带参数，也可以不带参数。以录制宏的方式录制的宏就是不带参数的子程序。

不带参数的子程序结构如下：

Sub 子程序名（）

...（程序 code）

End Sub

带参数的子程序结构如下：

Sub 子程序名（参数 1，参数 2，...）

...（程序 code）

End Sub

5.1.2 创建通用子过程

创建新的通用子过程的方法有以下两种。

方法一：执行VBE编辑器窗口中的"插入"→"过程"命令，打开"添加过程"对话框。在"名称"文本框中输入过程名，在"类型"选项组中选中"子程序"单选按钮，在"范围"选项组中选择"公共的"或"私有的"单选按钮，如图5-1所示。单击"确定"按钮，系统就会在当前模块中创建一个公共子过程或者私有子过程，如图5-2所示。

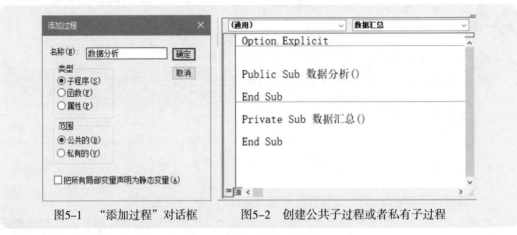

| 图5-1   "添加过程"对话框 | 图5-2   创建公共子过程或者私有子过程 |

方法二：在模块的代码窗口中输入"Sub子过程名""Public Sub子过程名"或者"Private Sub子过程名"，系统就会自动在代码窗口中创建一个子过程，如图5-3所示。

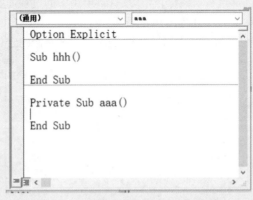

图5-3   直接在代码窗口中创建子过程

5.1.3　什么是事件子过程

所谓事件，就是能被对象(工作表对象、工作簿对象、图表对象、窗体对象、控件对象等)识别的动作。为一个对象的事件编写的程序代码，就是事件过程。Excel有很多对象，不同对象的事件子过程的定义语法是略有不同的。

(1) 窗体事件子过程的定义语法如下：

Private Sub UserForm_ 事件名（[参数列表]）

　　[局部变量和常数声明]

　　语句块

　　[Exit Sub]

　　语句块

End Sub

例如，下面的代码就是为用户窗体创建的初始化Initialize事件，当启动窗体时，为窗体上的复合框设置项目。

Private Sub UserForm_Initialize()

　　With ComboBox1

　　　　.AddItem " 财务部 "

　　　　.AddItem " 人力资源部 "

　　　　.AddItem " 销售部 "

　　　　.AddItem " 产品研发部 "

　　　　.AddItem " 工程部 "

　　End With

End Sub

(2) 控件事件子过程的定义语法如下：

Private Sub 控件名 _ 事件名（[参数列表]）

　　[局部变量和常数声明]

　　语句块

　　[Exit Sub]

　　语句块

End Sub

例如，下面的代码就是为用户窗体的命令按钮创建Click事件，当单击按钮体时，执行数据查询。

Private Sub CommandButton1_Click()

```
    Dim ws As Worksheet
    Dim Dept As String
    Dim i As Integer
    Dim n As Integer
    Set ws = Worksheets(" 费用明细 ")
    n = ws.Range("A10000").End(xlUp).Row
    For i = 2 To n
        If ws.Range("B" & i) = ComboBox1.Value Then
            Call 数据计算
        End If
    Next i
End Sub
```

（3）工作簿事件子过程的定义语法如下：

```
Private Sub Workbook_ 事件名（[ 参数列表 ]）
    [ 局部变量和常数声明 ]
    语句块
    [Exit Sub]
    语句块
End Sub
```

例如，下面的代码就是为当前工作簿创建BeforeClose事件，当关闭工作簿时，隐藏除工作表"目录"外的所有工作表，并保存所有修改。

```
Private Sub Workbook_BeforeClose(Cancel As Boolean)
    Dim ws As Worksheet
    For Each ws In ThisWorkbook.Worksheets
        If ws.Name <> " 目录 " Then
            ws.Visible = False
        End If
    Next
    ThisWorkbook.Close savechanges:=True
End Sub
```

（4）工作表事件子过程的定义语法如下：

```
Private Sub Worksheet_ 事件名（[ 参数列表 ]）
    [ 局部变量和常数声明 ]
```

语句块

[Exit Sub]

语句块

End Sub

　　例如，下面的代码就是为当前工作表创建 BeforeRightClick 事件，当单击鼠标右键时，激活工作表 "目录"，并隐藏本工作表。

```
Private Sub Worksheet_BeforeRightClick(ByVal Target As Range, Cancel As Boolean)
    ActiveSheet.Visible = False
    Worksheets(" 目录 ").Activate
End Sub
```

　　(5) Application 对象和 Chart 对象的事件。

　　对于 Application 对象和 Chart 对象，需要创建类模块来执行事件子过程。例如，下面的代码是禁止打印任何打开的任何工作簿，这里就是使用的 Application 事件。

　　类模块中的程序：

```
Public WithEvents AppEvent As Application
Private Sub AppEvent_WorkbookBeforePrint(ByVal Wb As Workbook, Cancel As Boolean)
    Dim myPW As String
    Cancel = True
    If MsgBox(" 您没有打印任何工作簿的权限！您确实要打印吗 ?", _
        vbCritical + vbYesNo, " 警告 ") = vbYes Then
        myPW = InputBox(" 请输入允许进行打印操作的权限密码 :", " 输入打印权限密码 ")
        If myPW = "11111" Then
            Cancel = False
        Else
            MsgBox " 打印密码错误！将不能进行打印操作！", vbCritical
        End If
    End If
End Sub
```

　　标准模块中的程序：

```
Dim myAppEvent As New AppEventCls
Sub InitializeAppEvent()
    Set myAppEvent.AppEvent = Application
End Sub
```

工作簿中的Open事件程序：

```
Private Sub Workbook_Open()
    Call InitializeAppEvent
End Sub
```

5.1.4 创建工作簿事件子过程

创建工作簿事件子过程，就是给ThisWorkbook对象指定事件过程。基本方法如下：

步骤 1 在"工程资源管理器"窗口中，选择工作簿对象"ThisWorkbook"，按F7键或直接双击工作簿对象ThisWorkbook，打开代码窗口，如图5-4所示。

图5-4　打开工作簿对象的代码窗口

步骤 2 在代码窗口中打开"对象"下拉列表框，从中选择Workbook选项，如图5-5所示。

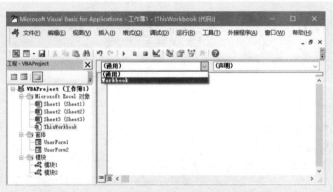

图5-5　从"对象"下拉列表框中选择对象Workbook

此时在代码窗口中将自动出现工作簿对象的默认事件Open,其开头为"Private Sub",结尾为"End Sub",如图5-6所示。

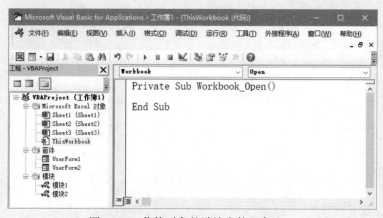

图5-6 工作簿对象的默认事件程序Open

步骤③ 打开"过程/事件"下拉列表框,从中选择要对工作簿对象设置的事件,如图5-7所示。

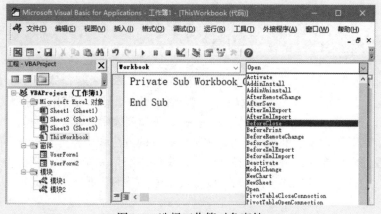

图5-7 选择工作簿对象事件

比如要对工作簿对象指定BeforeClose事件,就从"过程/事件"下拉列表框中选择BeforeClose,系统会自动列出"Private Sub Workbook_BeforeClose(Cancel As Boolean)"和"End Sub",如图5-8所示。然后在这两个语句之间编写有关的程序代码,最后将那些不需要的事件程序代码删除。

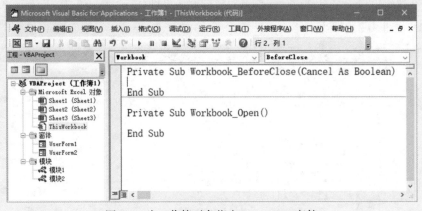

图5-8　为工作簿对象指定BeforeClose事件

5.1.5　创建工作表事件子过程

如果要为某个工作表对象设置事件子过程，就在工程资源管理器中选择该工作表对象(比如，要对工作表Sheet1设置事件子过程，就选择Sheet1对象)，按F7键，或直接双击工作表对象Sheet1，打开代码窗口，然后采用前面介绍的方法设置事件子过程。

5.1.6　创建窗体控件的事件子过程

为窗体对象指定事件的具体步骤如下：用鼠标双击窗体或选择窗体后直接按F7键，打开窗体的代码窗口，系统会自动为窗体指定一个默认的Click事件。假若用户需要为窗体指定其他的事件，可以单击"过程/事件"框的下拉键头，从下拉列表中选取有关事件。

为控件指定事件的方法和步骤与为窗体指定事件的方法和步骤是一样的，即用鼠标双击控件或选择控件后直接按F7键，打开控件的代码窗口，此时，系统自动为控件指定默认事件。若用户需要为控件指定其他的事件，则可以单击"过程/事件"框的下拉箭头，从下拉列表中选取某事件。

5.1.7　子程序的调用

子程序可以单独使用，也可以被其他的子程序调用。调用子程序的方法有以下两种。

方法一：直接使用子程序名。

此时，如果子程序带有参数，则在子程序名后面直接写上参数；如果子程序不带参数，则直接写子程序名即可。语法如下：

　　子过程名 参数列表

　　方法二：使用Call命令。

　　此时，如果子程序带有参数，则在子程序名后面必须把参数写在括弧中；如果子程序不带有参数，则直接写子程序名即可。语法如下：

　　Call 子过程名([参数列表])

案例5-1

本例演示了调用子程序的两种方法(已知一个三角形的三条边长，计算其面积)。

```
Dim s As Single, a As Single, b As Single, c As Single
Public Sub main()
    a = 3: b = 4: c = 5
    Call aera(a, b, c, s)        ' 使用 Call 命令（子程序带参数）
    Call note                    ' 使用 Call 命令（子程序不带参数）
    MsgBox " 下面是直接使用子程序名的例子 "
    aera a, b, c, s              ' 直接使用子程序名（子程序带参数）
    note                         ' 直接使用子程序名（子程序不带参数）
End Sub
Public Sub aera(a, b, c, s)
    Dim p As Single
    p = (a + b + c) / 2
    s = Sqr(p * (p - a) * (p - b) * (p - c))
End Sub
Public Sub note()
    MsgBox " 三角形的三条边长分别为： " & a & " 、 " & b & " 和 " & c _
        & " ，则三角形的面积为： " & s
End Sub
```

在这个应用程序中包括三个过程：主程序"main"、带参数的子程序"aera"和不带参数的子程序"note"。

在第一次调用aera子程序时，由于使用了Call命令，故需要把参数用括弧括起来。

在第二次调用aera子程序时，由于直接使用了该子程序名，故直接把参数写在子程序名后面。

此外，由于不需要 MsgBox 函数的返回值，在程序中调用 MsgBox 函数就采用了直接使用函数名的方法。

5.1.8 使用可选参数的子程序

如果在子程序的某个参数前面加入关键字 Optional，那么就将该参数设置为可选参数。但是要注意，如果某个参数被指定为可选参数，则此参数后面的所有参数也都必须是可选参数。

案例5-2

这是一个使用可选参数的子程序的例子。

```
Public Sub hhh(Y As Single, X1 As Single, Optional X2 As Single)
    If IsMissing(X2) Then X2 = 0
    Y = X1 + X2
End Sub

Public Sub main()
    Dim C As Single, a1 As Single, a2 As Single
    a1 = 1
    Call hhh(C, a1)
    MsgBox " 没有设置可选参数，结果为 C=" & C

    a1 = 1: a2 = 2
    Call hhh(C, a1, a2)
    MsgBox " 设置了可选参数，结果为 C=" & C
End Sub
```

在主程序 main 第一次调用子程序 hhh 时，没有使用可选参数，因此函数的返回结果是 C=1+0=1。

在主程序 main 第二次调用子程序 hhh 时，使用了可选参数，并将可选参数值指定为 2，则子程序的返回结果是 C=1+2=3。

5.1.9 使用可选参数默认值的子程序

我们也可以为可选参数自定默认值。在下面的案例中，如果没有将可选参数传递给过程，则该可选参数就返回指定的默认值。

案例5-3

下面是为程序的可选参数指定默认值。

```
Public Sub hhh(Y As Single, X1 As Single, X2 As Single, _
        Optional X3 As Single = 10, Optional X4 As Single = 20)
    Y = X1 + X2 + X3 + X4
End Sub

Public Sub main()
    Dim C As Single
    Call hhh(C, 1, 2)
    MsgBox " 使用了可选参数默认值，结果是 C=" & C

    Call hhh(C, 1, 2, 3)
    MsgBox " 设置某个可选参数值，结果是 " & C

    Call hhh(C, 1, 2, 3, 4)
    MsgBox " 设置所有可选参数值，结果是 " & C
End Sub
```

第一次调用子程序时，没有使用两个可选参数，也就是默认这两个可选参数的值分别为 10 和 20，那么子程序的计算结果就是 1+2+10+20 = 33。

第二次调用子程序时，将第一个可选参数的值指定为 3，第二个可选参数的值仍然为默认值 20，那么子程序的计算结果就是 1+2+3+20 = 26。

第三次调用子程序时，将两个可选参数的值分别指定为 3 和 4，那么子程序的计算结果就是 1+2+3+4 = 10。

5.1.10 使用不定数量参数的子程序

在有些情况下，我们也可以将子程序设计成具有不确定数量参数的子程序。可以使用关键字 ParamArray 来指明过程可以接受任意个数的参数。

案例5-4

这是一个使用不定数量参数子程序的例子。

```
Public Sub mySum(y As Single, ParamArray myArray())
    y = 0
    For Each x In myArray
        y = y + x
    Next
End Sub

Public Sub main()
    Dim C As Single
    Call mySum(C, 1, 2, 3, 4, 5)
    MsgBox "C= : " & C

    Call mySum(C, 1, 2, 3, 4, 5, 6, 7, 8, 9, 10)
    MsgBox "C= : " & C

    Call mySum(C, 1, 2, 3, 4, 5, 6, 7, 8, 9, 10, 11, 12, 13, 14, 15)
    MsgBox "C= : " & C
End Sub
```

主程序第一次调用子程序时，子程序参数有5个，分别为1、2、3、4、5，计算结果为15。

第二次调用子程序时，子程序参数有10个，分别为1～10，计算结果为55。

第三次调用子程序时，子程序参数有15个，分别为1～15，计算结果为120。

5.1.11 返回计算结果的子程序

在前面的几个例子中，我们设计的是有返回结果的子程序，也就是说，当运行这个子程序时，其某个变量的计算结果可以传递到调用它的另外一个子程序中使用。

例如，在下面的例子中，子程序"AAA"有3个参数，第一个参数是另外两个参数的计算结果。在调用这个子程序时，这个计算结果就被传递到当前的主程序中，这样主程序中变量z的计算结果是30+100=130。这里，子程序AAA的计算结果是10+20=30。

```
Sub main()
    Dim x As Single
    Dim y As Single
    Dim z As Single
    y = 100
    Call AAA(x, 10, 20)
    z = x + y
    MsgBox "x=" & x & vbCrLf & "y=" & y & vbCrLf & "z=" & z
End Sub

Sub AAA( 结果 As Single, 变量 1 As Single, 变量 2 As Single)
    结果 = 变量 1 + 变量 2
End Sub
```

子程序也可以有数个返回结果，根据需要设计即可。

5.2　自定义函数

在进行数据处理时，除了利用 Excel 提供的数百个工作簿函数，我们也可以利用 VBA 设计满足自己个性化需求的函数，以提升数据处理效率。这就是自定义函数。

5.2.1　自定义函数的结构

在 VBA 中，子程序与自定义函数在程序代码上没有多大区别，唯一不同的是自定义函数的返回值只有一个，并且只能通过表达式来调用。自定义函数可以有参数，也可以没有参数。自定义函数的程序结构如下：

不带参数的自定义函数结构如下：

Function 函数名（）[As Type]
　　…（程序代码）
　　函数名 = 表达式
End Function

带参数的自定义函数结构如下：

Function 函数名（参数 1，参数 2，…）[As Type]

...（程序代码）
函数名 = 表达式
End Function

✋ **注意**

自定义函数与子程序很类似,但自定义函数只有一个返回值。

自定义函数必须通过表达式来调用。

如果一个自定义函数没有参数,它的 Function 语句必须包含一对空的圆括号。

在自定义函数体中,自定义函数名至少应被赋值一次。

函数开头行的 [As Type] 用于指定函数值的返回值类型,如果省略,则被视为 Variant 类型。

5.2.2 自定义函数的编写与保存

编写自定义函数的方法与编写子程序大同小异,只不过函数的返回值只有一个,并且自定义函数名至少应被赋值一次。

用户既可以在当前的工作簿中编写自定义函数并保存在当前工作簿中,也可以在"个人宏工作簿"中编写自定义函数并保存,这样可以在任何工作簿中调用该自定义函数。

与宏不同的是,若在"个人宏工作簿"中编写自定义函数并保存,则需要在函数的声明语句前加一个"Public"关键字,这样才能在不同的工作簿中调用该自定义函数。

案例5-5

这是一个简单的自定义函数练习案例,已知三角形3条边的长度,计算三角形的面积。

```
Public Function aera(A As Single, B As Single, C As Single) As Single
    Dim D As Single
    D = (A + B + C) / 2
    aera = Sqr(D * (D - A) * (D - B) * (D - C))
End Function
```

案例5-6

下面是一个找出某单元格区域内最大值的自定义函数。

```
Public Function 最大值 ( 数据区域 As Range) As Double
    最大值 = WorksheetFunction.Max( 数据区域 )
```

End Function

5.2.3 自定义函数的调用

自定义函数的调用至少有以下3种方式。

在子程序中调用。

● 在其他函数中调用。

● 在Excel工作表中调用。

在子程序和其他函数中调用自定义函数，可以完成复杂的工作，而在Excel工作表中调用自定义函数比较简单。下面介绍如何在Excel工作表中调用自定义函数。

以上面的求解三角形面积的自定义函数area为例，在Excel工作表中调用自定义函数的方法和步骤如下：

步骤 ① 单击工作表中的某一单元格。

步骤 ② 单击编辑栏中的"插入函数"按钮，打开"插入函数"对话框，在"或选择类别"下拉列表框中选择"用户定义"选项，如图5-9所示。

步骤 ③ 在"选择函数"列表框中选中所要调用的自定义函数，单击"确定"按钮，弹出"函数参数"对话框，如图5-10所示。

步骤 ④ 根据相关说明输入参数，就像调用Excel工作簿函数一样。

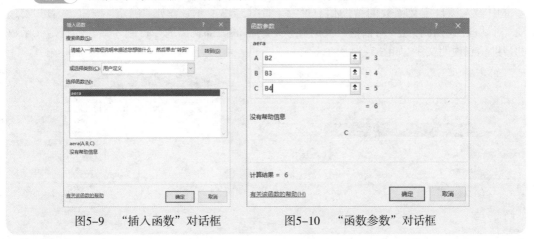

图5-9 "插入函数"对话框   图5-10 "函数参数"对话框

5.2.4 为自定义函数添加帮助信息

在图5-10所示的自定义函数对话框中，有一行文字"没有帮助信息"，它表示没有为该自

定义函数编写帮助信息。为了使其他用户能够了解自定义函数的功能及使用方法,可以为自定义函数添加帮助信息。方法如下:

步骤① 执行"开发工具"→"宏"命令,打开"宏"对话框,如图5-11所示。

步骤② 在打开的"宏"对话框中不会列出用户所编写的自定义函数,因此需要在"宏名"文本框中输入这个自定义函数的名称,如图5-12所示。

图5-11 "宏"对话框

图5-12 输入自定义函数名area

步骤③ 单击"宏"对话框中的"选项"按钮,打开"宏选项"对话框,然后在"说明"文字框中输入该自定义函数的帮助信息文字,如图5-13所示。单击"确定"按钮,关闭"宏选项"对话框,返回到"宏"对话框。此时在该对话框的底部就出现一行刚才输入的自定义函数的帮助信息说明文字,如图5-14所示。

图5-13 输入帮助信息说明文字

图5-14 在"宏"对话框下方的出现了帮助信息说明文字

步骤④　单击"宏"对话框右上角的"关闭"按钮 ，关闭"宏"对话框。

这样，就为自定义函数添加了帮助说明文字。在工作表的任意单元格中调用该自定义函数，打开自定义函数对话框，如图5-15所示，可以看到，在自定义函数的参数输入框下出现了该自定义函数的帮助信息说明文字。

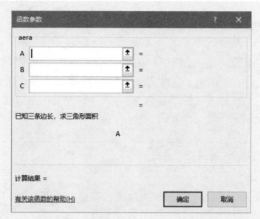

图5-15　在自定义函数对话框中出现了帮助信息说明文字

5.2.5　如何为自定义函数设置可选参数

有时也许要给函数提供额外的参数。例如，在计算过程中某些参数可根据需要来确定是否是可选的。此时可以在参数名称前面加上关键字Optional，用于说明该参数不是必需的。可选参数在必须参数之后，并且要列在参数清单的最后，可选参数也可以指定一个默认的值。

案例5-7

这是一个简单的计算3个数值的平均值的自定义函数的例子。假设有时只想要计算2个数的平均值，那么就可以将第三个参数设置为可选。

```
Function MyAverage(X1 As Single, X2 As Single, Optional X3) As Single
    Dim totalNums As Integer
    totalNums = 3
    If IsMissing(X3) Then
        X3 = 0
        totalNums = totalNums - 1
```

```
    End If
    MyAverage = (X1 + X2 + X3) / totalNums
End Function
```
则调用函数的计算结果为：MyAverage(10,20) = 15；MyAverage(10,20,30) = 20。

5.2.6　返回数组的自定义函数

一般情况下，自定义函数的返回值只有一个。但是，我们也可以设计返回数组的自定义函数。下面的案例就是使用 Array 函数，使自定义函数的返回值是一个数组。

案例5-8

下面是一个返回 VBA 数组的自定义函数。
```
Function MonthNames()
    MonthNames = Array("1 月 ", "2 月 ", "3 月 ", "4 月 ", "5 月 ", "6 月 ", _
        "7 月 ", "8 月 ", "9 月 ", "10 月 ", "11 月 ", "12 月 ")
End Function
```
这个自定义函数是一个返回数组的函数，因此在工作表中调用这个函数时，需要采用输入数组公式的方法，即在工作表中选取要输入月份的某行单元格区域(不能超过 12 个)，在公式编辑栏中输入公式 "=MonthNames()"，然后按 Ctrl+Shift+Enter 组合键，就会在相应的单元格内输入各个月份，如图 5-16 所示。

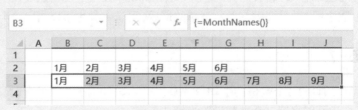

图5-16　调用返回数组的自定义函数

如果要在某列的单元格区域输入月份，则可以在这些单元格中输入公式 "=TRANSPOSE(MonthNames())"，然后按 Ctrl+Shift+Enter 组合键，这样就得到某列的各个月份数据了。

5.2.7　接受不确定参数的自定义函数

我们在使用某些工作簿函数时，比如 SUM 函数，该函数的参数是不确定的，可以有 1~30

个参数。我们也可以设计出参数不确定的自定义函数来。

案例5-9

下面的程序就是构造一个类似于SUM函数的求和函数，它的参数是不确定的。

```
Function Sump(ParamArray arglist() As Variant) As Double
    For Each arg In arglist
        Sump = Sump + arg
    Next
End Function
```

下面就是使用这个自定义函数的例子：Sump(1,2,3,4,5,6,7,8,9,10) = 55；Sump(1,2,3,4,5,6,7,8,9,10,11,12,13,14,15) = 120。

在这个自定义函数中使用了关键字 ParamArray，它可以使函数接收数目可变的参数。而参数 arglist 就是这个包含可变参数的数组。

5.2.8　接受数组的自定义函数

在自定义函数中，除了可以设计成输入确定的单个参数数据外，还可以设计成接受数组参数的自定义函数，即用户输入的是数组数据。

案例5-10

下面的程序就是构造一个接受数组参数的求和函数。这个数组可以是手工的数组常量，也可以是工作表的单元格区域。

```
Function Sumpa(list As Variant) As Double
    Dim Item As Variant
    Sumpa = 0
    For Each Item In list
        If WorksheetFunction.IsNumber(Item) Then
            Sumpa = Sumpa + Item
        End If
    Next
End Function
```

例如，Sumpa({1,2,3,4,5}) = 15。

假设在工作表的单元格区域A1:A5中分别有数字1、2、3、4、5, 则Sumpa(A1:A5) = 15。

5.2.9 调试自定义函数

编写任何过程都可能出现错误。但是, 如果编写的自定义函数出现了错误, 那么在工作表中调用该自定义函数时, 不会弹出错误信息框, 只会在单元格中出现一个"#VALUE!"的错误值。这显然无法判断错误的类型以及如何纠正错误。

为了调试编写的自定义函数, 可以使用下面的几种方法。

方法一: 使用MsgBox函数将错误信息显示出来。例如, 下面就是在自定义函数Sump中使用了MsgBox函数将出现的错误信息显示出来。

```
Function Sump(ParamArray arglist() As Variant) As Double
    On Error GoTo HHH
    For Each arg In arglist
        Sump = Sump + arg
    Next
    Exit Function
HHH:
    MsgBox " 错误类型 :" & Err.Description, vbCritical, " 错误 "
End Function
```

当在工作表中调用该函数时, 如果在输入参数的过程中出现错误, 就会立即弹出错误信息提示, 如图5-17所示。

图5-17 使用MsgBox函数调试自定义函数

方法二：设置断点。在自定义函数的程序代码中多设置几个断点，当在工作表中调用该自定义函数时，程序就会在断点处停止，此时可以查看函数各个变量的中间计算结果和函数的返回值结果，以判断计算是否正确。

方法三：使用"Debug.Print 变量名(或表达式)"语句将中间变量和函数的计算结果输出到立即窗口，那么就可以在立即窗口中查看中间变量和函数的计算结果是否正确了。

方法四：在子程序中调用自定义函数。设计一个调用自定义函数的子程序，运行这个子程序，就可以很方便地调试自定义函数。

5.2.10　自定义函数不能做什么

自定义函数不能做任何动作。例如，它们不能在工作表里进行插入、删除或设置数据格式操作，不能打开文件或改变屏幕显示样式等。

自定义函数只能做计算。

5.3　变量和过程的作用域

用户编写的子程序和自定义函数都存放在模块或有关的对象中，不同的模块可以存放不同类型的子程序，在同一模块中也可以存放很多子程序。由于每个子程序都可能定义了变量，那么对这些变量使用范围的定义不同，就造成了不能判断它们是否能在其他模块或子程序中使用的情况。依据变量定义方式的不同，变量分局部变量、模块级变量和全局变量三种。

各种过程（子程序和自定义函数）也有其作用范围，即过程的有效范围。

5.3.1　变量的作用域

1. 局部变量

局部变量是在一个子程序或函数内部定义的变量，它只能在定义它的子程序或函数中使用，用户无法在其他的子程序或自定义函数中访问或改变该变量的值。不同的子程序或函数可以定义相同名字的局部变量，变量之间不相互干扰。在子程序或自定义函数内部使用Dim定义的变量都是局部变量，也可以使用Static定义局部变量。

2. 模块级变量

模块级变量就是对该模块中所有的子程序和函数都有效的变量,在该模块中的任何子程序和函数都可以访问它,但在其他模块的子程序和自定义函数则不能访问它。

模块级变量的声明可在该模块的顶部使用Dim或Private。

3. 全局变量

全局变量就是对应用程序的所有模块的子程序和函数都有效的变量,全局变量的声明可在某模块的顶部使用Public。但一般情况下,全局变量的声明最好在一个标准模块的最前面。

例如,在图5-18所示的应用程序中有2个模块,在模块1的前面对变量X1、n、AB做了如下的声明。

Public X1 As Single

Public n As Integer

Dim AB As Currency

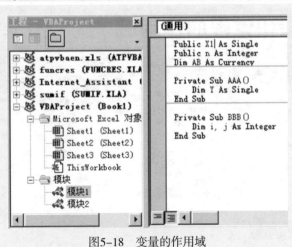

图5-18　变量的作用域

这里的变量X1和n都是全局变量,它们对该应用程序的所有模块和过程都起作用,任何一个模块及过程都可以对其进行访问。假设这两个变量在子程序AAA中已经计算出来了,那么本模块(模块1)和其他模块(模块2)中的所有子程序和自定义函数都可以直接使用该变量的值。

变量AB是模块级变量,它只对模块1有效,也就是说在模块1中的所有子程序和自定义函数都可以直接使用该变量的值。

在子程序AAA和子程序BBB中分别定义了变量Y、i和j,它们都是局部变量,也就是变量

Y仅在子程序AAA中使用,变量i和j仅在子程序BBB中使用,即使在子程序BBB中有一个同名变量Y,它与子程序AAA中的变量Y也是不同的。

5.3.2 过程的作用域

过程的作用域就是过程的有效作用范围。子程序和自定义函数的作用范围是通过定义语句声明的。通常情况下,对过程的声明主要有以下两种方式。

方式一:

Public Sub([参数列表])

Public Function 函数名 ([参数列表]) [As 数据类型]

方式二:

Private Sub([参数列表])

Private Function 函数名 ([参数列表]) [As 数据类型]

这里的Public表示全局过程(公用过程),所有模块的其他过程都可以访问这个过程。在默认的情况下,所有模块中的子程序和自定义函数都被声明为Public。

Private表示局部过程(私有过程),只有本模块中的过程才能访问。

案例5-11

编写一个学生成绩统计的程序。其中,主程序放在模块1中,男学生成绩统计子程序放在模块2中,女学生成绩统计子程序放在模块3中,插入工作表子程序放在模块4中。学生成绩统计表如图5-19所示。统计完毕后,男女学生的统计分析结果分别保存在名字为"男学生成绩统计表"和"女学生成绩统计表"的工作表中。

	A	B	C	D	E	F
1	学号	姓名	性别	成绩		
2	20040201	李达	男	87	开始统计	
3	20040202	章力	男	92		
4	20040204	王京	男	78		
5	20040206	高冲	男	89		
6	20040208	郑达武	男	76		
7	20040210	房越祖	男	88		
8	20040207	韩雨	女	82		
9	20040209	吴敏	女	91		
10						

图5-19 学生成绩统计表

(1) 模块1中的主程序为：

```
Public N
Public student(100, 4) As Variant


Sub 总情况 ()
    Dim i As Integer, j As Integer
    Worksheets(" 学生成绩总表 ").Activate
    N = 1
    While Not IsEmpty(Cells(N, 1))
        For i = 1 To 4
            student(N, i) = Cells(N, i)
        Next i
        N = N + 1
    Wend
    Call 男学生统计
    Call 女学生统计
End Sub
```

(2) 模块2中的男学生统计子程序为：

```
Public Sub 男学生统计 ()
    Dim i As Integer, j As Integer, k As Integer
    Dim shtName As String
    shtName = " 男学生成绩统计表 "
    Call 插入工作表 (shtName)
    For j = 1 To 4
        Cells(1, j) = student(1, j)
    Next j
    k = 2
    For i = 2 To N
        If student(i, 3) = " 男 " Then
            For j = 1 To 4
                Cells(k, j) = student(i, j)
            Next j
            k = k + 1
```

```
        End If
    Next i
End Sub
```

(3) 模块3中的女学生统计子程序为：

```
Public Sub 女学生统计 ()
    Dim i As Integer, j As Integer, k As Integer
    Dim shtName As String
    shtName = " 女学生成绩统计表 "
    Call 插入工作表 (shtName)
    For j = 1 To 4
        Cells(1, j) = student(1, j)
    Next j
    k = 2
    For i = 2 To N
        If student(i, 3) = " 女 " Then
            For j = 1 To 4
                Cells(k, j) = student(i, j)
            Next j
            k = k + 1
        End If
    Next i
End Sub
```

(4) 模块4中的插入工作表子程序为：

```
Public Sub 插入工作表 (wsName)
    Dim ws As Worksheet
    For Each ws In Worksheets
        If ws.Name = wsName Then
            Application.DisplayAlerts = False
            ws.Delete
        End If
    Next ws
    Set ws = Worksheets.Add
    ws.Name = wsName
End Sub
```

(5) 在“学生成绩总表”中插入一个命令按钮控件，其名字为“开始统计”，指定宏为“总情况”。

程序说明：

① N为全局变量，保存学生总人数。

② student为全局数组，保存学生的所有资料。

③ i、j、k、shtName、wSht均为局部变量，只能在该模块中使用。

主程序“总情况”运行后，统计结果如图5-20和图5-21所示。

	A	B	C	D
1	学号	姓名	性别	成绩
2	20040201	李达	男	87
3	20040202	章力	男	92
4	20040203	房越祖	男	88
5	20040204	王京	男	78
6	20040206	高冲	男	89
7	20040208	郑达武	男	76
8				

图5-20　男学生成绩统计表

	A	B	C	D
1	学号	姓名	性别	成绩
2	20040209	吴敏	女	91
3	20040212	房越祖	女	92
4				

图5-21　女学生成绩统计表

5.4 退出过程语句

5.4.1 退出子程序语句

在很多情况下，当得到满足条件的计算结果后，不再执行子程序下面的语句，而是直接退出子程序，此时可使用Exit Sub语句退出子程序。

5.4.2 退出自定义函数语句

如果得到了满足条件的函数计算结果，不需要再执行自定义函数其他的语句，可以使用
Exit Function语句退出自定义函数过程。

5.5 一些实用的子程序和自定义函数

本节介绍一些实用的子程序和自定义函数，这些子程序和自定义函数的日常编
程很有帮助。在这些子程序和自定义函数中，有些要用到对象、属性和方法的概念，
这将在下一章进行介绍。

5.5.1 获取活动工作簿的名称和文件路径

案例5-12

下面的自定义函数是获取活动工作簿的名称，此自定义函数不带参数。

```
Public Function wbName()
    wbName = ThisWorkbook.Name
End Function
```

案例5-13

下面的自定义函数是获取活动工作簿带完整路径的名称，此自定义函数不带参数。

```
Public Function wbFullName()
    wbFullName = ThisWorkbook.FullName
End Function
```

5.5.2 获取活动工作表的名称

案例5-14

下面的自定义函数是获取活动工作表的名称，此自定义函数不带参数。

```
Public Function wsName()
    wsName = ActiveSheet.Name
End Function
```

5.5.3 判断工作簿是否打开

案例5-15

　　下面的自定义函数是判断工作簿是否打开。此自定义函数带一个字符串参数，它是带扩展名的工作簿名称字符串。函数的返回值是True或False，如果返回值是True，则工作簿已经打开；如果返回值是False，则工作簿没有打开。

```
Public Function BookIsOpen(myBook As String) As Boolean
    Dim T As Excel.Workbook
    Err.Clear
    On Error Resume Next
    Set T = Application.Workbooks(myBook)
    BookIsOpen = Not T Is Nothing
    Err.Clear
    On Error GoTo 0
End Function
```

5.5.4 判断工作表是否存在

案例5-16

　　下面的自定义函数是用来判断某个打开的工作簿中是否存在某个工作表。此自定义函数有一个参数，指定要查询的工作表名称字符串。函数的返回值是True或False，如果工作表存在，则返回值是True；否则返回值是False。

```
Public Function SheetExists(SheetName As String) As Boolean
    Dim ws As Worksheet
    SheetExists = False
    For Each ws In Worksheets
        If LCase(ws.Name) = LCase(SheetName) Then
            SheetExists = True
```

```
        Exit Function
      End If
    Next
End Function
```

5.5.5 保护所有的工作表

案例5-17

下面的子程序是对当前工作簿中所有的工作表进行保护。

```
Public Sub SheetProtect()
    Dim ws As Worksheet
    For Each ws In Worksheets
        If ws.ProtectContents = False Then
            ws.Protect "12345"
        End If
    Next
End Sub
```

5.5.6 取消对所有工作表的保护

案例5-18

下面的子程序是对当前工作簿中所有被保护的工作表取消保护。

```
Public Sub SheetUnProtect()
    Dim ws As Worksheet
    For Each ws In Worksheets
        If ws.ProtectContents = True Then
            ws.Unprotect "12345"
        End If
    Next
End Sub
```

5.5.7 隐藏除第一个工作表外的所有工作表

案例5-19

下面的子程序隐藏了除第一个工作表外的所有工作表,这种隐藏工作表的方法是普通的隐藏方法。

```
Public Sub SheetInVisible()
    Dim ws As Worksheet
    For Each ws In Worksheets
        If ws.Index <> 1 Then
            ws.Visible = xlSheetHidden
        End If
    Next
End Sub
```

案例5-20

如果想要将工作表彻底隐藏,也就是不能通过菜单命令显示隐藏的工作表,则可以使用下面的子程序。下面就是特殊隐藏除第一个工作表外的所有工作表的程序。

```
Public Sub SheetTureInVisible()
    Dim ws As Worksheet
    For Each ws In Worksheets
        If ws.Index <> 1 Then
            ws.Visible = xlSheetVeryHidden
        End If
    Next
End Sub
```

5.5.8 取消对所有工作表的隐藏

案例5-21

下面的子程序是取消对所有工作表的隐藏。

```
Public Sub SheetVisible()
    Dim ws As Worksheet
    For Each ws In Worksheets
        ws.Visible = True
    Next
End Sub
```

5.5.9 查询工作簿上次保存的日期和时间

案例5-22

下面的自定义函数能获取工作簿上次保存的日期和时间。这个自定义函数有一个字符串参数，指定要查询文件的完整路径和文件名。

```
Public Function LastSavedTime(FullPath As String) As Date
    LastSavedTime = FileDateTime(FullPath)
End Function
```

5.5.10 根据单元格内部颜色对单元格求和

在很多情况下，我们需要对某些具有相同颜色的单元格进行求和。比如，我们有一个客户列表，上面列出了客户的欠款情况，并将不同期限的欠款额用不同的单元格内部颜色标识出来，那么就可以使用下面的自定义函数对某一颜色的所有单元格进行求和。

案例5-23

下面的自定义函数是根据单元格内部颜色对单元格求和。这个自定义函数有2个参数，即 CellColor 和 SumRange，分别指定具有目标颜色的单元格地址和要进行求和计算的单元格区域。

```
Public Function SumColor(CellColor As Range, SumRange As Range)
    Dim Cel As Range
    For Each Cel In SumRange
        If Cel.Interior.ColorIndex = CellColor.Interior.ColorIndex Then
            SumColor = SumColor + WorksheetFunction.Sum(Cel)
        End If
```

```
    Next
End Function
```

在函数的程序代码中，myCell.Interior.ColorIndex是获取某需要求和的单元格的内部颜色，CellColor.Interior.ColorIndex是获取目标颜色单元格的内部颜色，如果两个相等，就对单元格进行求和计算。

如图5-22所示就是使用自定义函数SumColor对某颜色的单元格进行求和的例子。

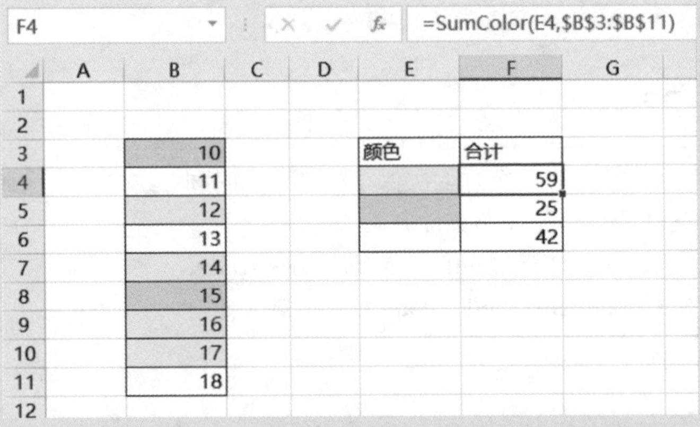

图5-22　使用自定义函数SumColor对某颜色的单元格进行求和

5.5.11 根据单元格字体颜色对单元格求和

如要对某些具有相同字体颜色的单元格进行求和，可以使用下面的自定义函数。

◎ 案例5-24

下面的自定义函数是根据单元格字体颜色对单元格求和。这个自定义函数有两个参数，即CellFontColor和SumRange，分别指定具有目标字体颜色的单元格地址和要进行求和计算的单元格区域。

```
Public Function SumFontColor(CellFontColor As Range, SumRange As Range)
    Dim Cel As Range
    For Each Cel In SumRange
        If Cel.Font.ColorIndex = CellFontColor.Font.ColorIndex Then
            SumFontColor = SumFontColor + WorksheetFunction.Sum(Cel)
```

```
    End If
  Next
End Function
```

在函数的程序代码中，myCell.Font.ColorIndex是获取某需要求和的单元格的字体颜色，CellFontColor.Font.ColorIndex是获取目标字体颜色单元格的字体颜色，如果两个相等，就对单元格进行求和计算。

如图5-23所示就是使用自定义函数CellFontColor对某字体颜色的单元格进行求和的例子。

图5-23　使用自定义函数CellFontColor对某字体颜色的单元格进行求和

5.5.12　从混合文本中查找数字

如果我们要从一个既有数字又有文字的字符串中查找出数字，并将这些数字依次序排列，那么就可以设计一个自定义函数。

案例5-25

下面的自定义函数是从混合文本中查找数字。这个自定义函数只有一个参数，即myString，用于指定要查找数字的字符串。

```
Public Function FindNumber(myString As String)
  Dim i As Integer, j As Integer
  Dim myNum As String
```

```
    For i = Len(myString) To 1 Step -1
        If IsNumeric(Mid(myString, i, 1)) Then
            j = j + 1
            myNum = Mid(myString, i, 1) & myNum
        End If
        If j = 1 Then myNum = CInt(Mid(myString, i, 1))
    Next i
    FindNumber = CLng(myNum)
End Function
```

如图5-24所示就是使用自定义函数FindNumber从混合文本中查找数字的例子。

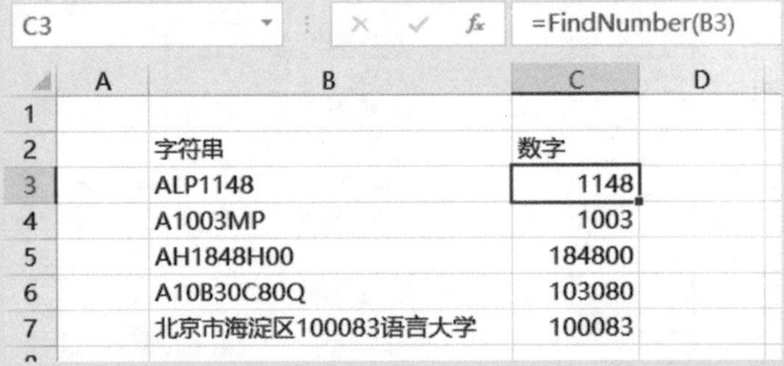

C3 =FindNumber(B3)

	A	B	C	D
1				
2		字符串	数字	
3		ALP1148	1148	
4		A1003MP	1003	
5		AH1848H00	184800	
6		A10B30C80Q	103080	
7		北京市海淀区100083语言大学	100083	

图5-24 使用自定义函数FindNumber从混合文本中查找数字

5.5.13 返回单元格地址的列标

案例5-26

下面的自定义函数是根据选择的单元格来读取该单元格对应的列标。这个自定义函数只有一个参数，即Rng，用于指定单元格引用。

```
Public Function ColumnName(Rng As Range) As String
    Dim add As String
    add = Rng.Range("A1").Address(True, False)
    ColumnName = Left(add, InStr(1, add, " $", 1) - 1)
End Function
```

如图5-25所示就是使用自定义函数ColumnName返回单元格地址的列标。

图5-25 使用自定义函数ColumnName返回单元格地址的列标

5.5.14 查找含有特定文本字符串的单元格

⊚案例5-27

下面的自定义函数ContainTextCell可以根据指定的文本字符串,在一个单元格区域内查找包含有这个特定文本字符串的单元格。这个自定义函数返回包含有特定文本字符串的单元格地址。它有两个参数,分别指定要查找的单元格区域和文本字符串。

```
Public Function ContainTextCell(Rng As Range, Txt As String) As String
    Dim myString As String
    Dim myCell As Range
    For Each myCell In Rng
        If InStr(myCell.Text, Txt) > 0 Then
            If Len(myString) = 0 Then
                myString = myCell.Address(False, False)
            Else
                myString = myString & "," & myCell.Address(False, False)
            End If
        End If
    Next
    ContainTextCell = myString
End Function
```

如图5-26所示就是使用自定义函数ContainTextCell查找含有特定文本字符串的单元格。

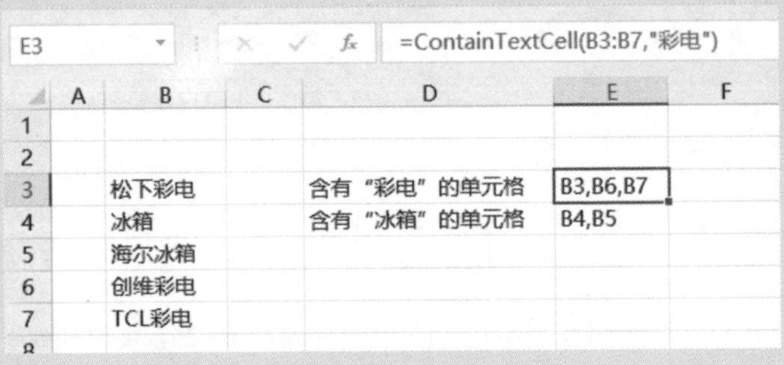

图5-26　查找含有特定文本字符串的单元格

5.5.15 获取汉字拼音的第一个字母

在很多情况下，我们可能要进行模糊查询，例如查找姓名汉语拼音的第一个字母，或者按汉语拼音的第一个字母对姓名进行排序。

案例5-28

下面的自定义函数就是取得汉字拼音的第一个字母。此自定义函数有一个参数，指定要取得汉语拼音第一个字母的汉字，函数的返回值是汉字拼音的第一个字母。

```
Public Function PinYinChr(myChar As String) As String
    Dim i As Long
    i = Asc(myChar)
    If i >= Asc(" 啊 ") And i < Asc(" 芭 ") Then
        PinYinChr = "A"
    ElseIf i >= Asc(" 芭 ") And i < Asc(" 擦 ") Then
        PinYinChr = "B"
    ElseIf i >= Asc(" 擦 ") And i < Asc(" 搭 ") Then
        PinYinChr = "C"
    ElseIf i >= Asc(" 搭 ") And i < Asc(" 蛾 ") Then
        PinYinChr = "D"
    ElseIf i >= Asc(" 蛾 ") And i < Asc(" 发 ") Then
        PinYinChr = "E"
    ElseIf i >= Asc(" 发 ") And i < Asc(" 噶 ") Then
```

```
      PinYinChr = "F"
ElseIf i >= Asc(" 葛 ") And i < Asc(" 哈 ") Then
      PinYinChr = "G"
ElseIf i >= Asc(" 哈 ") And i < Asc(" 击 ") Then
      PinYinChr = "H"
ElseIf i >= Asc(" 击 ") And i < Asc(" 喀 ") Then
      PinYinChr = "J"
ElseIf i >= Asc(" 喀 ") And i < Asc(" 垃 ") Then
      PinYinChr = "K"
ElseIf i >= Asc(" 垃 ") And i < Asc(" 妈 ") Then
      PinYinChr = "L"
ElseIf i >= Asc(" 妈 ") And i < Asc(" 拿 ") Then
      PinYinChr = "M"
ElseIf i >= Asc(" 拿 ") And i < Asc(" 哦 ") Then
      PinYinChr = "N"
ElseIf i >= Asc(" 哦 ") And i < Asc(" 啪 ") Then
      PinYinChr = "O"
ElseIf i >= Asc(" 啪 ") And i < Asc(" 欺 ") Then
      PinYinChr = "P"
ElseIf i >= Asc(" 欺 ") And i < Asc(" 然 ") Then
      PinYinChr = "Q"
ElseIf i >= Asc(" 然 ") And i < Asc(" 撒 ") Then
      PinYinChr = "R"
ElseIf i >= Asc(" 撒 ") And i < Asc(" 塌 ") Then
      PinYinChr = "S"
ElseIf i >= Asc(" 塌 ") And i < Asc(" 挖 ") Then
      PinYinChr = "T"
ElseIf i >= Asc(" 挖 ") And i < Asc(" 昔 ") Then
      PinYinChr = "W"
ElseIf i >= Asc(" 昔 ") And i < Asc(" 压 ") Then
      PinYinChr = "X"
ElseIf i >= Asc(" 压 ") And i < Asc(" 匝 ") Then
      PinYinChr = "Y"
```

```
    ElseIf i >= Asc(" 匝 ") And i <= Asc(" 座 ") Then
        PinYinChr = "Z"
    End If
End Function
```

例如，PinYinChr(" 韩 ") = "H"；PinYinChr(" 王 ") = "W"。

5.5.16 计算个人所得税

案例5-29

下面的自定义函数是计算个人所得税。此自定义函数有 2 个参数，一个参数指定每个月的薪金所得，为必需参数；另一个参数是可选参数，指定个人所得税的起征点(免征额)，如果忽略此参数，就默认起征点(免征额)为 5000 元。函数的返回值是每个月应缴纳的个税。

```
Public Function 个税 ( 月工资 As Single, 其他扣除费 As Single, Optional 免征额 ) As Single
    Dim 税率 As Single, 速扣数 As Single, 应纳税所得额 As Single
    If IsMissing( 免征额 ) Then 免征额 = 5000
    应纳税所得额 = 月工资 – 免征额 – 其他扣除费
    If 应纳税所得额 > 0 Then
        If 应纳税所得额 <= 3000 Then
            税率 = 0.03: 速扣数 = 0
        ElseIf 应纳税所得额 <= 12000 Then
            税率 = 0.1: 速扣数 = 210
        ElseIf 应纳税所得额 <= 25000 Then
            税率 = 0.2: 速扣数 = 1410
        ElseIf 应纳税所得额 <= 35000 Then
            税率 = 0.25: 速扣数 = 2660
        ElseIf 应纳税所得额 <= 55000 Then
            税率 = 0.3: 速扣数 = 4410
        ElseIf 应纳税所得额 <= 80000 Then
            税率 = 0.35: 速扣数 = 7160
        Else
            税率 = 0.45: 速扣数 = 15160
        End If
```

```
    个税 = Round( 应纳税所得额 * 税率 – 速扣数 , 2)
  Else
    个税 = 0
  End If
End Function
```

如图5-27所示是个税自定义函数的应用示例。

E2			f_x	=个税(B2,C2+D2)	
▲	A	B	C	D	E
1	姓名	工资	社保公积金	其他扣除	个税
2	A1	5436	145	376	0
3	A2	8768	567	145	95.6
4	A3	13576	1542	64	487
5	A4	30588	2766	265	3101.4
6					

图5-27　个税自定义函数的应用示例

5.5.17　将阿拉伯数字转换为大写的中文数字

案例5-30

将阿拉伯数字转换为大写的中文数字，是财务管理中经常会遇到的问题。下面的自定义函数可以将任意大小的阿拉伯数字转换为大写的中文数字。此自定义函数只有一个参数，用于指定要进行大写转换的数字(但这个数字只能带两位小数)。函数的返回值是该数据的中文大写字符串。

```
Public Function 中文大写 ( 数字 As Currency) As String
  Dim a As Variant, b As Integer, c As Integer
  Dim q(1 To 9) As String, s1 As Variant
  q(1) = " 壹 ": q(2) = " 贰 ": q(3) = " 叁 ": q(4) = " 肆 "
  q(5) = " 伍 ": q(6) = " 陆 ": q(7) = " 柒 ": q(8) = " 捌 ": q(9) = " 玖 "
  a = Int( 数字 )
  b = Val(Mid(Str( 数字 ), InStr(1, Str( 数字 ), ".") + 1, 1))
  c = Val(Right(Application.Text(Str( 数字 * 100), "0"), 1))
  s1 = Application.Text(a, "[DBNum2]")
```

```
        If a = 0 Then
            If b = 0 Then
                If c = 0 Then
                    中文大写 = ""
                    Exit Function
                Else
                    中文大写 = q(c) & " 分 "
                    Exit Function
                End If
            ElseIf c = 0 Then
                中文大写 = q(b) & " 角整 "
                Exit Function
            Else
                中文大写 = q(b) & " 角 " & q(c) & " 分 "
                Exit Function
            End If
        ElseIf b = 0 Then
            If c = 0 Then
                中文大写 = s1 & " 元整 "
                Exit Function
            Else
                中文大写 = s1 & " 元零 " & q(c) & " 分 "
                Exit Function
            End If
        ElseIf c = 0 Then
            中文大写 = s1 & " 元 " & q(b) & " 角整 "
            Exit Function
        Else
            中文大写 = s1 & " 元 " & q(b) & " 角 " & q(c) & " 分 "
            Exit Function
        End If
End Function
```

如图 5-28 所示就是使用自定义函数"中文大写"将金额数字转换成中文大写。

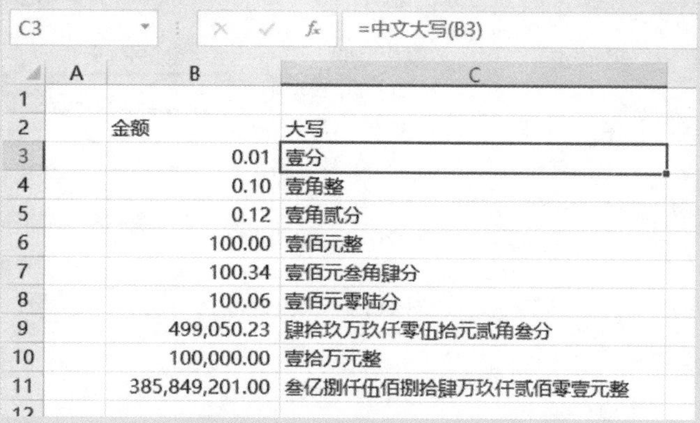

C3　=中文大写(B3)

	A	B	C
1			
2		金额	大写
3		0.01	壹分
4		0.10	壹角整
5		0.12	壹角贰分
6		100.00	壹佰元整
7		100.34	壹佰元叁角肆分
8		100.06	壹佰元零陆分
9		499,050.23	肆拾玖万玖仟零伍拾元贰角叁分
10		100,000.00	壹拾万元整
11		385,849,201.00	叁亿捌仟伍佰捌拾肆万玖仟贰佰零壹元整

图5-28　将金额数字转换成中文大写

5.5.18 一次性删除工作表中所有的超链接

案例5-31

当工作表中有很多超链接时，如果手工删除，将是非常耗时和麻烦的。下面的子程序就可以一次性删除工作表中所有的超链接。

```
Public Sub ClearHyperlinks()
   Dim hyl As Hyperlink
   For Each hyl In ActiveSheet.UsedRange.Hyperlinks
      hyl.Delete
   Next
End Sub
```

5.5.19 1900 年以前的日期计算

一个朋友问了这样一个问题，如图5-29所示，如何计算持续时间？

如果是用Excel普通函数进行计算，那将是一个长长的公式，而且还不好判断闰年的情况。此时可以设计如下的自定义函数来计算。

```
Public Function days( 起始日期 As String, 截止日期 As String) As Integer
   days = CDate( 截止日期 ) - CDate( 起始日期 ) + 1
End Function
```

⊿	A	B	C
1	起始日期	截止日期	持续时间（天）
2	1815年1月3日	1815年2月8日	
3	1820年5月15日	1820年5月18日	
4	1816年8月10日	1820年3月28日	
5	1815年4月23日	1815年7月15日	
6	1819年12月1日	1820年2月18日	
7			

图5-29　计算1900年以前的日期

06

VBA的对象、属性、方法和事件

对象是VBA中最重要的概念。VBA作为编程语言的最大特点是采用了面向对象的编程技术，这种技术的核心是把程序看成是若干独立对象的集合，每一个对象有自己特定的特征和行为。本章主要介绍Excel VBA的对象、属性、方法和事件的基本概念，关于如何使用Excel VBA的对象将在后面的有关章节中进行介绍。

6.1 对象、方法、属性和事件概述

6.1.1 对象和对象集合

对象代表应用程序中的元素，例如工作表、单元格、图表、窗体等。在VBA的代码中，在使用对象的任一方法或改变其某一属性的值之前，首先必须识别对象。

在VBA程序设计中有一个重要的概念：集合。集合是一组属于同一类的对象，集合本身也是对象。例如，Workbooks是当前打开的所有Workbook对象(工作簿)的集合，Worksheets是工作簿中所有Worksheet对象(工作表)的集合。

我们可以处理对象的整个集合，例如Workbooks.Close就是关闭打开的所有工作簿；或者可以处理集合中的某个单独的对象，例如目前已经打开了5个工作簿，仅将其中的工作簿Book1关闭的语句就是Workbooks("Book1").Close。

在下面的过程中，Workbooks(1)会识别第一个打开的Workbook对象。

```
Sub CloseFirst()    '关闭第一个被打开的工作簿
    Workbooks(1).Close
End Sub
```

下面的过程使用一个指定为字符串的名称来识别对象。

```
Sub CloseFirst()    '关闭工作簿 Book5.xls
    Workbooks("Book5").Close
End Sub
```

如果对象共享相同的方法，则可以操作整个对象集合。例如，下列的过程会关闭所有打开的工作簿。

```
Sub CloseFirst()    '关闭所有打开的工作簿
    Workbooks.Close
End Sub
```

6.1.2 属性

属性是指一个对象的属性，它定义了对象的特征，诸如大小、颜色、屏幕位置或某一方面的行为,诸如对象是否被激活或是否是可见的。可以通过修改对象的属性值来改变对象的特性。例如,可以设置 Worksheet 对象的 Visible 属性来确认工作表是否隐藏或可见。对象的属性一次只能设置为一个特定的值。例如,当前工作表不可能同时有两个不同的名称。

若要设置对象的属性值,则在对象的引用后面加上一个复合句,它是由属性名加上等号"="以及新的属性值所组成的,即:

对象名 . 属性 = 属性值

例如,下面的过程通过设置窗体中的 Caption 属性来更改窗体的标题。

```
Sub ChangeName()
    myform.Caption = " 我的窗体 "
End Sub
```

下面的过程就是修改第 2 个工作表的名称。

```
Sub ReNameSheet()
    Worksheets(2).Name = " 分析底稿 "
End Sub
```

对象的有些属性并不能设置。在每一个属性的帮助主题中,会指出是否可以设置此属性(读与写),或只能读取此属性(只读),还是只能写入此属性(只写)。

我们可以通过属性的返回值来检索对象的信息。下列的过程是通过使用一个消息框来显示窗体的 Caption 属性值。

```
Sub GetFormName()
    formName = myform.Caption
    MsgBox formName
End Sub
```

6.1.3 方法

对象有方法,方法指的是对象能执行的动作。换句话说,每一种想要对象做的操作都被称为方法。例如,Add 方法就是最重要的 VBA 方法之一,用户可以使用这个方法添加一个新工作簿或者工作表,或者为某些窗体控件增加一个新的项目。

一个对象可以使用不同的方法。例如,区域(Range)对象有专门让用户清除单元格内容(ClearContents 方法)、清除格式(ClearFormats 方法)、同时清除内容和格式(Clear 方法)等的方法。还有让你对对象进行选择(Select 方法)、复制(Copy 方法)或移动(Move 方法)的方法。

有些方法有可选择的参数,这些参数可以确定方法执行的具体方式。例如,工作簿对象(Workbook)有一个名为 Close(关闭)的方法,我们可以使用这个方法关闭任何打开了的工作簿。但是,如果工作簿有改动,Excel 便会弹出提示信息,询问是否要保存对工作簿所做的修改。此时我们可以设置该方法的SaveChanges参数来确定关闭这个工作簿时，是否保存对工作簿的修改。

使用对象方法的语法如下：

对象名.方法[参数]

下面的程序使用了Add方法，为工作簿插入一个新工作表，并把新建的工作表对象赋给变量ws。

```
Sub AddNewSheet()
    Dim ws As Worksheet
    Set ws = Worksheets.Add(after:=Worksheets(Worksheets.Count))
End Sub
```

如果仅仅是当前工作簿的最后一个工作表位置插入一个新工作表，语句如下：

Worksheets.Add after:=Worksheets(Worksheets.Count)

6.1.4 事件

事件是一个对象可以辨认的动作，例如单击鼠标或按下某键等。

例如，控件的Click事件，在下列两种情况下就会发生该事件。

(1) 用鼠标单击控件(例如命令按钮)。

(2) 在几种可能的值中为控件选择一个值(例如列表框)。

在导致Click事件发生的两种情况中，第一种情况应用于命令按钮、框架、图像、标签、滚动条和数值调节钮控件，而第二种情况用于复选框、组合框、列表框、多页、TabStrip 和切换按钮控件。

又如，工作表的SelectionChange事件，就是当单元格选择发生变化时要做什么工作，此时可以设置单元格格式、输入数据到单元格等。

6.1.5 引用对象

在引用对象时，需要用句点 "." 连接对象名来限定对象。

例如，假设有两个打开的工作簿 Book1 和 Book2，它们都有一个名为Sheet1的工作表，那么要引用工作簿 Book1 中的工作表 Sheet1，标准模式如下。

Application.Workbooks("Book1").Worksheets ("Sheet1")

而如果要引用工作簿 Book1 中的工作表 Sheet1 中的单元格 A1，则标准模式如下。

Application.Workbooks("Book1").Worksheets("Sheet1").Range ("A1")

然而，在大部分时候都可以在引用中忽略 Application 对象，因此上述引用还可以写为：

Workbooks("Book1").Worksheets ("Sheet1")

Workbooks("Book1").Worksheets("Sheet1").Range ("A1")

如果工作簿Book1是当前的活动工作簿，那么引用该工作簿中的工作表和单元格时，甚至可以忽略对该工作簿对象的引用。语句如下：

Worksheets("Sheet1")

Worksheets("Sheet1").Range ("A1")

如果Sheet1是当前的活动工作表，那么对工作表中单元格的引用甚至可以采用更加简单的方式。

Range ("A1")

6.2　Excel VBA中最常用的对象

Excel VBA 中有上百个对象，它们按照特定的模式有机地整合在一起。这些对象主要分为 5 类，由上至下分别如下。

- Application 对象：代表 Excel 应用程序。
- Workbook 对象：代表打开的工作簿。
- Worksheet 对象：代表工作表。
- Range 对象：代表单元格。
- Chart 对象：代表图表。

这 5 类对象构成了 VBA 程序设计的核心对象。在程序设计实践中，经常要用到这 5 类对象，我们要把主要的精力放在这 5 类对象的学习、理解和应用上。

有些对象下还有子对象，例如 Range 对象下有 Font 子对象，它代表单元格的字体，包括字体类型、字号、字体颜色、是否加粗、是否加下划线等。

6.2.1　Application 对象

Application对象处于Excel对象的最顶端，它代表整个Excel应用程序。

利用Application对象的属性可以方便、灵活地控制Excel应用程序的工作环境。例如，可以设置Excel应用程序的标题，是否显示警告、是否显示状态栏、编辑栏、滚动条等。在VBA程序中，通过简单的VBA语句就可以改变Excel应用程序的相应属性值。

6.2.2　Workbook 对象

Application 对象的下一层是 Workbooks 对象集，即 Workbooks 集合，它包含有若干工作簿对象(Workbook)。Workbook 对象是 Workbooks 集合的成员，且 Workbooks 集合包含 Excel 中所有当前打开的 Workbook 对象。

利用 Workbooks 集合和 Workbook 对象，可以很容易地实现对工作簿的新建、打开、保存等。

6.2.3　Worksheet 对象

Workbook 对象的下一层就是 Worksheets 对象集，即 Worksheets 集合。Worksheet 对象就是 Worksheets 集合中的一张工作表。

利用 Worksheet 对象的属性、方法和事件，可以灵活地对工作表进行控制和管理。例如，插入新工作表、删除工作表、复制工作表、隐藏/显示工作表、保护工作表、选择单元格时执行程序、右击时执行程序等。

6.2.4　Range 对象

Worksheet 对象的下一层是 Range 对象，它代表单元格。Range 对象可以是某个单元格、某一行或多行、某一列或多列、多个相邻或不相邻单元格区域。Range 对象只有属性和方法，没有事件。

利用 Range 对象的有关属性，可以获得单元格地址、编辑单元格公式、为单元格区域命名、改变单元格的值等。

利用 Range 对象的有关方法，可以对单元格进行操作。例如，自动调整列宽和行高、清除单元格数据、复制单元格、剪切单元格等。

6.2.5　Chart 对象

Chart 对象是指工作表中的图表对象，该图表既可为嵌入图表(包含在 ChartObject 中)，也可为一个单独的图表工作表。

利用 Chart 对象的有关属性、方法和事件，可以很容易地对图表进行控制。

6.3 VBA常用对象的集合

前面已经说过，在 Excel VBA 程序设计中有一个重要的概念，即集合。集合是一组属于同一类的对象，集合本身也是对象。

Excel VBA 有很多的集合，其中常用的集合有：Workbooks 集合、Worksheets 集合、Sheets 集合、Range 集合、Names 集合、Dialogs 集合、Area 集合、Style 集合、Controls 集合、Charts 集合等。

6.3.1 Workbooks 集合

Workbooks 集合是 Microsoft Excel 应用程序中当前打开的所有 Workbook 对象的集合。把打开的所有工作簿当作一个整体对象的好处就是可以整体地处理单个对象无法完成的事情。例如，使用 Close 方法关闭所有打开的工作簿；使用 Add 方法创建新的空工作簿，并将其添加到集合中等。

例如，创建新的工作簿，语句如下。

```
Workbooks.Add
```

6.3.2 Worksheets 集合

Worksheets 集合是指在指定工作簿中或活动工作簿中所有 Worksheet 对象的集合，这些 Worksheet 对象是指普通工作表。

可以使用 Worksheets 的属性来引用某个 Worksheet 对象，可以使用 Worksheets 的方法来管理 Worksheets 集合。

例如，下面的语句就是引用第 2 个工作表，并使其隐藏。

```
Worksheets(2).Visible = False
```

可以使用 Add 方法新建一张工作表，并将其添加到集合中。例如，在活动工作簿的第 1 张工作表前面添加两张新的工作表。

```
Worksheets.Add Count:=2, Before:= WorkSheets(1)
```

6.3.3 Sheets 集合

Sheets集合是指在工作簿中所有工作表的集合。Sheets集合可包含Worksheet对象(普通工作表)或Chart对象(图表工作表)。

如果希望返回所有类型的工作表,Sheets集合就非常有用。下面是几个例子。

可以使用Add方法新建工作表,并将其添加到集合中。例如,向当前活动工作簿添加两张图表工作表,并将其置于工作簿中的工作表2之后。

Sheets.Add type:=xlChart, count:=2, after:=Sheets(2)

用Sheets(index)返回单个Chart对象或Worksheet对象,其中index为工作表名称或编号。例如,激活工作表Sheet1,语句如下。

Sheets("Sheet1").Activate

用Sheets(Array)指定多个工作表。例如,将工作表Sheet4和Sheet5移到工作簿的前部,语句如下。

Sheets(Array("Sheet4", "Sheet5")).Move before:=Sheets(1)

6.3.4 Range 集合

Range集合代表某一单元格、某一行、某一列、某一选定区域或者某一三维区域。

Range集合对象有很多属性和方法,也有自己的子对象及其属性,利用这些属性和方法能够对单元格进行各种管理和设置。

例如,引用工作表的A列,语句如下。

Range("A:A").Select

又如,引用单元格区域A1:D10,并利用Range集合下的Font子对象来设置单元格的字体。语句如下:

```
Dim Rng As Range
Dim f As Font
Set Rng = Range("A1:D10")
Set f = Rng.Font
With f
    .Name = " 微软雅黑 "
    .Size = 16
    .Color = vbRed
    .Underline = True
```

End With

6.3.5 Charts 集合

Charts集合指定工作簿或活动工作簿中所有图表工作表的集合。这里的每张图表工作表由一个 Chart 对象代表。但Charts集合不包括嵌入在工作表或对话框编辑表中的图表。

例如，可组合使用Charts集合的 Add方法和ChartWizard方法来创建图表。下例就是基于工作表Sheet1中单元格区域A1:A20中的数据添加新的折线图。

```
With Charts.Add
    .ChartWizard source:=Worksheets("Sheet1").Range("A1:A20"), _
        Gallery:=xlLine, Title:="February Data"
End With
```

Chapter

07

操作Application对象

Application对象代表整个Microsoft Excel应用程序，它处于Excel对象的最高层次。我们对Application对象的属性进行任何修改、调用任何方法或触发任何事件，都将影响整个Excel应用程序。因此，我们可以利用Application对象的有关属性和方法方便而灵活地控制Excel应用程序的工作环境。

7.1 获取Excel应用程序信息

利用 Application 对象的某些属性,可以很方便地获取 Excel 应用程序的某些信息,例如 Excel 版本、安装路径、标题、工作簿保存默认位置、Excel 窗口状态、查询打印机名称等。

7.1.1 获取 Excel 版本

Application 对象的 Version 属性返回 Microsoft Excel 以数字字符表示的版本号,例如,"12.0"表示 Excel 2007,"14.0"表示 Excel 2010,"16.0"表示 Excel 2016。

案例7-1

下面的程序是获取计算机中安装的 Microsoft Excel 版本号。

```
Public Sub 版本号 ()
    MsgBox "Excel 版本是 : " & Application.Version
End Sub
```

7.1.2 获取 Excel 的安装路径

利用 Application 对象的 Path 属性可以获得 Excel 的安装路径。

案例7-2

下面的程序是获取计算机中安装的 Microsoft Excel 的安装路径。

```
Public Sub 安装路径 ()
    MsgBox "Excel 的安装路径是 : " & Application.Path
End Sub
```

7.1.3 获取当前用户名

利用 Application 对象的 UserName 属性可以获得 Excel 的当前用户名。

案例7-3

下面的程序是获取计算机中安装的Microsoft Excel的用户名。

```
Public Sub 用户名 ()
    MsgBox " 当前用户名是 : " & Application.UserName
End Sub
```

7.1.4 获取启动 Excel 的路径

利用Application对象的StartupPath属性可以获得Excel的启动路径(不包括尾部的分隔符 "\")。

案例7-4

下面的程序是获取启动Excel的路径。

```
Public Sub 启动路径 ()
    MsgBox " 启动 Excel 的路径是 : " & Application.StartupPath
End Sub
```

7.1.5 获取打开 Excel 文件时的默认路径

利用Application对象的DefaultFilePath属性可以获得打开Excel文件时使用的默认路径。

案例7-5

下面的程序是获取打开Excel文件时的默认路径。

```
Public Sub 默认路径 ()
    MsgBox " 打开 Excel 文件时使用的默认路径是 : " & Application.DefaultFilePath
End Sub
```

7.1.6 获取当前打印机的名称

利用Application对象的ActivePrinter属性可以获取当前打印机的名称。

案例7-6

下面的程序是显示当前活动打印机的名称。

```
Public Sub 打印机名称 ()
    MsgBox " 当前打印机名称为 : " & Application.ActivePrinter
End Sub
```

7.1.7 获取 Excel 应用程序的标题文字

利用 Application 对象的 Caption 属性可以获取 Excel 主窗口标题栏的名称。

案例7-7

下面的程序是获取 Excel 应用程序的标题文字。

```
Public Sub 标题文字 ()
    MsgBox "Excel 主窗口标题栏的名称是 : " & Application.Caption
End Sub
```

7.1.8 获取"自动恢复"临时文件的路径

利用 Application 对象下的 AutoRecover 对象的 Path 属性，可以获取 Microsoft Excel 存储"自动恢复"临时文件的完整路径。

案例7-8

下面的程序是获取"自动恢复"临时文件的路径。

```
Public Sub 自动恢复临时文件的路径 ()
    MsgBox "Excel 自动恢复文件的路径是 : " & Application.AutoRecover.Path
End Sub
```

7.2 自定义Excel窗口

通过设置 Application 对象的某些属性，可以将 Excel 窗口设置为我们需要的样式，比如改变 Excel 窗口的大小、隐藏或显示 Excel 窗口、设置标题栏文字、隐藏工具栏和编辑栏、不显示滚动条等。

7.2.1 修改 Excel 应用程序的标题文字

在默认情况下，Excel 的标题文字是"文件名 - Microsoft Excel"（如果文件已经保存，文件名后有扩展名".xlsx"；如果文件没有保存，文件名后没有扩展名），例如"Book1.xlsx - Microsoft Excel"。我们可以利用 Application 对象的 Caption 属性将标题文字中的 Microsoft Excel 改为我们需要的文字。

案例7-9

下面的程序是将 Excel 的标题文字中的 Excel 改为"标题修改试验"。

```
Public Sub 修改标题文字 ()
    Application.Caption = " 标题修改试验 "
    MsgBox "Excel 标题已经被改为 : " & Application.Caption
End Sub
```

运行此程序，可以看到 Excel 的标题文字中的 Microsoft Excel 已被修改，如图7-1 所示。

图7-1 修改Excel应用程序的标题文字

7.2.2 删除 Excel 应用程序的标题文字

将 Application 对象的 Caption 属性设置为 vbNullChar，就可以将 Excel 的默认标题文字中的

Microsoft Excel删除，仅在Excel标题栏中留下文件名。

案例7-10

下面的程序是将Excel的默认标题文字中的Microsoft Excel删除。

```
Public Sub 删除标题文字 ()
    Application.Caption = vbNullChar
    MsgBox "Excel 标题已经被删除！下面将恢复默认的标题文字 !"
    Application.Caption = vbNullString
End Sub
```

运行此程序，可以看到Excel的标题文字中的Microsoft Excel已被删除，只剩下文件名，如图7-2所示。

图7-2　删除Excel应用程序的标题文字中的Microsoft Excel

7.2.3　恢复 Excel 应用程序的默认标题文字

如果要恢复Excel应用程序的默认标题文字，可以将Application对象的Caption属性设置为vbNullString或者空字符“""”。

案例7-11

下面的程序是恢复Excel应用程序的默认标题文字。

```
Public Sub 恢复默认标题文字 ()
    Application.Caption = vbNullString
    MsgBox " 恢复默认的标题文字 !"
End Sub
```

7.2.4　隐藏和显示编辑栏

如果要隐藏编辑栏，可以将Application对象的DisplayFormulaBar属性设置为False。若将DisplayFormulaBar属性设置为True，则会显示公式编辑栏。

案例7-12

下面的程序是隐藏和显示编辑栏。

```
Public Sub 隐藏和显示编辑栏 ()
    ' 隐藏编辑栏
    Application.DisplayFormulaBar = False
    MsgBox " 编辑栏被隐藏 !" & vbCrLf & " 下面将重新显示编辑栏 ."
    ' 显示编辑栏
    Application.DisplayFormulaBar = True
End Sub
```

7.2.5 隐藏和显示状态栏

如果要隐藏状态栏，可以将Application对象的DisplayStatusBar属性设置为False。若将DisplayStatusBar属性设置为True，则会显示状态栏。

案例7-13

下面的程序是隐藏和显示状态栏。

```
Public Sub 隐藏和显示状态栏 ()
    ' 隐藏状态栏
    Application.DisplayStatusBar = False
    MsgBox " 状态栏被隐藏 !" & vbCrLf & " 下面将重新显示状态栏 ."
    ' 显示状态栏
    Application.DisplayStatusBar = True
End Sub
```

7.2.6 在状态栏中显示信息

为了观察应用程序的运行过程，我们可以将程序的中间运行结果显示在状态栏中。在状态栏中显示信息是通过设置StatusBar属性来实现的。需要注意的是，一旦将StatusBar属性进行了自定义设置，那么在将Application.StatusBar设置为False之前都将一直保持用户的最后设置状态。因此，在完成用户自定义显示任务后，记住一定要将Application.StatusBar设置为False。

案例7-14

下面的程序是在状态栏中显示正在计算哪个单元格的数据。

```
Public Sub 在状态栏中显示信息 ()
    Dim cel As Range, Rng As Range, Add As String
    Set Rng = Sheet1.Range("A1:M1000")
    For Each cel In Rng
        Add = cel.Address(False, False)
        Application.StatusBar = " 正在计算单元格 " & Add & " 的数据 ..."
        cel.Value = cel.Value + 500
    Next
    Application.StatusBar = False
    Set Rng = Nothing
End Sub
```

7.2.7　将 Excel 全屏显示

将 Excel 设置为全屏显示后,屏幕上仅显示 Excel 的菜单栏,其他如工具栏以及标题文字等信息都将被隐藏。但系统会弹出一个"全屏显示"工具栏,单击此工具栏中的"关闭全屏显示"按钮,就会恢复 Excel 的默认显示状态。

将 Application 对象的 DisplayFullScreen 属性设置为 True,就将 Excel 设置为全屏显示;将 DisplayFullScreen 属性设置为 False,就恢复 Excel 的默认显示状态。

案例7-15

下面的程序是设置 Excel 全屏显示。

```
Public Sub 全屏显示 ()
    Application.DisplayFullScreen = True
    MsgBox "Excel 已经全屏显示!下面将恢复默认的显示状态!"
    Application.DisplayFullScreen = False
End Sub
```

7.2.8　隐藏 Excel 本身

隐藏 Excel 本身,就是将 Application 对象的 Visible 属性设置为 False,从而使 Excel 本身不显示出来。如果要显示Excel本身，就需要将Visible属性设置为True。

案例7-16

下面的程序能隐藏Excel本身，然后再重新显示。

```
Public Sub 隐藏 Excel 本身 ()
    Application.Visible = False
    MsgBox "Excel 已经被隐藏！下面将重新显示 Excel!"
    Application.Visible = True
End Sub
```

✋ **注意**

如果隐藏了Excel本身，那么在屏幕下面的任务栏中也不会显示Excel图标。这时如果要重新显示Excel本身，就需要重新启动Microsoft Excel了。

7.2.9 改变鼠标指针形状

利用Application对象的Cursor属性，可以改变鼠标指针形状。如果要恢复Excel默认的鼠标指针形状，可以将Cursor属性设置为xlDefault。

案例7-17

下面的程序是将鼠标指针由系统的默认指针改为西北向箭头指针，然后再恢复默认。

```
Public Sub 鼠标指针形状 ()
    ' 将鼠标指针改为西北向箭头指针
    Application.Cursor = xlNorthwestArrow
    MsgBox " 鼠标指针被改为西北向箭头指针！下面将恢复默认！"
    Application.Cursor = xlDefault
End Sub
```

✋ **注意**

当宏停止运行时，Cursor属性不会自动重设。因此，在宏停止运行前，应将指针重设为xlDefault。

✋ **说明**

下面是4种鼠标指针的参数常量。

- xlDefault：默认指针。
- xlIBeam：I形指针。
- xlNorthwestArrow：西北向箭头指针。
- xlWait：等待型指针。

7.2.10 不显示工作表中的零值

如果要通过VBA的方法设置不显示工作表的零值，可以使用下面的语句。

Application.ActiveWindow.DisplayZeros = False

如果要再想显示零值，语句如下：

Application.ActiveWindow.DisplayZeros = True

7.2.11 不显示水平滚动条和垂直滚动条

不显示水平滚动条的语句如下：

Application.ActiveWindow.DisplayHorizontalScrollBar = False

不显示垂直滚动条的语句如下：

Application.ActiveWindow.DisplayVerticalScrollBar = False

如果要再显示出水平滚动条和垂直滚动条，语句分别如下：

Application.ActiveWindow.DisplayHorizontalScrollBar = True

Application.ActiveWindow.DisplayVerticalScrollBar = True

7.2.12 不显示工作表标签

不显示工作表标签的语句如下：

Application.ActiveWindow.DisplayWorkbookTabs = False

如果要显示工作表标签，语句如下：

Application.ActiveWindow.DisplayWorkbookTabs = True

7.2.13 不显示行号和列标

不显示工作表行号和列标的语句如下：

Application.ActiveWindow.DisplayHeadings = False

如果要显示行号列标，语句如下：

Application.ActiveWindow.DisplayHeadings = True

7.2.14 不显示网格线

不显示工作表网格线的语句如下：

Application.ActiveWindow.DisplayGridlines = False

如果要显示工作表网格线，语句如下：

Application.ActiveWindow.DisplayGridlines = True

7.3 设置Excel操作选项

在"Excel 选项"对话框中，我们可以对 Excel 的一些操作选项进行设置，例如切换自动计算/手动计算、设置文件的保存位置、设置新工作簿内的工作表数、设置是否显示零值等，这些设置也可以通过 VBA 完成，如图 7-3 所示。

图7-3　"Excel选项"对话框

7.3.1 **设置新工作簿中的工作表个数**

默认情况下，Excel 2016新工作簿中的工作表个数为1个(Excel 2010新工作簿中的工作表个数是3个)。不过我们可以通过"Excel选项"对话框来设置新工作簿中的工作表个数，也可以利用Application对象的SheetsInNewWorkbook属性来设置。

案例7-18

下面的程序是利用VBA将新工作簿中的工作表个数设为5。

```
Public Sub 工作表个数 ()
    Dim n As Integer
    Application.SheetsInNewWorkbook = 5    ' 新工作簿中的工作表个数设为 5
    n = Application.SheetsInNewWorkbook
    MsgBox " 新工作簿中的工作表个数被设置为 " & n & " 个 "
End Sub
```

注意

这种设置将一直保留在工作簿中，除非进行重新设置。

运行上面的程序，然后在"Excel选项"对话框中看看是不是新工作簿中的工作表个数已经被设置为了5个。或者新建一个工作簿，看看工作表是不是5个。

7.3.2 **设置工作簿的默认路径**

对Application对象的DefaultFilePath属性进行设置，就可以改变工作簿的默认路径。

案例7-19

下面的程序是将文件的默认路径设置为文件夹"d:\my documents"。

```
Public Sub 默认路径 ()
    Dim myPath As String
    myPath = "d:\my documents"
    Application.DefaultFilePath = myPath
    MsgBox " 文件的默认位置被设置为 " & myPath
```

End Sub

 注意

这种设置将一直保留在工作簿中,除非进行重新设置。

7.3.3 设置保存自动恢复文件的时间间隔和保存位置

通过设置Application对象下的AutoRecover对象的Path属性和Time属性,我们可以改变"自动恢复"文件的路径和保存时间间隔。

案例7-20

下面的程序是将"自动恢复"文件的保存路径设置为"C:\temp",保存时间间隔设置为5分钟。

```
Public Sub 时间间隔 ()
    With Application.AutoRecover
        .Path = "C:\temp"
        .Time = 5
    End With
End Sub
```

 注意

保存时间间隔以分钟计,这种设置将一直保留在工作簿中,除非重新进行设置。

7.3.4 停止和启用屏幕刷新

如果一个宏很大,或者要不断更新工作表中的各个单元格时,就可以看到工作表不断地被刷新以反映宏刚刚做出的变更,这会消耗一部分系统资源,降低宏的运行速度。为了提高宏的运行速度,如果不需要查看工作表每次的更新情况,或者不想让别人看到处理过程的效果,那么就可以在宏运行前将ScreenUpdating属性设置为False,当宏运行完毕后,再将其设置为True。

停止屏幕刷新的语句如下:

Application.ScreenUpdating = False

启用屏幕刷新的语句如下：

Application.ScreenUpdating = True

7.3.5 改变手动和自动计算方式

利用Application对象的Calculation属性，可以设置工作簿的计算模式，即自动计算还是手动计算。

 案例7-21

在下面的程序中，利用Application对象的Calculation属性来设置工作簿的计算模式。

```
Public Sub 计算方式 ()
    Application.Calculation = xlCalculationAutomatic          '自动计算
    MsgBox " 已经切换为自动计算 "

    Application.Calculation = xlCalculationManual             '手动计算
    MsgBox " 已经切换为手动计算 "

    Application.Calculation=xlCalculationSemiautomatic        '除模拟运算表外，自动计算
    MsgBox " 已经切换除模拟运算表外，自动计算 "

    Application.Calculation = xlCalculationAutomatic          '自动计算
    MsgBox " 已经恢复为自动计算 "
End Sub
```

> **注意**
>
> 这种设置将一直保留在工作簿中，除非重新进行设置。

7.3.6 不显示警告信息框

Application对象的DisplayAlerts属性可以用来设置是否显示或隐藏警告信息。如果DisplayAlerts属性设置为True，则显示警告信息；如果DisplayAlerts属性设置为False，则不显示警告信息。

这里的警告信息框是指在删除工作表、保存修改过的工作簿等情况下所出现的警告信息框。

案例7-22

本例在删除当前工作簿中的第2个工作表时,不显示系统弹出的警告信息。

```
Public Sub 警告信息框 ()
    Application.DisplayAlerts = False
    ThisWorkbook.Worksheets(2).Delete
    Application.DisplayAlerts = True
End Sub
```

7.3.7 显示 Excel 的内置对话框

我们可以利用Application对象的Dialogs属性来返回一个Dialogs集合,此集合代表所有的内置对话框,然后再利用Show方法显示内置对话框,并等待用户输入数据。

Excel有近800多个内置对话框,有些对话框可以用Show方法显示,有些则不能。例如,要显示内置的"打开"对话框,则可以使用下面的语句。

```
Application.Dialogs(xlDialogOpen).Show
```

内置对话框的内置常量都是以"xlDialog"打头,后跟对话框的名称。例如,"打开"对话框的常量为xlDialogOpen,"另存为"对话框的常量为xlDialogSaveAs。这些常量是XlBuiltinDialog枚举类型。有关可用常量的详细信息,请参阅联机帮助的内置对话框参数列表。

案例7-23

本例将显示各个内置对话框。如果有时间的话,不妨看看哪些内置对话框可以通过Show方法显示出来。在程序中,利用Dialogs集合的Count属性获取Excel应用程序的内置对话框总数。

```
Public Sub 内置对话框 ()
    On Error Resume Next
    Dim i As Long
    For i = 0 To Application.Dialogs.Count
        Application.Dialogs(i).Show
        If MsgBox(" 下面将要打开内置对话框,要继续吗 ?", vbYesNo) = vbNo Then Exit Sub
    Next
End Sub
```

7.4 制订程序运行计划

利用 Application 对象的有关方法，我们可以制订程序的运行计划。例如，我们可以利用 OnTime 方法在某个特定的时间或某段时间之后运行程序；利用 Wait 方法暂停运行宏，直到特定时间才可继续执行。

7.4.1 使程序在指定的时间开始运行

如果我们希望从现在开始经过一定时间后再运行程序，就需要使用Application 对象的 OnTime方法，并使用Now + TimeValue(time) 安排经过一段时间(从现在开始计时)之后运行某个过程。

案例7-24

下面的程序是设置5秒后运行"my_Procedure"过程(从现在开始计时)。

```
Public Sub 运行计划 ()
    Application.OnTime Now + TimeValue("00:00:05"), "my_Procedure"
End Sub


Public Sub my_Procedure()
    MsgBox " 开始运行程序 my_Procedure !"
End Sub
```

注意

OnTime方法并不只是用来指定执行时间而已，被写在 OnTime 方法中的程序与被指定的程序是会在完全独立的情况下被执行的。也就是说，要在呼叫方(主程序)的程序完全结束的情况下，被指定的程序才会被执行。在这期间，VBA 不会继续任何动作，也不影响我们对 Excel 进行其他操作。

7.4.2　定期运行程序以分析数据

我们还可以制订计划，以便在一天的特定时间执行程序。例如，在每天的9点、10点、11点、14点、15点和16点运行分析数据的程序，此时，仍需要使用Application 对象的OnTime方法，并将OnTime方法中的参数EarliestTime设置为具体时间。

案例7-25

下面就是能在每天的9点、10点、11点、14点、15点和16点运行分析数据的程序"my_Procedure"。

```
Public Sub 定期运行 ()
    Application.OnTime TimeValue("9:00 AM"), "my_Procedure"
    Application.OnTime TimeValue("10:00 AM"), "my_Procedure"
    Application.OnTime TimeValue("11:00 AM"), "my_Procedure"
    Application.OnTime TimeValue("2:00 PM"), "my_Procedure"
    Application.OnTime TimeValue("3:00 PM"), "my_Procedure"
    Application.OnTime TimeValue("4:00 PM"), "my_Procedure"
End Sub


Public Sub my_Procedure()
    MsgBox " 程序 my_Procedure 运行开始!"
End Sub
```

7.4.3　使程序每隔一段时间就自动运行程序

我们还可以制订每隔一段时间就运行宏的计划。例如，编写一个计划运行程序，使之能够每隔10分钟就提醒用户保存工作簿文件。

案例7-26

下面的程序能每隔10分钟就提醒用户保存工作簿文件。

```
Public Sub 每隔一段时间自动运行 ()
    Application.OnTime Now + TimeValue("00:10:00"), "SaveBook"
End Sub
```

```
Public Sub SaveBook()
    If MsgBox(" 您已经有 10 分钟没有保存文件了，现在保存吗？ ", _
        vbQuestion + vbYesNo, " 保存文件 ") = vbYes Then
        ThisWorkbook.Save
    End If
    Call 每隔一段时间自动运行
End Sub
```

在子程序"SaveBook"中，通过反过来调用主程序"每隔一段时间自动运行"实现每隔 10 分钟就提醒用户保存工作簿文件的功能。

7.4.4　取消程序的运行计划

如果我们制订了在将来某时间运行程序的计划，现在要取消这个计划，此时可以将 OnTime 方法中的参数 Schedule 设置为 False。

案例7-27

下面的程序是取消计划在下午5点运行的过程"my_Procedure"。

```
Public Sub 取消计划 ()
    Application.OnTime TimeValue("17:00:00"),"my_Procedure",False
    MsgBox " 运行计划已经被取消！ "
End Sub
```

注意

如果我们制订了在将来不同时间运行许多程序的计划，现在要取消这些计划，唯一有效的办法是关闭 Microsoft Excel 应用程序。

08

操作Workbook对象

Workbook对象代表Microsoft Excel工作簿，它在Application对象的下一层，是Workbooks集合的成员。Workbooks 集合包含了Microsoft Excel中所有当前打开的Workbook 对象。本章我们学习如何操作Workbook对象。

8.1 引用工作簿

在操作工作簿对象之前，首先要引用工作簿对象，也就是指定要操作哪个工作簿。根据工作簿对象的不同，引用工作簿的方法也不同。

8.1.1 引用打开的某个工作簿

如果打开了数个工作簿，那么引用某个工作簿的方法有两种：通过索引编号引用工作簿和通过名称引用工作簿。

1. 通过索引编号引用工作簿

所有打开的工作簿是通过不同的索引编号来区分的。索引编号表示创建或打开工作簿的顺序。例如：

● Workbooks(1)为创建或打开的第1个工作簿。

● Workbooks(3)为创建或打开的第3个工作簿。

● Workbooks(Workbooks.Count)为创建或打开的最后一个工作簿。这里，Workbooks.Count是统计当前创建或打开的工作簿个数。

激活某个工作簿并不更改其所有的编号，所有工作簿(也包括隐藏工作簿)均包括在编号计数中。当某个工作簿被关闭后，Excel就会自动再次产生索引编号，使编号连续。

◉ 案例8-1

本例引用第一个被打开的工作簿，并显示该工作簿的名称。

```
Public Sub 引用工作簿 ()
    Dim wb As Workbook
    Dim myIndex As Integer
    myIndex = 1    ' 指定第 1 个工作簿
    Set wb = Workbooks(myIndex)
    MsgBox " 第 " & myIndex & " 个被打开的工作簿名字为 :" & wb.Name
    Set wb = Nothing
End Sub
```

2. 通过名称引用工作簿

除了通过工作簿的索引编号来指定工作簿外,还可以通过名称来指定工作簿。但需要注意的是,通过名称引用工作簿,这个名称必须是在Excel标题栏中看到的名称。

如果要引用的工作簿已经进行了保存,则在Excel标题栏中看到的工作簿名称有扩展名".xlsx"或者".xlsm",此时要采用"Workbooks("book1.xlsx")"或者"Workbooks("book1.xlsm")"的引用方式。

如果要引用的工作簿还没有保存,则在Excel标题栏中看到的工作簿名称没有扩展名,此时只能采用"Workbooks("book1")"的引用方式。

案例8-2

本例引用名称为"hhh.xls"工作簿(该工作簿必须已经打开),并向该工作簿中活动工作表的A1单元格中输入1000。

```
Public Sub 引用工作簿 ()
    Dim wb As Workbook
    Dim myName As String
    myName = "hhh.xlsx"    '指定工作簿名称（注意，这个工作簿必须已经打开，否则会出
                            现错误）
    Set wb = Workbooks(myName)
    wb.ActiveSheet.Range("A1") = 1000
    Set wb = Nothing
End Sub
```

 注意

在通过名称引用工作簿时,不区分工作簿名称的大小写。

8.1.2　引用当前的活动工作簿

利用Application对象的ActiveWorkbook属性,可以引用当前的活动工作簿。

案例8-3

下面的程序是获取当前活动工作簿的名称。

```
Public Sub 活动工作簿 ()
    Dim wb As Workbook
    Set wb = ActiveWorkbook
    MsgBox " 当前活动工作簿的名字为 : " & wb.Name
    Set wb = Nothing
End Sub
```

✋ **注意**

不要将 ActiveWorkbook 属性与 ThisWorkbook 属性混淆, 后者代表当前宏代码运行的工作簿。

当引用当前的活动工作簿时, 可用省略 Application 对象而直接使用 ActiveWorkbook 属性。

8.1.3　引用当前宏代码运行的工作簿

利用 Application 对象的 ThisWorkbook 属性, 可以引用当前宏代码运行的工作簿。

案例8-4

下面的程序是获取当前宏代码运行的工作簿带完整路径的工作簿名称。

```
Public Sub 宏代码工作簿 ()
    Dim wb As Workbook
    Set wb = ThisWorkbook
    MsgBox " 当前宏代码运行的工作簿名称是 : " & wb.Name
    Set wb = Nothing
End Sub
```

8.1.4　引用新建的工作簿

利用 Add 方法可以创建新的工作簿, 将新建的工作簿赋值给对象变量, 可用在不需要了解工作簿名称的情况下操作新建的工作簿。如果配合使用 With 语句, 则可以更加方便地操作新工作簿。

案例8-5

本例将新建一个工作簿,该工作簿有3个工作表,将第1个工作表名称改为"hhh";在第2个工作表的A1单元格中输入"新建工作簿的第2个工作表";将工作簿以名称"zzz"保存在当前工作簿所在的文件夹;然后关闭新工作簿的程序。

```
Public Sub 新建工作簿 ()
    Dim wb As Workbook
    Set wb = Workbooks.Add
    With wb
        If .Sheets.Count <= 3 Then    ' 判断新工作簿里工作表是否不够 3 个
            Sheets.Add after:=Sheets(Sheets.Count), Count:=3 – Sheets.Count
        End If
        .Sheets(1).Name = "hhh"
        .Sheets(2).Range("A1").Value = " 新建工作簿的第 2 个工作表 "
        .SaveAs Filename:=ThisWorkbook.Path & "\zzz.xlsx"
        .Close
    End With
    Set wb = Nothing
End Sub
```

8.1.5 引用有特定工作表的工作簿

由于工作簿对象的下一级对象就是工作表对象,因此可以使用循环的方法引用含有特定工作表的工作簿。

案例8-6

下面的程序是查找含有名为"hhh"的工作表的工作簿名称。当然,这种引用工作簿的方法只能是已经打开的工作簿。

```
Public Sub 引用有特定工作表的工作簿 ()
    Dim i As Integer, j As Integer
    Dim wb As Workbook
    Dim ws As Worksheet
```

```
    For i = 1 To Workbooks.Count
        For j = 1 To Workbooks(i).Worksheets.Count
            Set ws = Workbooks(i).Worksheets(j)
            If LCase(ws.Name) = LCase("hhh") Then
                Set wb = Workbooks(i)
                GoTo kkk
            End If
        Next j
    Next i
    MsgBox " 没有找到存在有该工作表的工作簿！"
    Exit Sub
kkk:
    MsgBox " 指定工作表的工作簿名称为：" & wb.Name
    Set wb = Nothing
    Set ws = Nothing
End Sub
```

8.2 获取工作簿的基本信息

　　获取工作簿的基本信息，就是判断工作簿是否已经打开、是否进行了保存、工作簿的名称和路径是什么、工作簿的各种基本设置信息（例如作者、单位、性质等）如何、是否被保护等。利用工作簿对象的有关属性，我们可以很容易地获得工作簿的这些基本信息。

8.2.1 获取所有打开的工作簿的名称和路径

　　循环Workbooks集合，并利用Workbook对象的Name属性、FullName属性和Path属性，我们可以获取所有打开的工作簿的名称和路径。

 案例8-7

下面的程序是获取所有打开的工作簿的名称和路径。

```
Public Sub 工作簿名称和路径 ()
    Dim wb As Workbook
    Dim i As Integer
    For i = 1 To Workbooks.Count
        Set wb = Workbooks(i)
        MsgBox " 第 " & i & " 个被打开的工作簿名称为：" & wb.Name _
            & vbCrLf & vbCrLf & " 工作表全名 ( 含路径 ) 为：" & wb.FullName _
            & vbCrLf & vbCrLf & " 保存位置为：" & wb.Path
    Next i
    Set wb = Nothing
End Sub
```

8.2.2 判断工作簿是否已经被打开

判断工作簿是否已经被打开，有两种实用的方法：循环方法和错误处理方法。下面就利用这两种方法来判断工作簿是否已经被打开。

1. 利用循环方法判断工作簿是否已经被打开

这种方法就是循环 Workbooks 集合，以判断 Workbooks 集合中是否存在有某个工作簿。如果有，就表示该工作簿已经被打开；否则就没有打开。

案例8-8

下面的案例就是使用循环的方法来判断指定名称的工作簿是否已经打开。为了避免由于字母大小写引起的误判，这里使用了 LCase 函数对字母的大小写进行处理。

```
Public Sub 工作簿是否已经被打开 ()
    Dim wb As Workbook
    Dim myWb As String
    myWb = "Book1.xlsx"     ' 指定要判断是否已经打开的工作簿名称
    For Each wb In Workbooks
        If LCase(wb.Name) = LCase(myWb) Then
            MsgBox " 工作簿 " & myWb & " 已经被打开!", vbInformation
            Exit Sub
        End If
```

```
      Next
      MsgBox " 工作簿 " & myWb & " 没有被打开！", vbInformation
      Set wb = Nothing
End Sub
```

2. 利用错误处理方法判断工作簿是否已经被打开

这种方法就是试着去打开指定名称的工作簿，以此判断Workbooks集合中是否存在有某个工作簿。其核心思想就是：试着创建一个指定名称的工作簿对象，如果该对象存在，就表示该工作簿已经被打开；否则就没有打开。

案例8-9

下面的案例就是使用错误处理的方法，来判断指定名称的工作簿是否打开。

```
Public Sub 工作簿是否已经被打开 ()
    Dim BookIsOpen As Boolean
    Dim wb As Workbook
    Dim myWb As String
    myWb = "Book1.xlsx"      ' 指定要判断是否已经打开的工作簿名称
    '---- 下面是判断工作簿是否打开的程序 ----
    Err.Clear
    On Error Resume Next
    Set wb = Workbooks(myWb)
    BookIsOpen = Not wb Is Nothing
    Err.Clear
    On Error GoTo 0
    '---- 判断工作簿是否打开的程序结束 ----
    If BookIsOpen = True Then
        MsgBox " 工作簿 " & myWb & " 已经被打开！", vbInformation
    Else
        MsgBox " 工作簿 " & myWb & " 没有被打开！" , vbInformation
    End If
    Set wb = Nothing
End Sub
```

8.2.3 判断工作簿是否已经被保存

如果工作簿从未进行保存，则其Path属性将返回一空字符串("")。利用这个性质，可以判断某个工作簿是否已经进行了保存。

案例8-10

下面的案例就是使用路径是否为空的方法来判断指定名称的工作簿是否被保存。

```
Public Sub 是否已经被保存 ()
    Dim myWb As String
    Dim wb As Workbook
    myWb = ThisWorkbook.Name        ' 指定工作簿名称
    Set wb = Workbooks(myWb)
    ' 判断工作簿是否进行过保存
    If wb.Path = "" Then
        MsgBox " 工作簿 " & myWb & " 从未保存过！ ", vbInformation
    Else
        MsgBox " 工作簿 " & myWb & " 已经保存过！ ", vbInformation
    End If
    Set wb = Nothing
End Sub
```

此外，如果指定工作簿从上次保存至今未发生过更改，则其Saved属性值为True。利用这个性质，我们也可以判断某个工作簿是否有未保存的更改。

案例8-11

下面的案例就是使用Saved属性值是否为True的方法来判断指定名称的工作簿是否被保存。

```
Public Sub 是否已经被保存 ()
    Dim wb As Workbook
    Set wb = ThisWorkbook      ' 指定工作簿名称
    ' 判断工作簿是否进行过保存
    If Not wb.Saved Then
        MsgBox " 工作簿 " & wb.Name _
```

```
                    & " 发生了变更，但还未进行保存！ " , vbInformation
        Else
            MsgBox " 工作簿 " & wb.Name _
                    & " 从上次保存到现在没有任何变更！ " , vbInformation
        End If
        Set wb = Nothing
    End Sub
```

8.2.4 获取工作簿上次保存的时间

利用工作簿对象的 BuiltinDocumentProperties 属性，可以获取工作簿上次保存的时间。

案例8-12

下面的案例就是获取指定名称的工作簿在上一次保存的时间。

```
Public Sub 上次保存时间 ()
    Dim myDate As Date
    Dim wb As Workbook
    Set wb = ThisWorkbook      ' 指定工作簿名称
    myDate = wb.BuiltinDocumentProperties("Last Save Time")
    MsgBox " 工作簿上次保存时间是： " _
        & wb.BuiltinDocumentProperties("Last Save Time"), vbInformation
    Set wb = Nothing
End Sub
```

8.2.5 获取宏代码运行的工作簿完整名称

利用 Workbook 对象的 FullName 属性，可以获取宏代码运行的工作簿的完整名称。

案例8-13

下面的程序是将当前宏代码运行的工作簿包括完整路径的名称显示出来。

```
Public Sub 工作簿完整名称 ()
    MsgBox " 包括完整路径的工作簿名称为： " & vbCrLf & ThisWorkbook.FullName
```

End Sub

8.2.6　获取宏代码运行的工作簿路径

利用Workbook对象的Path属性，我们可以获取宏代码运行的工作簿路径。

案例8-14

下面的程序是将当前宏代码运行的工作簿的路径显示出来。

```
Public Sub 工作簿路径 ()
    MsgBox " 宏代码运行的工作簿的路径为 : " & ThisWorkbook.Path
End Sub
```

8.2.7　获取宏代码运行的工作簿带扩展名的名称

利用Workbook对象的Name属性，可以获得包括扩展名".xlsx"或".xlsm"的工作簿名称。

案例8-15

下面的程序是获取宏代码运行的工作簿带扩展名的名称。

```
Public Sub 工作簿带扩展名的名称 ()
    MsgBox " 宏代码运行的工作簿带扩展名的名称为 : " & ThisWorkbook.Name
End Sub
```

8.2.8　获取宏代码运行的工作簿的基础名称

如果要获取宏代码运行的工作簿的基础名称(即不带扩展名)，可以先使用Workbook对象的Name属性获取工作簿的带扩展名的名称，然后利用有关字符串函数进行处理，从而得到工作簿的基础名称。

案例8-16

下面的案例是使用Name属性以及字符串处理函数，来获取当前宏工作簿的基础名称。

```
Public Sub 工作簿基础名称 ()
    Dim BaseName As String
```

```
    Dim i As Integer
    BaseName = ThisWorkbook.Name
    i = InStrRev(BaseName, ".")
    If i > 0 Then BaseName = Left(BaseName, i – 1)
    MsgBox " 宏代码运行的工作簿的基础名称为 ： " & BaseName
End Sub
```

8.2.9 获取和设置工作簿的文档属性信息

利用工作簿对象的BuiltinDocumentProperties属性，可以获取工作簿的有关文档属性信息，包括标题、主体、作者、单位、类别、关键词、备注、创建时间、修改时间、存取时间、位置、大小等。

案例8-17

在下面的程序中，将当前宏代码运行的工作簿的文档属性信息输出到工作表中。由于文档属性信息本身存在，也并不代表其中就有了设定值，因此在程序中设置了错误处理语句。

```
Public Sub 文档属性信息 ()
    Dim wb As Workbook
    Dim myProperties As DocumentProperty
    Columns("A:B").Clear
    Set wb = ThisWorkbook      ' 指定任意的工作簿
    Range("A1:B1").Value = Array(" 信息名称 ", " 信息数据 ")
    For Each myProperties In wb.BuiltinDocumentProperties
        With Range("A65536").End(xlUp).Offset(1)
            .Value = myProperties.Name
            On Error Resume Next
            .Offset(, 1).Value = myProperties.Value
            On Error GoTo 0
        End With
    Next
    Columns.AutoFit
    Set wb = Nothing
    Set myProperties = Nothing
End Sub
```

8.3 新建、打开工作簿

在利用 VBA 操作工作簿时，经常需要创建新工作簿、打开已有的工作簿。利用 Workbooks 集合的 Add 方法可以创建新工作簿，利用 Open 方法可以打开已有的工作簿。

8.3.1 在当前的 Excel 窗口中新建一个工作簿

在当前的Excel窗口中新建一个工作簿，必须使用Workbooks集合的Add方法。

案例8-18

本例将在当前的Excel窗口中创建一个新工作簿，并在该工作簿中插入5个工作表，这5个工作表的名称分别为"客户信息""产品信息""订单信息""收款信息"和"发货信息"。

```
Public Sub 新建工作簿 ()
    Dim wb As Workbook
    Dim myArray As Variant
    myArray = Array(" 客户信息 ", " 产品信息 ", " 订单信息 ", " 收款信息 ", " 发货信息 ")
    Application.SheetsInNewWorkbook = 5        ' 将新工作簿的工作表数目设置为 5 个
    Set wb = Workbooks.Add                     ' 创建新工作簿
    For i = 1 To wb.Worksheets.Count
        wb.Worksheets(i).Name = myArray(i – 1) ' 更改工作表名称
    Next i
    Application.SheetsInNewWorkbook = 1        ' 将新工作簿的工作表数目设置为默认的 1 个
    MsgBox " 新工作簿创建成功!"
    Set wb = Nothing
End Sub
```

 注意

当创建新工作簿后，新工作簿就成为活动工作簿。

8.3.2 重新启动 Excel 应用程序并新建一个工作簿

除了利用前面介绍的方法在当前的Excel应用程序窗口中新建一个工作簿外，也可以重新启动Excel应用程序并新建一个工作簿。

案例8-19

下面的程序就是重新启动Excel应用程序并新建一个工作簿。

```
Public Sub 重启新建工作簿 ()
    Dim excelApp As Object
    Set excelApp = CreateObject("Excel.Application")
    With excelApp
        .Visible = True
        .Workbooks.Add
    End With
    Set excelApp = Nothing
End Sub
```

8.3.3 打开指定的工作簿

打开指定的工作簿有很多种方法，例如利用Open方法、利用对话框等。

Open方法有很多个参数，这些参数的具体含义可参阅帮助信息。

案例8-20

下面的程序是使用Open方法打开指定的工作簿。

```
Public Sub 打开工作簿 ()
    Dim myFilename As String
    myFilename = ThisWorkbook.Path & "\ 案例 8-19.xlsm"    ' 指定工作簿的名称字符串
    Workbooks.Open Filename:=myFilename
End Sub
```

8.3.4 以只读的方式打开工作簿

如果将Open方法中的参数ReadOnly设置为True，就会以只读的方式打开工作簿。

案例8-21

下面的程序是以只读的方式打开工作簿。

```
Public Sub 只读方式打开工作簿 ()
    Dim myFilename As String
    myFilename = ThisWorkbook.Path & "\ 案例 8-19.xlsm"    ' 指定工作簿的名称字符串
    Workbooks.Open Filename:=myFilename, ReadOnly:=True
End Sub
```

8.3.5 在不更新链接的情况下打开工作簿

一般来说,在打开有外部链接引用的工作簿时,会出现询问是否更新外部引用的警示框。如果不想出现这个消息框,可以将Open方法中的参数UpdateLinks设置为False或0,那么就会以不更新任何引用的方式打开工作簿。

案例8-22

本例在打开工作簿时,不更新链接。

```
Public Sub 不更新链接打开工作簿 ()
    Dim myFilename As String
    myFilename = ThisWorkbook.Path & "\hhh.xlsx"    ' 指定工作簿的名字字符串
    Workbooks.Open Filename:=myFilename, UpdateLinks:=False
End Sub
```

8.3.6 打开有打开密码保护的工作簿

如果工作簿有打开密码保护,那么在打开该工作簿时,就会弹出要求输入密码的对话框。通过对Open方法的Password参数进行设置,就可以实现在不弹出密码对话框的情况下自动打开工作簿。

案例8-23

下面的代码就是使用PassWord方法来打开密码为"12345"的指定工作簿。

```
Public Sub 打开密码保护工作簿 ()
```

```
    Dim myFilename As String
    myFilename = ThisWorkbook.Path & "\www.xlsx"    ' 指定工作簿的名字字符串
    Workbooks.Open Filename:=myFilename, Password:="12345"
End Sub
```

8.3.7 通过对话框打开工作簿

除了利用Open方法打开指定工作簿外,还可以利用对话框打开工作簿。这种方法实际上就是利用Application对象的GetOpenFilename方法,通过对话框来有选择地打开某个工作簿。

案例8-24

下面的代码运行后,将打开一个"打开"对话框,然后通过这个对话框来选择要打开的工作簿。

```
Public Sub 通过对话框打开工作簿 ()
    Dim myFileName As String
    myFileName = Application.GetOpenFilename("Excel Files(*.xlsx), *.xlsx")
    If myFileName <> "False" Then
        Workbooks.Open Filename:=myFileName
    Else
        MsgBox " 没有选择工作簿 "
    End If
End Sub
```

8.4 保存、关闭工作簿

保存工作簿有很多方式:直接保存工作簿、另存工作簿、保存工作簿副本、设置密码保存工作簿等。而关闭工作簿时,我们可以先保存后关闭,也可以不进行保存而直接关闭。

8.4.1 保存工作簿但不关闭工作簿

保存工作簿但不关闭工作簿的最直接方法是使用Save方法。当工作簿一直没有进行过保存时(即为新工作簿时),使用Save方法会以系统默认的名字保存在默认的文件夹里。如果工作簿为已经保存过的工作簿,那么使用Save方法会以原有的名字覆盖保存。

案例8-25

本例将保存当前工作簿,但不关闭工作簿。

```
Public Sub 保存工作簿 ()
    Dim wb As Workbook
    Set wb = ThisWorkbook    ' 指定任意工作簿
    wb.Save
    Set wb = Nothing
End Sub
```

8.4.2　另存工作簿

另存工作簿要使用SaveAs方法。SaveAs方法有很多参数,详细情况可参阅帮助信息。在SaveAs方法的参数中,最主要的参数是Filename,用于指定保存的位置和新文件名。

案例8-26

下面的程序就是先创建一个新工作簿,然后以名称"新工作簿保存实验.xlsx"保存到当前工作簿所在文件夹。

```
Public Sub 另存工作簿 ()
    Dim wb As Workbook
    Dim myFileName As String
    Dim myPath As String
    Set wb = Workbooks.Add                       '新建工作簿
    myFileName = " 新工作簿保存实验 .xlsx"        '指定文件名
    myPath = ThisWorkbook.Path & "\"             '指定文件夹
    wb.SaveAs Filename:=myPath & myFileName       '另存工作簿
    Set wb = Nothing
End Sub
```

8.4.3　将工作簿指定密码保存

有时候需要将当前工作簿设定保护密码并另存,这时需要使用SaveAs方法,并将其中的

参数 Password 设置具体的密码。

案例8-27

下面的程序是以名称"密码保存.xlsm"将当前工作簿另存到当前工作簿所在文件夹中，并设定保护密码"12345"。

```
Public Sub 指定密码保存 ()
    Dim wb As Workbook
    Dim myFileName As String
    Set wb = ThisWorkbook            ' 指定任意工作簿
    myFileName = ThisWorkbook.Path & "\ 密码保存 .xlsm "    ' 指定保存位置及新名称
    wb.SaveAs Filename:=myFileName, Password:="12345"
    Set wb = Nothing
End Sub
```

8.4.4 保存工作簿副本

利用 SaveCopyAs 方法，可以将指定工作簿的副本保存到文件夹中，但不更改打开的工作簿。当需要创建工作簿的备份，同时又不改变工作簿的位置时，这个方法非常有用。

案例8-28

下面的程序是保存当前活动工作簿的副本，它将当前活动工作簿以新的名称"abc.xlsm"另存到当前文件夹中。

```
Public Sub 保存工作簿副本 ()
    Dim wb As Workbook
    Dim myFileName As String
    Set wb = ThisWorkbook    ' 指定任意工作簿
    myFileName = ThisWorkbook.Path & "\abc.xlsm"
    wb.SaveCopyAs Filename:=myFileName
    Set wb = Nothing
End Sub
```

8.4.5 关闭工作簿但不保存

关闭工作簿可以使用Close方法，其语法格式如下。

工作簿对象 .Close SaveChanges，FileName，RouteWorkbook

其中有3个参数，分别介绍如下。

- SaveChanges：用于指定在关闭工作簿时是否保存，设置为True就表示保存，设置为False就表示不保存。
- FileName：用于指定文件名。
- RouteWorkbook：用于指定是否将工作簿传送给下一个收件人。

案例8-29

本例在关闭当前工作簿时不进行保存。

```
Public Sub 关闭工作簿不保存 ()
    Dim wb As Workbook
    Set wb = ThisWorkbook    ' 指定任意工作簿
    wb.Close SaveChanges:=False
    Set wb = Nothing
End Sub
```

8.4.6 关闭工作簿并保存所有更改

将Close方法中的参数SaveChanges设置为True，就会关闭工作簿并保存所有更改。

案例8-30

本例在关闭当前工作簿时保存对工作簿的所有更改。

```
Public Sub 关闭工作簿并保存所有更改 ()
    Dim wb As Workbook
    Set wb = ThisWorkbook    ' 指定任意工作簿
    wb.Close SaveChanges:=True
    Set wb = Nothing
End Sub
```

8.4.7　关闭所有打开的工作簿但不保存

　　如果要关闭所有打开的工作簿但不保存，仍可以使用Close方法，但必须使用语句"Application.DisplayAlerts = False"来避免出现保存确认对话框。

案例8-31

下面的代码是关闭所有打开的工作簿，并屏蔽警告框。

```
Public Sub 关闭所有工作簿 ()
    Application.DisplayAlerts = False
    Workbooks.Close
End Sub
```

注意

　　这种关闭所有打开的工作簿的方法，仅仅是关闭工作簿本身，并没有关闭Microsoft Excel应用程序。如果要在关闭工作簿的同时也关闭Microsoft Excel应用程序，可使用Application对象的Quit方法。

8.4.8　关闭所有打开的工作簿并保存更改

　　当需要一次性地将所有打开的工作簿全部关闭，但要求保存各个工作簿的改动，仍可以使用Close方法，并且在出现的保存确认对话框中单击"全部保存"按钮即可。

8.4.9　关闭所有打开的工作簿的同时也关闭 Microsoft Excel 应用程序

　　如果要在关闭工作簿的同时也关闭Microsoft Excel应用程序，可使用Application对象的Quit方法，即使用下面的语句。

```
Application.Quit
```

　　但是，使用这个语句关闭Microsoft Excel应用程序，系统会弹出保存确认对话框，如果要保存每个工作簿，可以逐一单击保存确认对话框中的"保存"按钮。如果不想保存每个工作簿，可以联合使用下面的语句。

```
Application.DisplayAlerts = False
Application.Quit
```

8.5 为工作簿设置/取消保护密码

工作簿密码保护包括打开工作簿密码、工作簿结构保护密码和工作簿窗口保护密码，这些可以通过设置 Workbook 对象的 SaveAs 方法和 Protect 方法来实现。

8.5.1 为工作簿设置打开密码

案例8-32

下面的程序就是为当前工作簿设置打开密码，也就是使用SaveAs方法，把参数Password设置为打开密码，将文件另存，覆盖源文件。

```
Public Sub 设置工作簿打开密码 ()
    Application.DisplayAlerts = False
    Dim wb As Workbook
    Set wb = ThisWorkbook       ' 指定任意的工作簿
    wb.SaveAs Filename:=ThisWorkbook.FullName, Password:="888888"
    MsgBox " 本工作簿已经设置了打开密码，请牢记打开密码为 888888"
    Set wb = Nothing
    Application.DisplayAlerts = True
End Sub
```

8.5.2 撤销工作簿的打开密码

如果要撤销工作簿已经设置的打开密码，使用SaveAs方法另存覆盖源文件，并把参数Password设置为空即可。

案例8-33

下面的程序是撤销当前工作簿设置的打开密码。

```
Public Sub 撤销工作簿打开密码 ()
```

```
        Application.DisplayAlerts = False
        Dim wb As Workbook
        Set wb = ThisWorkbook      '指定任意的工作簿
        wb.SaveAs Filename:=ThisWorkbook.FullName, Password:=""
        MsgBox " 本工作簿已经取消了打开密码 "
        Set wb = Nothing
        Application.DisplayAlerts = True
    End Sub
```

8.5.3　为工作簿指定结构和窗口保护密码

　　为工作簿指定结构和窗口保护密码，必须使用 Workbook 对象的 Protect 方法。该方法有 3 个可选参数，即 Password、Structure 和 Windows，分别用于指定保护密码、保护工作簿结构和保护工作簿窗口。

　　如果将参数 Password 设置为一个具体的字符串，就会对工作簿进行保护。

　　如果将参数 Structure 设置为 True，则保护工作簿结构（不允许改变工作表的相对位置、不允许插入工作表、不允许删除工作表）；如果设置为 False，表示不保护工作簿结构。默认值为 False。

　　如果将参数 Windows 设置为 True，则保护工作簿窗口；如果设置为 False，表示不保护工作簿窗口。默认值为 False。

案例8-34

　　下面的程序是对当前工作簿设置结构和窗口的双重保护。

```
Public Sub 设置结构和窗口保护密码 ()
    Dim wb As Workbook
    Set wb = ThisWorkbook      '指定任意的工作簿
    wb.Protect Password:="12345", Structure:=True, Windows:=True
    MsgBox " 本工作簿进行了工作簿结构和工作簿窗口的双重保护!"
    Set wb = Nothing
End Sub
```

8.5.4 撤销工作簿的保护密码

如果要取消对工作簿结构和窗口的保护，需要使用Workbook 对象的Unprotect方法，该方法有一个可选参数Password，指定工作簿原来的保护密码。如果在保护工作簿时没有设定密码，则可以忽略此参数。

案例8-35

下面的程序是取消对当前工作簿结构和窗口的保护。

```
Public Sub 撤销工作簿结构和窗口保护 ()
    Dim wb As Workbook
    Set wb = ThisWorkbook      ' 指定任意的工作簿
    wb.Unprotect Password:="12345"
    MsgBox " 已经取消了对工作簿的保护!"
    Set wb = Nothing
End Sub
```

8.6 利用工作簿的事件操作工作簿

当打开工作簿、关闭工作簿、工作簿更改、工作簿中的任何工作表更改、加载宏更改或数据透视表更改时，将引发工作簿事件。

Workbook 对象事件会影响到工作簿内的所有工作表。利用 Workbook 对象事件，我们可以很方便地对工作簿或各个工作表进行管理和操作。

Workbook 对象事件的所有程序都是保存在"Microsoft Excel"对象的"ThisWorkbook"模块中。

8.6.1 常用的工作簿事件

Workbook对象的常用事件有：Open事件、BeforeClose事件、BeforeSave事件、BeforePrint事件、SheetBeforeRightClick事件、SheetBeforeDoubleClick事件。

下面我们介绍 Workbook 对象的常用事件及其应用实例。

8.6.2 在打开工作簿时就运行程序

如果要在打开工作簿时就运行程序,需要使用工作簿对象的 Open 事件。

Open 事件是工作簿对象的默认事件。当打开工作簿时,这个事件就被激活。

Open 事件可以用在很多方面,例如检查用户名、创建自定义按钮、执行特殊的准备工作等。

案例8-36

下面的程序是当打开工作簿时,自动隐藏除"目录"工作表外的所有工作表。

```vba
Private Sub Workbook_Open()
    Dim ws As Worksheet
    For Each ws In ThisWorkbook.Worksheets
        If ws.Name <> "目录" Then
            ws.Visible = False
        End If
    Next
End Sub
```

代码设置如图8-1所示。

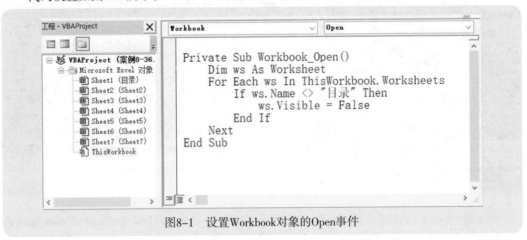

图8-1　设置Workbook对象的Open事件

8.6.3 在关闭工作簿时就运行程序

如果要在关闭工作簿时就运行程序,需要使用工作簿对象的BeforeClose事件。

BeforeClose事件可以用在很多方面,比如关闭工作簿时不进行保存,删除自定义菜单或按钮、删除自定义工具栏等。

案例8-37

在本例中,当关闭工作簿时,将清除工作表"汇总"里的所有数据,并隐藏除"目录"工作表外的所有工作表,保存对工作簿的修改。

```
Private Sub Workbook_BeforeClose(Cancel As Boolean)
    Dim ws As Worksheet
    Worksheets(" 汇总 ").Cells.ClearContents
    For Each ws In ThisWorkbook.Worksheets
        If ws.Name <> " 目录 " Then
            ws.Visible = False
        End If
    Next
    ThisWorkbook.Close savechanges:=True
End Sub
```

8.6.4 在保存工作簿时就运行程序

如要在保存工作簿时就运行程序,比如在保存工作簿时,弹出一个对话框,询问用户是否保存,那么就可以使用Workbook对象的BeforeSave事件。

案例8-38

下面的程序是在保存工作簿时询问用户是否进行保存。

```
Private Sub Workbook_BeforeSave(ByVal SaveAsUI As Boolean, Cancel As Boolean)
    Dim res
    res = MsgBox(" 是否要保存此工作簿?", vbQuestion + vbYesNo)
    If res = vbNo Then Cancel = True
End Sub
```

说明

> 在BeforeSave事件中，参数SaveAsUI指定是否在保存工作簿时显示"另存为"对话框，如果显示则为True。
>
> 参数Cancel指定是否保存工作簿，当事件产生时为 False，即保存工作簿。如果该事件过程将本参数设为 True，则该过程执行结束之后不保存工作簿。

8.6.5 制作打印日志

如果要在打印工作簿时就执行程序，比如在打印工作簿时，对所有的工作表进行计算，并在一个名字为"打印日志"的工作表中记录每次打印的日期、时间、用户名和所打印的表；进行打印计数；确定是可以打印当前的工作簿等，则可以使用Workbook对象的BeforePrint事件程序。

案例8-39

下面的程序就是在打印前询问是否进行打印，从而设置BeforePrint事件的参数Cancel，并在"打印日志"工作表中输入相应信息的程序。

```
Private Sub Workbook_BeforePrint(Cancel As Boolean)
    Dim LastRow As Long
    Dim PrintLog As Worksheet
    For Each wk In Worksheets
        wk.Calculate
    Next
    Set PrintLog = Worksheets(" 打印日志 ")
    LastRow = PrintLog.Range("A65536").End(xlUp).Row + 1
    With PrintLog
        .Cells(LastRow, 1).Value = Format(Date, "yyyy-mm-dd")
        .Cells(LastRow, 2).Value = Format(Now, "hh:mm:ss")
        .Cells(LastRow, 3).Value = Application.UserName
        .Cells(LastRow, 4).Value = ActiveSheet.Name
    End With
```

End Sub

8.6.6 禁止打印当前工作簿

如果要禁止打印当前的工作簿，只需使用工作簿对象的BeforePrint事件就可以了。

案例8-40

下面的程序就是禁止打印当前工作簿的任何工作表，除非输入正确的打印操作密码的程序。

```
Private Sub Workbook_BeforePrint(Cancel As Boolean)
    Dim myPW As String
    Cancel = True
    If MsgBox(" 您没有打印任何工作簿的权限！您确实要打印吗 ?", _
        vbCritical + vbYesNo, " 警告 ") = vbYes Then
        myPW = InputBox(" 请输入允许进行打印操作的权限密码 : ", " 输入打印权限密
                    码 ")
        If myPW = "12345" Then
            Cancel = False
        Else
            MsgBox " 密码错误！打印操作将被取消 ", vbCritical
        End If
    End If
End Sub
```

8.6.7 禁止打印某个工作表

除了可以禁止打印当前工作簿外，我们还可以利用BeforePrint事件禁止打印当前工作簿的某个工作表。此时，只需在BeforePrint事件程序中增加一条判断语句就可以了。

案例8-41

下面的程序就是禁止任何人打印某个指定的工作表(比如工作表"Sheet1")。

```
Private Sub Workbook_BeforePrint(Cancel As Boolean)
    If ActiveSheet.Name = "Sheet1" Then
        Cancel = True
```

```
        MsgBox " 你没有权限打印工作表 Sheet1！打印操作将被取消 ", vbCritical
    Else
        Cancel = False
    End If
End Sub
```

8.6.8 右击某个工作表单元格时就快速返回目录工作表

如果建立了一个数据分析模板，其中有很多分析报告工作表，现在希望能够在任一分析报告表格中单击鼠标右键，实现快速回到"目录"工作表的效果，就可以使用Workbook对象的SheetBeforeRightClick事件。

案例8-42

下面的程序就是使用Workbook对象的SheetBeforeRightClick事件，对本工作簿的所有工作表设置右键单击事件，当在任一工作表单击右键时，自动返回"目录"工作表，同时禁用右键菜单。

```
Private Sub Workbook_SheetBeforeRightClick(ByVal Sh As Object, ByVal Target As Range,
                                           Cancel As Boolean)
    Worksheets(" 目录 ").Activate
    Cancel = True
End Sub
```

09

操作Worksheet对象

Workbook对象的下一层就是Worksheets对象集,即Worksheets集合,它包含工作簿内所有的工作表对象Worksheet。

Worksheet对象就是Worksheets对象集中的一张工作表。通常我们操作Excel都是在工作表上进行的,因此,如何引用工作表、获取工作表信息、设置工作表和操作工作表等是非常重要的。本章我们将学习如何操作Worksheet对象,也就是操作工作表。

9.1 引用工作表

在操作工作表之前，首先必须确定要操作的是哪个工作表，也就是要引用工作表。引用工作表的方法有很多种。下面我们介绍几个引用工作表的基本方法和技巧。

在引用工作表之前，需要指定是引用哪个工作簿的工作表。如果不指定工作簿，就是引用当前活动工作簿的工作表。

9.1.1 引用某个工作表

引用工作表有3种基本方法：通过索引引用工作表、通过名称引用工作表和通过Sheets集合引用工作表。

1. 通过索引引用工作表

通过索引引用工作表，是指通过某工作表在Worksheets集合中的位置引用工作表。语句如下：

Worksheets(序号)

例如，Worksheets(1)就表示引用第1个工作表；Worksheets(2)就表示引用第2个工作表；Worksheets(i)就表示引用第i个工作表，这里i是从1开始的序号。

Worksheets集合中的工作表都是普通工作表，不包括图表工作表和宏工作表。

2. 通过名称引用工作表

通过名称引用工作表，是指通过指定具体的工作表名引用工作表。语句如下：

Worksheets(名称字符串)

例如，Worksheets("Sheet3")就表示引用名称为Sheet3的工作表。

在使用工作表名称时，不区分字母的大小写。

3. 通过 Sheets 集合引用工作表

在Excel中，有一个名为Sheets的集合，它由工作簿中的所有工作表组成，不论这些工作表是普通的工作表还是图表工作表，都包括在Sheets集合内。

使用Sheets的集合来引用某个工作表的方法是：以工作表的序号引用，例如Sheets(1)；或者以工作表的名称引用，例如Sheets("Sheet1")。

9.1.2　引用活动工作表

引用某个工作簿中的活动工作表，可以使用Workbook对象的ActiveSheet属性。

ActiveSheet属性返回一对象，该对象代表活动工作簿中的或者指定的窗口或工作簿中的活动工作表（最上面的工作表）。

这个属性是只读属性。如果没有活动的工作表，则返回Nothing。

案例9-1

下面的程序是引用活动工作表。

```
Public Sub 引用工作表 ()
    Dim wb As Workbook
    Dim ws As Worksheet
    Set wb = ThisWorkbook     ' 指定任意打开的工作簿
    MsgBox " 当前引用的工作簿是 " & wb.Name
    Set ws = wb.ActiveSheet
    MsgBox " 现在引用的是活动工作表 " & ws.Name & "，是第 " & ws.Index & " 个工作表 "
    Set ws = Nothing
    Set wb = Nothing
End Sub
```

9.1.3　引用新建的工作表

引用新建的工作表，首先是利用Add方法新建一个工作表，然后再引用该工作表的名称或者为该工作表重命名。

案例9-2

本例在指定工作簿的所有工作表的最后插入一个新工作表，并将该工作表重命名为newSheet。

```
Public Sub 引用新建工作表 ()
    Dim ws As Worksheet
    Dim wb As Workbook
    Set wb = Workbooks(" 案例 9-2.xlsm")                    ' 指定工作簿
```

```
    Set ws = wb.Worksheets.Add(after:=Sheets(Sheets.Count))    '新建一个工作表
    ws.Name = "newSheet"
    Set ws = Nothing
    Set wb = Nothing
End Sub
```

9.2 获取工作表的基本信息

获取工作表基本信息，是指获取工作表的名称、工作表是否存在、某个表是否为工作表等基本信息。利用工作表对象的有关属性，我们很容易获得这些基本信息。

9.2.1 统计工作表个数

使用Worksheets集合的Count属性，可以统计工作簿内普通工作表的个数；使用Sheets集合的Count属性，可以统计工作簿内所有类型工作表的个数。

案例9-3

下面的程序是使用Count属性来统计指定工作簿内工作表的个数。

```
Public Sub 统计工作表个数 ()
    Dim wb As Workbook
    Dim n As Integer, m As Integer
    Set wb = ThisWorkbook                '指定工作簿
    n = wb.Sheets.Count                  '所有工作表个数
    m = wb.Worksheets.Count              '普通工作表个数
    MsgBox " 本工作簿共有 " & n & " 个工作表，其中普通工作表有 " & m & " 个 "
    Set wb = Nothing
End Sub
```

9.2.2 获取工作表名称

利用Worksheet对象的Name属性，可以获取工作表的名称。在前面的有关案例中，就曾利用Name属性来显示工作表的名称。

获取工作簿内所有工作表的名称

要获取工作簿内所有工作表的名称，可以循环Worksheets集合，然后利用Name属性获取每个工作表的名称。

案例9-4

本例通过循环Worksheets集合，来获取指定工作簿中所有工作表的名称，并将各个工作表名称保存到工作表"目录"中。

```
Public Sub 获取所有工作表名称 ()
    Dim wb As Workbook
    Dim ws As Worksheet
    Dim i As Integer
    i = 2
    Set wb = ThisWorkbook          ' 指定工作簿
    For Each ws In wb.Worksheets
        wb.Worksheets(" 目录 ").Range("A" & i) = ws.Name
        i = i + 1
    Next
    Set ws = Nothing
    Set wb = Nothing
End Sub
```

本例是循环Worksheets集合，因此得到的是普通工作表的名称。如果要获取所有工作表（不论是普通工作表还是图表工作表）的名称，需要使用Sheets集合。

案例9-5

本例通过循环Sheets集合，来获取指定工作簿中所有工作表的名称，并保存到工作表单元格中。

```
Public Sub 获取所有工作表名称 ()
    Dim wb As Workbook
    Dim ws As Object
```

```
    Dim i As Integer
    i = 2
    Set wb = ThisWorkbook        ' 指定工作簿
    For Each ws In wb.Sheets
        wb.Worksheets(" 目录 ").Range("A" & i) = ws.Name
        i = i + 1
    Next
    Set ws = Nothing
    Set wb = Nothing
End Sub
```

9.2.4　判断某个表是否为普通工作表

判断某个工作表类型的方法是使用 Type 属性。如果 Type 的值为 xlWorksheet，就表示为普通的工作表。

⊘ 案例9-6

下面的程序是获取当前工作簿内的所有普通工作表名称，并保存到工作表的单元格，图表工作表和宏表工作表不算在内。

```
Public Sub 获取所有普通工作表名称 ()
    Dim wb As Workbook
    Dim ws As Object
    Dim i As Integer
    i = 2
    Set wb = ThisWorkbook        ' 指定工作簿
    For Each ws In wb.Sheets
        If ws.Type = xlWorksheet Then
            wb.Worksheets(" 目录 ").Range("A" & i) = ws.Name
            i = i + 1
        End If
    Next
    Set ws = Nothing
    Set wb = Nothing
End Sub
```

> **说明**
>
> Type属性可以是下面的5种常量，分别代表不同类型的工作表。
> - xlChart：图表工作表。
> - xlDialogSheet：对话框工作表。
> - xlExcel4IntlMacroSheetExcel：版本 4 国际宏工作表。
> - xlExcel4MacroSheetExcel：版本 4 宏工作表。
> - xlWorksheet：普通工作表。

9.2.5 判断指定名称的工作表是否存在

与上一章介绍的判断工作簿是否打开的方法一样，判断某工作簿中是否存在指定名称的工作表(这里是指普通的工作表)，同样也有两种基本方法：循环Worksheets集合的方法和创建工作表变量的方法。

1. 循环 Worksheets 集合的方法

通过对Worksheets集合进行循环来查找是否有指定名称的工作表是判断工作表是否存在的基本方法。

案例9-7

下面的自定义函数能通过循环Worksheets集合的方法判断指定名称的工作表是否存在。

```
Public Function WorksheetExists(myName As String) As Boolean
    Dim ws As Worksheet
    WorksheetExists = False
    For Each ws In Worksheets
        If LCase(ws.Name) = LCase(myName) Then
            WorksheetExists = True
            Exit For
        End If
    Next
    Set ws = Nothing
End Function
```

自定义函数WorksheetExists有一个参数myName，指定工作表的名称。函数的返回值为Boolean

常量，当返回值为True时，表示工作表存在；当返回值为False时，表示工作表不存在。

2. 创建工作表变量的方法

这种方法的基本思想就是对工作表集合指定成员名称来获取对象，如果该成员不存在，对象变量就会返回Nothing。这样，就可以根据对象变量是否返回Nothing这一点来判断工作表是否存在。

案例9-8

下面的自定义函数能通过创建工作表变量的方法判断指定名称的工作表是否存在。

```
Public Function WorksheetExists(myName As String) As Boolean
    Dim ws As Worksheet
    On Error Resume Next
    Set ws = Worksheets(myName)
    On Error GoTo 0
    If ws Is Nothing Then
        WorksheetExists = False
    Else
        WorksheetExists = True
    End If
    Set ws = Nothing
End Function
```

9.3 操作工作表

在实际工作中，我们会隐藏、显示、新建、复制、移动、删除和保护工作表，以及选择、激活工作表等基本操作。下面我们学习操作工作表的几个基本方法和技巧。

9.3.1 隐藏工作表

将Worksheet对象的Visible属性设置为xlSheetHidden或者False就可以隐藏指定的工作

表。这种隐藏可以通过执行"取消隐藏"命令，将隐藏的工作表显示出来。

如果将Visible属性设置为xlSheetVeryHidden，同样也可以隐藏指定的工作表，但这种隐藏不能通过执行"取消隐藏"命令显示被隐藏的工作表。

案例9-9

下面的程序就是隐藏指定的工作表。

```
Public Sub 隐藏工作表 ()
    Dim wb As Workbook
    Set wb = ThisWorkbook                                    ' 指定工作簿
    wb.Worksheets("Sheet2").Visible = xlSheetHidden          'Sheet2 普通隐藏
    wb.Worksheets("Sheet3").Visible = xlSheetVeryHidden      'Sheet3 特殊隐藏
    MsgBox " 指定的工作表被隐藏！"
    Set wb = Nothing
End Sub
```

运行程序后，可以试着执行"取消隐藏"命令，看看哪个工作表可以取消隐藏，而哪个工作表不能。

9.3.2 显示被隐藏的工作表

要显示被隐藏的工作表，只需将Worksheet对象的Visible属性设置为xlSheetVisible或者True，而不论工作表的隐藏方式是何种。

案例9-10

本例将案例9-9隐藏的工作表Sheet2和Sheet3显示出来。

```
Public Sub 显示工作表 ()
    Dim wb As Workbook
    Set wb = ThisWorkbook                          ' 指定工作簿
    wb.Worksheets("Sheet2").Visible = True         'Sheet2 显示出来
    wb.Worksheets("Sheet3").Visible = True         'Sheet3 显示出来
    MsgBox " 指定的工作表被显示！"
    Set wb = Nothing
```

End Sub

9.3.3 重命名工作表

重命名工作表要使用Worksheet对象的Name属性，即将Name属性设置为新名称就可以了。但是，如果工作簿中已经存在了一个相同名称的工作表，在重命名时就会出现错误，因此要特别注意这一点。

⚙️ 案例9-11

下面的程序是重命名指定的工作表。注意是否在程序中设置了存在相同名称的工作表判断语句块。

```vba
Public Sub 重命名工作表()
    Dim wb As Workbook
    Dim ws As Worksheet
    Dim myName As String
    Set wb = ThisWorkbook                        '指定工作簿
    myName = "hhhh"                              '指定工作表新名称
    For Each ws In wb.Worksheets
        If LCase(ws.Name) = LCase(myName) Then
            MsgBox "工作簿存在相同名称的工作表！请重新设置新名字!", vbCritical
            Exit Sub
        End If
    Next
    Set ws = wb.Worksheets("Sheet1")             '指定要重命名的工作表
    ws.Name = myName                             '重命名工作表
    MsgBox "指定工作表被重命名为：" & myName
    Set ws = Nothing
    Set wb = Nothing
End Sub
```

9.3.4 新建工作表并重命名

在工作簿中新建一个工作表，要使用Worksheets集合或者Sheets集合的Add方法。该方法有以下4个可选参数。

- Before：Variant类型，可选参数，指定一个工作表对象，新建工作表将置于此工作表之前。
- After：Variant类型，可选参数，指定一个工作表对象，新建工作表将置于此工作表之后。
- Count：Variant类型，可选参数，要新建的工作表的数目，默认值为1。
- Type：Variant类型，可选参数，指定工作表类型。可为以下XlSheetType常量之一，默认值为xlWorkshect。
    - xlWorksheet：普通工作表。
    - xlChart：图表工作表。
    - xlExcel4MacroSheet：宏工作表。
    - xlExcel4IntlMacroSheet：宏工作表。

案例9-12

下面的程序就是在指定工作簿所有表的最后插入一个新工作表，并将该工作表重命名为newSheet。

```
Public Sub 新建工作表 ()
    Dim wb As Workbook
    Dim ws As Worksheet
    Dim myName As String
    Set wb = ThisWorkbook        '指定工作簿
    myName = "newSheet"          '指定工作表新名称
    For Each ws In wb.Worksheets
        If LCase(ws.Name) = LCase(myName) Then
            MsgBox " 工作簿存在相同名称的工作表！请重新设置新名字!", vbCritical
            Exit Sub
        End If
    Next
    Set ws = wb.Worksheets.Add(after:= WorkSheets(Sheets.Count))          '新建工作表
    ws.Name = myName
    MsgBox " 新工作表创建成功!", vbInformation
    Set ws = Nothing
    Set wb = Nothing
End Sub
```

案例9-13

我们还可以一次创建多个工作表,并分别重命名。下面的程序就是在当前工作簿的最后添加 3 个工作表,并分别重命名为 hh1、hh2 和 hh3。

```
Public Sub 新建多个工作表 ()
    Dim myArray
    Dim i As Integer
    Dim ws As Worksheet
    myArray = Array("hh1", "hh2", "hh3")
    ' 添加 3 个工作表,并重命名
    For i = LBound(myArray) To UBound(myArray)
        Set ws = Worksheets.Add(after:=Worksheets(Worksheets.Count))
        ws.Name = myArray(i)
    Next i
End Sub
```

9.3.5 在本工作簿内复制工作表

利用 Worksheet 对象的 Copy 方法可以复制工作表。Copy 方法有 2 个可选参数:Before 和 After,分别指定要复制到的位置。

案例9-14

下面的程序是将指定工作表复制到该工作表所在的工作簿内,并将复制的新工作表重命名。

```
Public Sub 复制工作表 ()
    Dim ws As Worksheet
    Set ws = Worksheets(2)              ' 指定要复制的工作表
    With Worksheets
        ws.Copy After:=.Item(.Count)    ' 复制到最后面
        ActiveSheet.Name = "hh1"        ' 重命名工作表
        ws.Copy Before:=.Item(1)        ' 复制到最前面
        ActiveSheet.Name = "hh2"        ' 重命名工作表
```

```
        End With
            Set ws = Nothing
    End Sub
```

9.3.6 将本工作簿内的某工作表复制到一个新工作簿

在Copy方法中，如果既没有指定Before参数，也未指定After参数，则Microsoft Excel将新建一个工作簿，其中将包含复制的工作表，并且该工作表的名称就是要复制工作表的名称。这种方法也使得我们可以将工作簿的某个工作表另存为一个新工作簿。

案例9--15

下面的程序是把当前工作簿中的工作表Sheet2复制到新工作簿，并把新工作簿另存为该工作表名称，然后关闭这个新工作簿。

```
Public Sub 复制到新工作簿 ()
    Dim ws As Worksheet
    Dim wb As Workbook
    Set ws = Worksheets("Sheet2")        '指定要复制的工作表
    ws.Copy                              '复制到一个新工作簿
    Set wb = ActiveWorkbook
    wb.SaveAs Filename:=ThisWorkbook.Path & "\" & ws.Name & ".xlsx"
    wb.Close
    Set ws = Nothing
    Set wb = Nothing
End Sub
```

9.3.7 将本工作簿内的某工作表复制到另外一个打开的工作簿

在Copy方法中，通过指定Before参数或After参数来确定复制的目标工作簿的位置，就可以将本工作簿内的某工作表复制到另外一个打开的工作簿。

案例9-16

下面的程序就是将本工作簿内的指定工作表复制到另外一个工作簿的最后。为了能够看到实际效果，这里创建了一个新工作簿。

```
Public Sub 复制到另外一个工作簿 ()
    Dim wb1 As Workbook
    Dim wb2 As Workbook
    Dim ws As Worksheet
    Set wb1 = ThisWorkbook                          ' 指定源工作簿
    Set wb2 = Workbooks.Add                         ' 指定目标工作簿
    Set ws = wb1.Worksheets("Sheet2")               ' 指定要复制的工作表
    ws.Copy After:=wb2.Worksheets("Sheet1")         ' 复制到一个新工作簿
    Set ws = Nothing
    Set wb1 = Nothing
    Set wb2 = Nothing
End Sub
```

9.3.8　在本工作簿内移动工作表

利用 Worksheet 对象的 Move 方法可以移动工作表，也就是改变工作表在工作簿中的位置。Move 方法有 2 个可选参数：Before 和 After，分别指定要移动到的位置。

案例9-17

下面的例子是在移动指定的工作表时，After 和 Before 两个参数的不同效果。

```
Public Sub 移动工作表 ()
    Dim ws As Worksheet
    Set ws = Worksheets(2)                  ' 指定要移动的工作表
    With Worksheets
        ws.Move After:=.Item(.Count)        ' 移动到最后面
        ws.Move Before:=.Item(1)            ' 移动到最前面
    End With
    Set ws = Nothing
End Sub
```

9.3.9 将本工作簿的某工作表移动到一个新工作簿

在Move方法中,如果既未指定Before参数也未指定After参数,则Microsoft Excel将新建一个工作簿,其中包含要移动的工作表,并且该工作表的名称就是要复制工作表的名称。这与前面介绍的复制工作表一样,有所不同的是,移动工作表后,源工作簿中就不存在这个工作表了。

案例9-18

下面的例子是将指定的工作表移到新工作簿中。

```
Public Sub 移动到新工作簿 ()
    Dim ws As Worksheet
    Set ws = Worksheets(2)          ' 指定要移动的工作表
    ws.Move                         ' 移动到一个新工作簿
    Set ws = Nothing
End Sub
```

9.3.10 将本工作簿的某工作表移动到另外一个打开的工作簿

在Move方法中,通过指定Before参数或After参数,来确定移动的目标工作簿的位置,就可以将本工作簿内的某工作表移动到另外一个打开的工作簿。

案例9-19

下面的程序就是将本工作簿内的指定工作表移动到另外一个工作簿的最后。为了能够看到实际效果,这里创建了一个新工作簿。

```
Public Sub 移动到另一个工作簿 ()
    Dim wb1 As Workbook
    Dim wb2 As Workbook
    Dim ws As Worksheet
    Set wb1 = ThisWorkbook          ' 指定源工作簿
    Set wb2 = Workbooks.Add         ' 指定目标工作簿
    Set ws = wb1.Worksheets(2)      ' 指定要复制的工作表
    ws.Move After:=wb2.Worksheets(1)    ' 复制到一个新工作簿
```

```
    Set ws = Nothing
    Set wb1 = Nothing
    Set wb2 = Nothing
End Sub
```

9.3.11 删除工作表

利用 Worksheet 对象的 Delete 方法可以删除工作表。在删除工作表时会弹出提示信息,因此可以将 Application.DisplayAlerts 设置为 False 来抑制信息框的显示。但需要注意的是,当工作簿中只有一张工作表时是不能删除的。

案例9-20

下面的程序是删除当前工作簿内指定的工作表。

```
Public Sub 删除工作表 ()
    On Error Resume Next
    Dim ws As Worksheet
    Set ws = Worksheets(2)    ' 指定要删除的工作表
    If Worksheets.Count > 1 Then
        Application.DisplayAlerts = False
        ws.Delete
        MsgBox " 指定的工作表被删除!", vbInformation
        Application.DisplayAlerts = True
    Else
        MsgBox " 这是最后一张工作表, 无法删除!"
    End If
    Set ws = Nothing
End Sub
```

9.3.12 保护工作表

利用 Worksheet 对象的 Protect 方法可以保护工作表。Protect 方法有很多参数,具体含义可参阅 VBA 帮助。

案例9-21

本例给出了在保护工作表时常用的方法和技巧。

```
Public Sub 保护工作表 ()
    Dim ws As Worksheet
    Set ws = Worksheets(2)              '指定要保护的工作表
    ws.Protect                          '空密码保护
    '或者使用下面的语句
    ws.Protect Password:="12345"        '以密码保护
    Set ws = Nothing
End Sub
```

9.3.13 撤销对工作表的保护

利用Worksheet对象的Unprotect方法可以取消对工作表的保护。如果在保护工作表时，没有设置密码，直接使用Unprotect方法即可；如果在保护工作表时设置了密码，则在撤销保护工作表时需要指定保护密码。

案例9-22

本例演示了撤销对工作表的保护的几种方法。

```
Public Sub 撤销保护 ()
    Dim ws As Worksheet
    Set ws = Worksheets(2)              '指定要撤销保护的工作表
    ws.Unprotect                        '没有密码保护时使用此语句
    ws.Unprotect Password:="12345"      '有密码保护时使用此语句
    Set ws = Nothing
End Sub
```

 说明

如果工作表没有被保护，那么使用Unprotect方法一般不会引起错误。

9.3.14 选择工作表

利用Worksheet对象的Select方法可以选择工作表,下面的语句就是选择当前工作簿的第2个工作表。

```
Worksheets(2).Select
```

如果要选择多个工作表,可以使用Array函数。例如,下面的语句就是选择工作表Sheet1、Sheet1和Sheet3。

```
Worksheets(Array("Sheet1", "Sheet2", "Sheet3")).Select
```

9.4 利用工作表的事件操作工作表

利用工作表的事件,我们可以对工作簿中指定的工作表实施不同的操作,从而使得工作表的管理更加灵活和高效率。下面我们学习利用工作表的事件操作工作表的基本方法和技巧。

9.4.1 工作表的事件

当工作表执行被激活、单元格被选择、用户更改工作表上的单元格等操作时,就会触发工作表的有关事件。Worksheet对象的事件有:Activate、Deactivate、BeforeDoubleClick、BeforeRightClick、Calculate、Change、FollowHyperlink、PivotTableUpdate、SelectionChange。

在第5章中介绍了如何为指定工作表创建事件,下面介绍几个常用的工作表事件及其应用。

9.4.2 在工作表的单元格数据发生变化时就运行程序

要想在工作表的单元格数据发生变化时就运行程序,可以使用Worksheet对象的Change事件。

案例9-23

本例在工作表Sheet1的A列输入收入、在B列输入支出后,将自动在C列计算出余额。

```
Private Sub Worksheet_Change(ByVal Target As Range)
```

```
    Dim R As Long
    R = Target.Row
    If R = 2 Then
        Cells(R, 3) = Cells(R, 1) − Cells(R, 2)
    ElseIf R > 2 Then
        Cells(R, 3) = Cells(R − 1, 3) + Cells(R, 1) − Cells(R, 2)
    End If
End Sub
```

在Change事件中，参数Target指定工作表的单元格。

9.4.3　在选择工作表单元格区域发生变化时就运行程序

Worksheet对象的SelectionChange事件发生在选取单元格区域发生变化的时候。

案例9-24

下面的程序能在选取工作表Sheet1的某个单元格时，该单元格所在的行和列的颜色都被填充为黄色，而该单元格的颜色被填充为红色，这样大大方便了用户定位单元格。

```
Private Sub Worksheet_SelectionChange(ByVal Target As Range)
    Cells.Interior.Color = xlNone
    Rows(Target.Row).Interior.Color = vbYellow
    Columns(Target.Column).Interior.Color = vbYellow
    Cells(Target.Row, Target.Column).Interior.Color = vbRed
End Sub
```

在SelectionChange事件中，参数Target指定工作表的单元格。

9.5　综合应用：将工作簿内的工作表另存为新工作簿

在实际工作中，如要求将本工作簿内的每个工作表另存为新工作簿，该怎么做？下面的代码就是自动完成这样的工作。

案例9-25

下面的例子是循环当前工作簿内的每个工作表，并将工作表另存为新工作簿，新工作簿的名称就是每个工作表的名称，新工作簿保存到当前文件里的一个子文件夹"部门"。

```vba
Public Sub 另存工作表为工作簿 ()
    Dim i As Integer
    Dim wb As Workbook
    Dim ws As Worksheet
    Set wb = ThisWorkbook        ' 指定工作簿
    For i = 2 To wb.Worksheets.Count
        Set ws = Worksheets(i)     ' 指定要另存的工作表
        ws.Copy                        ' 复制到一个新工作簿
        Set wb = ActiveWorkbook
        wb.SaveAs Filename:=ThisWorkbook.Path & "\ 部门 \" & ws.Name & ".xlsx"
        wb.Close
    Next i
    MsgBox " 另存完毕。请打开文件夹 < 部门 >，查看结果 ", vbInformation
    Set ws = Nothing
    Set wb = Nothing
End Sub
```

10

操作Range对象

Worksheet对象的下一级对象是Range对象。Range对象可以是某个单元格、某一行、某一列或者多个相邻或不相邻单元格区域的对象。

Range对象是Excel应用程序中使用最多的对象。在操作Excel任何单元格之前，都要和将其表示为一个Range对象，然后使用该Range对象的属性和方法。

不论是引用一个单元格、一行、一列还是一个单元格区域，我们都可以使用Range对象的相关属性来引用这些属性包括：Range属性、Cells属性、Rows属性、Columns属性、UsedRange属性、Offset属性、Resize属性等。

10.1 引用单元格和单元格区域

10.1.1 引用某个固定单元格

引用某个固定单元格非常简单,使用Range属性或者Cells属性即可实现。

1. 使用 Range 属性

引用单元格最常用的方式是利用Range属性,即采用Range("A1") 的方式,这也是宏录制器的工作方式。其语法如下:

Range(单元格地址字符串)

这种引用单元格的方式是最为直观的一种单元格引用方式,也是我们常规操作Excel输入公式时的单元格引用方式,先写列标再写行号。但要注意,单元格地址必须用双引号括起来,放到Range后的括号内。

例如,下面的语句就是引用当前活动工作表的单元格B2。

Range("B2")

如要把单元格数值赋予变量x,语句如下。

x = Range("B2")

2. 使用 Cells 属性

我们也可以使用Cells属性来引用单元格,其语法如下。

Cells(i,j)

Cells(i,j)就表示第i行第j列处的单元格。例如,当i=5,j=12时,Cells(5,12)就表示单元格L5。利用Cells属性引用单元格,可以指定任意的行号和列标,便于我们循环单元格进行计算。下面的语句就是指定循环次数,对每个单元格输入随机数。

```
For i = 1 To 10
    For j = 1 To 5
        Cells(i, j) = Rnd
    Next j
Next i
```

3. 利用 ActiveCell 属性

利用ActiveCell属性，可以引用正在使用的活动单元格。

**案例10-1**

下面的程序就是显示活动单元格的地址。

```
Public Sub 活动单元格 ()
    Dim Rng As Range
    Set Rng = ActiveCell
    MsgBox " 活动单元格地址为：" & ActiveCell.Address(0, 0)
    Set Rng = Nothing
End Sub
```

10.1.2 引用某个不确定的单元格

如果引用一个不确定的单元格，比如B列的某行单元格、第3行的某列单元格，最简单的方法同样是使用Range属性或者Cells属性。

1. 使用 Range 属性

在使用Range属性引用一个不确定单元格时，可以通过构建字符串的方式来引用。下面就是一个例子。

```
n = 10                '给定行号
Range("B" & n).Select
X= Range("B" & n)
```

这里的n是一个变量，可以根据实际情况确定或计算得出。当n=3时，就是引用B3单元格，以此类推。

这种通过构建字符串的Range属性引用方式，只能用在指定某列单元格的场合。如果列也不确定，就需要使用Cells属性了。

2. 使用 Cells 属性

前面说过，使用Cells属性引用单元格的方法是给定行号和列标。我们可以将行号和列标设置为变量，这样就能引用指定行/列的单元格，也就是引用位置不定的单元格，如下面的代码所示。

```
i = 10                    '给定行号
j = 5                     '给定列标
Cells(i, j).Select
X= Cells(i, j)
```

10.1.3 引用确定的连续单元格区域

所谓连续的单元格区域，就是一个矩形的单元格区域，例如 A2:A10，A2:D10。

引用连续的单元格区域有很多方法，可以使用 Range 属性、Cells 属性、UsedRange 属性等。

1. 使用 Range 属性

使用 Range 属性引用连续的单元格区域有以下两种基本方法。

方法一：将连续的单元格区域的左上角单元格和右下角单元格之间用冒号分隔，并都包括在括号内，即：

```
Range("A1:B5")
```

方法二：分别将连续的单元格区域的左上角单元格和右下角单元格用引号引用，它们之间用逗号分隔，并都包括在括号内，即：

```
Range("A1", "B5")
```

案例10-2

下面的程序是使用 Range 属性引用连续的单元格区域 A1:B5，并向这些单元格输入相同的数据 100。

```
Public Sub 引用连续单元格区域 ()
    Dim Rng As Range
    Set Rng = Range("A1:B5")
    Rng.Value = 100
    Set Rng = Nothing
End Sub
```

2. 联合使用 Range 属性和 Cells 属性

我们也可以联合使用 Range 属性和 Cells 属性来引用连续的单元格区域，即在 Range 属性中使用 Cells 属性作为参数。格式如下：

```
Range(Cells(1, 1), Cells(5, 3))          '引用单元格区域 A1:C5
```

使用Cells属性引用连续的单元格区域,可以方便我们对工作表数据区域行数和列数变化的情况进行处理。

3. 使用 UsedRange 属性

利用UsedRange属性,可以引用在工作表中已使用的单元格区域。

UsedRange属性返回代表指定工作表上已使用区域的Range对象,它是只读属性。

注意

UsedRange属性前面必须有其母对象(即工作表)。

案例10-3

下面的程序是显示当前活动工作表已使用的单元格区域地址,并把该区域填充为黄色。

```
Public Sub 引用使用单元格区域 ()
    Dim Rng As Range
    Set Rng = Worksheets(1).UsedRange
    MsgBox " 已使用的单元格地址为 : " & Rng.Address(0, 0)
    Rng.Interior.Color = vbYellow
    Set Rng = Nothing
End Sub
```

10.1.4 引用不确定的连续单元格区域

当要操作的单元格区域大小不固定时,就需要引用不确定的连续单元格区域了,此时要根据具体情况,来选用合适的方法。

1. 引用固定列不同行的区域

如果单元格区域的列是固定的,而行不固定,此时可以使用Range属性,也可以联合使用Range属性和Cells属性。

下面的语句就是单独使用Range属性引用A列至D列的区域,行数是一个变量,这个单元格区域就是A5:D10。

```
n = 5
m = 10
Range("A" & n & ":D" & m).Select
```

这种引用的技巧，就是构建单元格地址字符串，然后再使用Range属性进行引用。

下面的语句是联合使用Range属性和Cells属性来引用单元格区域A5:D10。

```
n = 5
m = 10
Range(Cells(n, 1), Cells(m, 4)).Select
```

案例10-4

下面是以上两种引用方法的完整程序，请打开文件进行练习。

```
Sub 引用固定列不同行的区域 ()
    Dim rng As Range
    Dim n As Integer
    Dim m As Integer
    n = 5
    m = 10
    Set rng = Range("A" & n & ":D" & m)
    rng.Select
    MsgBox " 你选择了单元格区域 " & rng.Address(0, 0)
    ' 或者使用下面的语句
    Set rng = Range(Cells(n, 1), Cells(m, 4))
    rng.Select
    MsgBox " 你选择了单元格区域 " & rng.Address(0, 0)
    Set rng = Nothing
End Sub
```

2. 引用行、列都不固定的区域

如果单元格区域的行、列都不固定，要引用这样的单元格区域，需要联合Range属性和Cells属性，其核心就是利用Cells参数设置可变性来完成的。

案例10-5

下面程序的运行结果是引用了单元格区域C5:G10。

```
Sub 引用行列都不固定区域 ()
    Dim rng As Range
```

```
    Dim r1 As Integer
    Dim r2 As Integer
    Dim c1 As Integer
    Dim c2 As Integer
    r1 = 5              ' 给定起始行
    r2 = 10             ' 给定截止行
    c1 = 3              ' 给定起始列
    c2 = 7              ' 给定截止列
    Set rng = Range(Cells(r1, c1), Cells(r2, c2))
    rng.Select
    MsgBox " 你选择了单元格区域 " & rng.Address(0, 0)
    Set rng = Nothing
End Sub
```

10.1.5 引用确定的不连续单元格区域

如果要引用确定的不连续单元格区域,最简单的方法是使用Range属性。其方法是: 在Range的括号内,用引号引起所有的单元格区域,各单元格区域之间用逗号分隔。

案例10-6

下面的程序是引用几个不连续的单元格区域A1:D8、A20:C25和F6:G10,并将这些单元格的填充颜色设置为黄色。

```
Public Sub 不连续单元格区域 ()
    Dim Rng As Range
    Set Rng = Range("A1:D8,A20:C25,F6:G10")
    Rng.Interior.Color = vbYellow
    Set Rng = Nothing
End Sub
```

10.1.6 引用不确定的不连续单元格区域

如果要引用不确定的不连续单元格区域,最好的方法是使用Range属性,其核心技巧仍是构建单元格地址字符串。

例如，要引用A列的第i行的单元格、B列的第j行至C列第k行的连续单元格区域，以及G列的第p行的单元格，则可以表示为：

Range("A" & i & ",B" & j & ":C" & k & ",G" & p)

案例10-7

下面的程序是引用A列的第5行的单元格、B列的第2行至C列第8行的连续单元格区域，以及G列的第3行的单元格，字体颜色设置为红色，并把单元格颜色填充为蓝色。

```
Public Sub 不连续单元格区域 ()
    Dim i As Integer, j As Integer, k As Integer, p As Integer
    Dim Rng As Range
    i = 5: j = 2: k = 8: p = 3
    Set Rng = Range("A" & i & ",B" & j & ":C" & k & ",G" & p)
    With Rng
        .Interior.Color = vbBlue
        .Font.Color = vbRed
    End With
    Set Rng = Nothing
End Sub
```

10.1.7 引用单列和多列

当引用某列或多列时，可以使用Range属性，也可以使用Columns属性。根据具体情况，选择一个合适的方法即可。

Columns属性的使用方法如下。

方法一：用列标字母表示。

Columns("A")	表示引用 A 列
Columns("D")	表示引用 D 列

方法二：用列序号表示。

Columns(1)	表示引用第 1 列，也就是 A 列
Columns(4)	表示引用第 4 列，也就是 D 列

1. 使用 Range 属性引用单列

使用Range属性引用单列的方式如下：

```
Range("B:B")        ' 引用 B 列
Range("G:G")        ' 引用 G 列
```

案例10-8

下面的程序是将B列和G列的颜色分别填充为红色和黄色。

```
Public Sub 引用单列 ()
    Dim Rng As Range
    Set Rng = Range("B:B")
    Rng.Interior.Color = vbRed
    Set Rng = Range("G:G")
    Rng.Interior.Color = vbYellow
    Set Rng = Nothing
End Sub
```

2. 使用 Range 属性引用连续的多列

使用Range属性引用连续的多列的方式如下：

```
Range("B:D")    ' 引用 B 列至 D 列
```

案例10-9

下面的程序是将B列至G列隐藏起来。

```
Public Sub 连续多列 ()
    Dim Rng As Range
    Set Rng = ActiveSheet.Range("B:D")
    Rng.EntireColumn.Hidden = True
    Set Rng = Nothing
End Sub
```

3. 使用 Range 属性引用不连续的多列

使用Range属性引用不连续的多列的方式如下：

```
Range("A:A,C:C,H:H")        ' 引用 A 列、C 列和 H 列
```

案例10-10

下面的程序是将A列、C列和H列的颜色填充为灰色。

```
Public Sub 不连续多列 ()
    Dim Rng As Range
    Set Rng = Range("A:A,C:C,H:H")
    Rng.Interior.ColorIndex = 15
    Set Rng = Nothing
End Sub
```

4. 利用 Columns 属性引用连续的整列

在引用整列时，还可以利用Columns属性，通过指定具体的列标或列标范围来引用。下面是几个常用的例子。

```
Columns("B")          '引用B列
Columns(2)            '引用 B 列
Columns("B:D")        '引用 B 列至 D 列的连续列
```

案例10-11

下面的程序是对工作表第1列至第10列每隔一列就将单元格颜色设置为灰色。

```
Public Sub Columns 属性 ()
    Dim i As Integer
    For i = 1 To 10 Step 2
        Columns(i).Interior.ColorIndex = 15
    Next i
End Sub
```

5. 利用 Columns 属性引用不连续的整列

如果要利用Columns属性引用不连续的整列时，就要联合使用Columns属性和Union方法了。Union方法返回两个或多个区域的合并区域，后文会介绍。

案例10-12

下面的程序是将工作表的第1列、第3列、第5~8列的单元格颜色设置为灰色。

```
Public Sub 不连续整列 ()
    Dim Rng As Range
    Set Rng = Union(Columns("A"), Columns("C"), Columns("E:H"))
    Rng.Interior.ColorIndex = 15
    Set Rng = Nothing
End Sub
```

10.1.8 引用单行和多行

当需要引用某行或多行时，可以使用Range属性，也可以使用Rows属性。

Rows属性的使用方法是根据指定的行号来引用该行。方法如下：

```
Rows(1)            表示引用第 1 行
Rows("1:1")  表示引用第 1 行
```

1. 利用 Range 属性引用单行

使用Range属性引用单行的方式如下：

```
Range("5:5")' 引用第 5 行
```

案例10-13

下面的程序是将第5行的颜色填充为灰色。

```
Public Sub 引用单行 ()
    Dim Rng As Range
    Set Rng = Range("5:5")
    Rng.Interior.ColorIndex = 15
    Set Rng = Nothing
End Sub
```

2. 使用 Range 属性引用连续的多行

使用Range属性引用连续的多行的方式如下：

```
Range("5:20")        ' 引用第 5 ~ 20 行的连续行
```

案例10-14

下面的程序是将第5 ~ 20行填充为紫色。

```
Public Sub 引用连续多行 ()
    Dim Rng As Range
    Set Rng = Range("5:20")
    Rng.Interior.ColorIndex = 39
    Set Rng = Nothing
End Sub
```

3. 使用 Range 属性引用不连续的多行

使用 Range 属性引用不连续的多行的方式如下：

```
Range("1:1,3:3,5:5")        '引用第 1 行、第 3 行和第 5 行
```

案例10-15

下面的程序是将第1行、第2行、第5~7行、第9行填充为灰色。

```
Public Sub 引用不连续多行 ()
    Dim Rng As Range
    Set Rng = Range("1:2,5:7,9:9")
    Rng.Interior.ColorIndex = 15
    Set Rng = Nothing
End Sub
```

4. 利用 Rows 属性引用连续的整行

在引用整行时，我们还可以利用 Rows 属性。下面是几个常用的语句。

```
Rows("1:1")           '引用第 1 行
Rows(1)               '引用第 1 行
Rows("1:4")           '引用第 1~4 行的连续行
```

案例10-16

下面的程序是将工作表第 2~20 行的单元格颜色设置为灰色。

```
Public Sub 连续整行 ()
    Dim Rng As Range
    Set Rng = Rows("2:20")
    Rng.Interior.ColorIndex = 15
```

```
    Set Rng = Nothing
End Sub
```

案例10-17

下面的程序是对工作表第1~100行每隔一行就将单元格颜色设置为灰色。

```
Public Sub 隔行填颜色 ()
    Dim i As Integer
    For i = 1 To 100 Step 2
        Rows(i).Interior.ColorIndex = 15
    Next i
End Sub
```

5. 利用 Rows 属性引用不连续的整行

如果要使用Rows属性引用不连续的整行，则需要联合使用Rows属性和Union方法。

案例10-18

下面的程序是将工作表的第1行、第3行、第5~8行的单元格颜色设置为灰色。

```
Public Sub 不连续整行 ()
    Dim Rng As Range
    Set Rng = Union(Rows(1), Rows(3), Rows("5:8"))
    Rng.Interior.ColorIndex = 15
    Set Rng = Nothing
End Sub
```

10.1.9 引用特殊单元格

在处理数据时，我们往往需要引用处理某些特殊的单元格，例如空单元格、有公式的单元格、有数据验证的单元格、有批注的单元格等，这些就是特殊单元格。

在Excel表格中，我们可以通过定位条件的方法来定位这些单元格，如图10-1所示。

图10-1　"定位条件"对话框

在VBA中，这个对话框就是SpecialCells方法，将该方法的Type参数设置为不同的参数，就会得到不同类型的单元格。

SpecialCells方法的语法格式如下：

Range 对象 .SpecialCells(Type, Value)

其中参数介绍如下。

(1) 参数Type：XlCellType类型，必需参数，指示单元格包含哪种格式类型，可为以下常量之一。

- xlCellTypeAllFormatConditions：任意格式单元格。
- xlCellTypeAllValidation：含有验证条件的单元格。
- xlCellTypeBlanks：空单元格。
- xlCellTypeComments：含有批注的单元格。
- xlCellTypeConstants：含有常量的单元格。
- xlCellTypeFormulas：含有公式的单元格。
- xlCellTypeLastCell：使用区域中最后的单元格。
- xlCellTypeSameFormatConditions：含有相同条件格式的单元格。
- xlCellTypeAllFormatConditions：含有全部条件格式的单元格。
- xlCellTypeSameValidation：含有相同验证条件的单元格。
- xlCellTypeVisible：所有可见单元格。

(2) 参数Value：Variant类型，可选参数。如果参数Type为xlCellTypeConstants或xlCellTypeFormulas，则此参数可用于确定结果中应包含哪几类单元格。将某几个值相加可使此方法返回多种类型的单元格。默认情况下，将选定所有常量或公式，对其类型不加区别。Value 可为以下常量之一。

- xlErrors：错误。
- xlLogical：逻辑。
- xlNumbers：数字。
- xlTextValues：值。

案例10-19

下面的程序是将当前活动工作表中所有输入有计算公式的单元格查找出来，并选择和显示这些单元格地址。

```
Public Sub 有公式的单元格 ()
    Dim ws As Worksheet
    Dim Rng As Range
    Set ws = ActiveSheet              ' 指定工作表
    Set Rng = ws.Cells.SpecialCells(xlCellTypeFormulas)
    Rng.Select
    MsgBox " 该工作表输入有公式的单元格的地址为 ：" & Rng.Address(0, 0)
    Set Rng = Nothing
End Sub
```

下面是几个常见的引用特殊单元格的语句，供设计代码时参考。其实，这些代码都可以通过录制宏得到。

1. 引用批注单元格

```
Set RngUsed = Worksheets(1).Range("A1:M100")          ' 指定单元格区域
Set Rng = RngUsed.SpecialCells(xlCellTypeComments)    ' 选择批注单元格
```

2. 引用常量单元格

```
Set RngUsed = Worksheets(1).Range("A1:M100")          ' 指定单元格区域
Set Rng = RngUsed.SpecialCells(xlCellTypeConstants)   ' 选择常量单元格
```

3. 引用公式单元格

```
Set RngUsed = Worksheets(1).Range("A1:M100")          ' 指定单元格区域
Set Rng = RngUsed.SpecialCells(xlCellTypeFormulas)    ' 选择公式单元格
```

4. 引用错误公式单元格

Set RngUsed = Worksheets(1).Range("A1:M100")	' 指定单元格区域
Set Rng = RngUsed.SpecialCells(xlCellTypeFormulas, xlErrors)	' 选择错误公式单元格

5. 引用空值单元格

Set RngUsed = Worksheets(1).Range("A1:M100")	' 指定单元格区域
Set Rng = RngUsed.SpecialCells(xlCellTypeBlanks)	' 选择空值单元格

6. 引用数据验证单元格

Set RngUsed = Worksheets(1).Range("A1:M100")	' 指定单元格区域
Set Rng = RngUsed.SpecialCells(xlCellTypeAllValidation)	' 选择数据验证单元格

7. 引用相同条件格式单元格

Set RngUsed = Worksheets(1).Range("A1:M100")	' 指定单元格区域
Set Rng = RngUsed.SpecialCells(xlCellTypeSameFormatConditions)	' 选择相同条件格式单元格

8. 引用可见单元格

Set RngUsed = Worksheets(1).Range("A1:M100")	' 指定单元格区域
Set Rng = RngUsed.SpecialCells(xlCellTypeVisible)	' 选择可见证单元格

10.1.10　动态引用变化后的新区域

如果要动态引用工作表的单元格, 也就是说, 根据计算的结果, 得到一个新区域, 可以使用Offset属性或Resize属性。

1. 利用 Offset 属性动态引用某个单元格

利用Offset属性, 可以从初始值所设定的单元格来相对移动任意的行或列, 从而获得新的单元格。Offset属性的语法格式如下:

Range 对象 .Offset(RowOffset, ColumnOffset)

其中, RowOffset 为 Variant 类型的可选参数, 指定区域偏移的行数(正值、负值或零)。正值表示向下偏移, 负值表示向上偏移, 默认值为零。

ColumnOffset 为 Variant 类型的可选参数, 指定区域偏移的列数(正值、负值或零)。正值表示向右偏移, 负值表示向左偏移, 默认值为零。

当Offset属性所属Range对象是某个单元格时，利用Offset属性会得到一个新的单元格。

案例10-20

下面的程序是从目前的单元格A5开始，向右移动6列向下移动4行，也就是单元格E11，并选择和显示新的单元格地址。

```
Public Sub 利用 Offset 属性动态引用某个单元格 ()
    Dim Rng1 As Range, Rng2 As Range
    Set Rng1 = Range("A5")              '指定目前的单元格
    Set Rng2 = Rng1.Offset(6, 4)        '引用新单元格
    Rng2.Select
    MsgBox " 新的单元格地址为：" & Rng2.Address(0, 0)
    Set Rng1 = Nothing
    Set Rng2 = Nothing
End Sub
```

2. 利用 Offset 属性动态引用连续的单元格区域

利用Offset属性，我们还可以动态引用连续的单元格区域。当Offset属性所属Range对象是连续的单元格区域时，利用Offset属性会得到一个新的连续的单元格区域。

案例10-21

下面的程序是从目前的单元格A2:B4开始，向右移动3列、向下移动5行，即单元格区域D7:E9，并选择和显示新的单元格区域地址。

```
Public Sub 利用 Offset 属性动态引用连续单元格区域 ()
    Dim Rng1 As Range, Rng2 As Range
    Set Rng1 = Range("A2:B4")          '指定目前的单元格区域
    Set Rng2 = Rng1.Offset(5, 3)       '得到新的单元格区域
    Rng2.Select
    MsgBox " 新的单元格地址为：" & Rng2.Address(0, 0)
    Set Rng1 = Nothing
    Set Rng2 = Nothing
End Sub
```

3. 利用 Resize 属性引用变化后的单元格区域

利用Resize属性,可以将单元格范围改变为指定的大小,并引用变更后的单元格区域。Resize属性的语法格式如下:

Range 对象 .Resize(RowSize, ColumnSize)

其中,RowSize 为 Variant 类型的可选参数,指定新区域中的行数。如果省略该参数,则该区域中的行数保持不变。

ColumnSize 为 Variant 类型的可选参数,指定新区域中的列数。如果省略该参数,则该区域中的列数保持不变。

案例10-22

在下面的程序中,以单元格区域A2:D4的左上角单元格A2为基准,将单元格区域变更为有6行和6列的单元格区域,即新单元格区域为A2:F7。

```
Public Sub 利用 Resize 属性引用变化后单元格区域 ()
    Dim Rng1 As Range, Rng2 As Range
    Set Rng1 = Range("A2:D4") ' 指定目前的单元格区域
    Set Rng2 = Rng1.Resize(6, 6)          ' 获取新的单元格区域
    Rng2.Select
    MsgBox " 新的单元格区域地址为 : " & Rng2.Address(0, 0)
    Set Rng1 = Nothing
    Set Rng2 = Nothing
End Sub
```

注意

使用Resize属性更改区域范围时,行参数和列参数是新区域的总行数和总列数。

10.1.11 通过定义的名称引用单元格区域

通过定义的名称引用单元格区域时,直接在Range的括号内写上名称即可(名称需要用双引号引起来,不能直接写名称文字)。

如要引用一个名为myName的单元格区域,则格式如下。

Range("myName")

如果要引用多个名称代表的区域,则需要用逗号分隔这些名称。

Range(" 名称 1, 名称 2, 名称 3, 名称 4")

案例10-23

下面的程序是引用名称为myName的单元格区域(假设我们已经将单元格区域A1:A10定义为名称myName),并输入100。

```
Public Sub 利用名称 ()
    Dim Rng As Range
    Set Rng = Range("myName")
    Rng.Value = 100
    Set Rng = Nothing
End Sub
```

案例10-24

下面的程序是引用名称Name1所代表的区域A1:A10和Name2所代表的区域C1:C10,并在这两个区域的单元格内输入100。

```
Public Sub 多个名称 ()
    Dim Rng As Range
    Set Rng = Range("Name1,Name2")
    Rng.Value = 100
    Set Rng = Nothing
End Sub
```

10.1.12 引用工作表的全部单元格

在Cells属性后不加任何参数,就是引用工作表的全部单元格。

案例10-25

下面的案例是选择当前活动工作表的全部单元格。

```
Public Sub 工作表全部单元格 ()
    Dim ws As Worksheet
```

```
    Dim Rng As Range
    Set ws = ActiveSheet          ' 指定工作表
    Set Rng = ws.Cells            ' 引用工作表的所有单元格
    Rng.Select
    Set Rng = Nothing
End Sub
```

10.1.13 引用已使用的单元格区域

利用 UsedRange 属性，可以取得在工作表中已使用的单元格区域。

案例10-26

下面的程序是在当前活动工作表中，选择已使用的单元格区域，并设置颜色。

```
Public Sub 已使用单元格区域 ()
    Dim Rng As Range
    Set Rng = ActiveSheet.UsedRange
    Rng.Interior.Color = vbYellow
    MsgBox " 已使用的单元格地址为：" & Rng.Address(0, 0)
    Set Rng = Nothing
End Sub
```

10.1.14 其他引用单元格的方法

1. 利用 Union 方法引用多个非连续单元格区域

我们还可以利用 Union 方法引用多个非连续单元格区域。Union 方法是 Application 对象的一个方法，其功能就是将多个 Range 对象连接起来，组合为一个新的 Range 对象。语法格式如下：

Application.Union(Arg1, Arg2, ...)

这里 Arg1, Arg2, ... 为 Range 类型的必需参数。注意，至少要指定两个 Range 对象。在实际使用中，我们可以忽略 Application 对象而直接使用 Union 方法。

案例10-27

下面的程序是选择3个不连续的单元格区域 A1:B10、D1:E10 和 G1:G10。

```
Public Sub 利用 Union 方法 ()
    Dim Rng1 As Range, Rng2 As Range, Rng3 As Range
    Dim TempRng As Range
    Set Rng1 = Range("A1:B10")
    Set Rng2 = Range("D1:E10")
    Set Rng3 = Range("G1:G10")
    Set TempRng = Union(Rng1, Rng2, Rng3)
    TempRng.Select
End Sub
```

2. 引用多个单元格区域的交叉区域

使用Intersect方法可以返回多个区域的交叉区域。Intersect方法也是Application对象的一个方法，其功能就是获取两个或多个范围重叠的矩形单元格区域。语法格式如下：

Application.Intersect(Arg1, Arg2, ...)

这里Arg1, Arg2, ... 为Range类型的必需参数。要注意至少指定两个Range对象。在实际使用中，我们可以忽略Application对象而直接使用Intersect方法。

案例10-28

下面的程序是选择工作表中的3个单元格区域A2:D10、B5:E15和C3:F80互相交叉的单元格区域。如果多个单元格区域之间没有交叉区域，程序将会返回一条提示信息。

```
Public Sub 交叉区域 ()
    Dim Rng1 As Range, Rng2 As Range, Rng3 As Range
    Dim IntersectRng As Range
    Set Rng1 = Range("A2:D10")
    Set Rng2 = Range("B5:E15")
    Set Rng3 = Range("C3:F8")
    Set IntersectRng = Intersect(Rng1, Rng2, Rng3)
    If IntersectRng Is Nothing Then
        MsgBox " 指定的单元格区域没有交叉区域!"
    Else
        IntersectRng.Select
    End If
End Sub
```

10.2 获取单元格和单元格区域信息

工作表单元格的各种信息，比如输入的数据、公式、格式、边框、行高、列宽、有效性、名称、字体、颜色等，有些是 Excel 默认的，有些是用户自己重新设置的。我们可以通过 Range 对象的有关属性和方法，来获取单元格的各种基本信息，从而为进一步操作单元格提供基础和参考。本节我们将学习一些获取单元格基本信息的方法和技巧。

10.2.1 获取单元格或单元格区域的地址

获取单元格或单元格区域的地址可以利用Address属性，该属性有5个参数，分别指定引用方式(绝对引用或相对引用，A1样式或R1C1样式)，从而使得单元格地址有8种表达类型。Address属性的详细参数说明，可以参阅帮助信息。

案例10-29

下面的案例是通过利用Address属性获取不同样式的单元格地址。

```
Public Sub 单元格地址 ()
    Dim Rng As Range
    Set Rng = ActiveSheet.UsedRange          ' 指定任意的单元格区域
    MsgBox " 已使用的单元格地址为：" & vbCrLf _
        & " 绝对地址：" & Rng.Address & vbCrLf _
        & " 相对地址：" & Rng.Address(False, False) & vbCrLf _
        & " 半绝对地址：" & Rng.Address(True, False) & vbCrLf _
        & " 半绝对地址：" & Rng.Address(False, True) & vbCrLf _
        & "R1C1 方式：" & Rng.Address(False, False, xlR1C1)
    Set Rng = Nothing
End Sub
```

说明

False可以用0代替，True可以用1代替。

10.2.2　获取单元格的行号

获取单元格的行号，可以使用Row属性。下面的语句就是获取单元格A9的行号。

x = Range("A9").Row

10.2.3　获取单元格的列标

获取单元格的列号，可以使用Column属性。下面的语句就是获取单元格M2的列标。

x = Range("M2").Column

10.2.4　获取单元格的列标字母

由于没有直接的函数或属性来获取列标字母，因此可以先使用Address获取单元格地址，再利用有关的字符串函数进行处理，从而提取出列标字母。

✷案例10-30

下面的案例是利用Address属性和有关的字符串处理函数指定单元格的列标字母。

```
Public Sub 列标字母 ()
    Dim ColName As String
    Dim Rng As Range
    Set Rng = Range("D6")        ' 指定任意的单元格
    ColName = Left(Rng.Range("A1").Address(True, False), _
        InStr(1, Rng.Range("A1").Address(True, False), "$", 1) – 1)
    MsgBox " 指定单元格 " & Rng.Address(False, False) & " 的列标字母为 " & ColName
    Set Rng = Nothing
End Sub
```

10.2.5　获取单元格区域起始行号和终止行号

联合利用Cells 属性和Row属性，可以获取指定单元格区域内的行号范围，即起始行号和终止行号。

案例10-31

下面的程序是获取指定单元格区域的最前一行和最后一行的行号。

```
Public Sub 起止行号 ()
    Dim RowBegin As Integer, RowEnd As Integer
    Dim Rng As Range
    Set Rng = ActiveSheet.Range("B3:M20")      '指定任意的单元格区域
    RowBegin = Rng.Cells(1).Row                '获取该单元格区域的起始行号
    RowEnd = Rng.Cells(Rng.Count).Row '获取该单元格区域的终止行号
    MsgBox " 指定单元格区域 : " & Rng.Address(0, 0) & vbCrLf _
        & " 起始行号 : " & RowBegin & vbCrLf & " 终止行号 : " & RowEnd
    Set Rng = Nothing
End Sub
```

> **说明**
>
> 在这个程序中, 我们使用了Cells属性获取指定单元格区域的最前一个单元格和最后一个单元格, 即当仅指定Cells属性的一个参数时, Cells属性就表示指定单元格区域的某个单元格。
>
> 例如, Rng.Cells(1) 表示单元格区域Rng的第1个单元格; Rng.Cells(10) 表示单元格区域Rng的第10个单元格; Rng.Cells(Rng.Count) 表示单元格区域Rng的最后1个单元格, 这里Rng.Count是计算单元格区域Rng中单元格的个数。

10.2.6 获取单元格区域起始列标和终止列标

联合利用Cells 属性和Column属性, 我们可以获取指定单元格区域内的列标范围, 即起始列标和终止列标。这种方法的原理, 与案例10-31是一样的。

案例10-32

下面的案例是获取指定单元格区域的起始列标和终止列标。

```
Public Sub 起止列标 ()
```

```
    Dim ColBegin As Integer, ColEnd As Integer
    Dim Rng As Range
    Set Rng = ActiveSheet.Range("B3:M20")          '指定任意的单元格区域
    ColBegin = Rng.Cells(1).Column                 '获取该单元格区域的起始列标
    ColEnd = Rng.Cells(Rng.Count).Column           '获取该单元格区域的终止列标
    MsgBox " 指定单元格区域：" & Rng.Address(0, 0) & vbCrLf _
        & " 起始列标：" & ColBegin & vbCrLf & " 终止列标：" & ColEnd
    Set Rng = Nothing
End Sub
```

10.2.7 利用 End 属性获取数据区域的最后一行行号

利用 End 属性，我们可以快速获取数据区域的最后一行行号。下面的语句就是获取 A 列中数据区域最后一行的行号。

```
FinalRow = Range("A1048576").End(xlUp).Row
```

10.2.8 利用 End 属性获取数据区域的最前一行行号

利用 End 属性，我们可以快速获取数据区域的最前一行行号。下面的语句是获取 A 列中数据区域最前一行的行号。

```
FirstRow = Range("A1").End(xlDown).Row
```

10.2.9 利用 End 属性获取数据区域的最后一列列标

获取数据区域的最后一列列标的方法也是利用 End 属性。下面的语句是获取第 2 行中数据区域最后一列的列标。

```
FinalColumn = Range("XFD2").End(xlToLeft).Column
```

10.2.10 利用 End 属性获取数据区域的最前一列列标

获取数据区域的最前一列列标，同样可以利用 End 属性。下面的语句是获取第 2 行中数据区域最前一列的列标。

```
FirstColumn = Range("A2").End(xlToRight).Column
```

10.2.11 判断单元格内是否输入了公式

判断单元格内是否输入了公式，有两种基本方法：利用 HasFormula 属性和利用字符串处理的方法。

1. 利用 HasFormula 属性判断单元格内是否输入了公式

如果某单元格对象的 HasFormula 属性为 True，就表示该单元格输入了计算公式。

案例10-33

下面的案例是利用 HasFormula 属性，来判断指定的单元格是否输入了公式。

```
Public Sub 是否输入了公式 ()
    Dim Rng As Range
    Set Rng = Range("A1")        ' 指定任意单元格
    If Rng.HasFormula = True Then
        MsgBox " 单元格 " & Rng.Address(0, 0) & " 内有计算公式。"
    Else
        MsgBox " 没有输入计算公式。"
    End If
    Set Rng = Nothing
End Sub
```

2. 利用字符串处理的方法判断单元格内是否输入了公式

由于单元格输入的公式前面都有等号 "="，因此我们可以先用 Formula 属性获取字符串，再利用 Left 函数取出最左边的一个字符，看看它是否为等号 "="，从而判断该单元格内是否有公式。

案例10-34

下面的案例是获取单元格数据的第一个字符是否为等号 "="，来判断指定的单元格是否输入了公式。

```
Public Sub 是否输入了公式 ()
    Dim Rng As Range
    Set Rng = Range("A1")        ' 指定任意单元格
```

```
    If Left(Rng.Formula, 1) = "=" Then
        MsgBox " 单元格 " & Rng.Address(0, 0) & " 内有计算公式。"
    Else
        MsgBox " 没有输入计算公式。"
    End If
    Set Rng = Nothing
End Sub
```

10.2.12 获取单元格内的公式字符串

获取单元格内的公式字符串，可以使用Formula属性。

Formula属性的功能是返回或设置A1样式表示法和宏语言中的对象的公式字符串。

案例10-35

下面的案例是获取指定单元格里的公式字符串。

```
Public Sub 公式字符串 ()
    Dim Rng As Range
    Dim myText As String
    Set Rng = Range("A1")        ' 指定任意单元格
    myText = Rng.Formula         ' 获取单元格的公式字符串
    If myText = "" Then
        MsgBox " 单元格 " & Rng.Address(0, 0) & " 内没有计算公式 "
    Else
        MsgBox " 单元格 " & Rng.Address(0, 0) & " 的计算公式为 ： " & myText
    End If
    Set Rng = Nothing
End Sub
```

10.2.13 获取单元格的字体对象信息

利用Font属性，可以引用单元格的Font对象，进而获取单元格的字体名称、字形、字号、颜色、下划线等。

Range对象的Font属性返回一个Font对象，该对象代表指定对象的字体。Font对象有很多属性, 如 Bold 属性(字体加粗格式)、Color 属性(字体颜色)、ColorIndex 属性(字体颜色)、FontStyle 属性(字体样式)、Italic 属性(倾斜字体)、Name 属性(字体名称)、OutlineFont 属性(空心字体)、Shadow 属性(带阴影字体)、Size 属性(字号)、Strikethrough 属性(文字中间有一条水平删除线)、Subscript 属性(字体格式设为加下标)、Superscript 属性(字体格式设为加上标)、Underline 属性(字体的下划线类型)等。Font 对象的这些属性是读/写的, 将其设置为 True 或具体的数字, 就可设置具体的字体。

这些信息, 可以通过录制宏得到相应的代码。

案例10-36

下面的案例是获取指定单元格里的字体信息, 包括字体名称、字形、字号、颜色、下划线、加粗等。

```
Public Sub 字体对象信息 ()
    Dim Rng As Range
    Dim myFont As Font
    Set Rng = Range("A1")    '指定任意的单元格
    Set myFont = Rng.Font
    MsgBox " 单元格 " & Rng.Address(0, 0) & " 的字体对象如下 : " _
        & vbCrLf & " 名称 : " & myFont.Name _
        & vbCrLf & " 字形 : " & myFont.FontStyle _
        & vbCrLf & " 字号 : " & myFont.Size _
        & vbCrLf & " 颜色 : " & myFont.Color _
        & vbCrLf & " 下划线 : " & myFont.Underline _
        & vbCrLf & " 加粗 : " & myFont.Bold
    Set Rng = Nothing
    Set myFont = Nothing
End Sub
```

10.2.14 获取单元格的内部对象信息

利用 Interior 属性, 可以引用单元格的 Interior 对象, 进而利用 Interior 对象的有关属性获取单元格的内部填充颜色(Color 属性或 ColorIndex 属性)、内部图案(Pattern 属性)、内部图案颜色(PatternColor 属性)等。

案例10-37

下面的案例是获取指定单元格里的背部填充信息。

```
Public Sub 内部对象信息 ()
    Dim Rng As Range
    Dim myInterior As Interior
    Set Rng = Range("A1")   ' 指定任意的单元格
    Set myInterior = Rng.Interior
    MsgBox " 单元格 " & Rng.Address(0, 0) & " 的内部对象如下：" _
        & vbCrLf & " 填充颜色：" & myInterior.Color _
        & vbCrLf & " 内部图案：" & myInterior.Pattern _
        & vbCrLf & " 内部图案颜色：" & myInterior.PatternColor
    Set Rng = Nothing
    Set myInterior = Nothing
End Sub
```

10.2.15 获取单元格的数据

获取单元格的数据的方法是使用Value属性。由于Value属性是Range对象的默认属性，因此在实际中我们可以将其省略掉。

下面两个语句的效果是一样的。

```
X = Range("A1")
X = Range("A1").Value
```

 注意

如果单元格输入了公式,那么获取的是公式的计算结果。

10.3　设置单元格和单元格区域格式

在 Excel 界面中，可以通过 Excel 菜单或设置单元格格式对话框，对单元格的格式进行手动设置。下面将学习如何在 VBA 程序中设置单元格和单元格区域格式。

10.3.1 设置单元格的字体属性

设置单元格的字体属性，可使用Font对象的Name属性、Size属性、Bold属性、Italic属性、ColorIndex属性等。

◎ 案例10-38

下面的程序是将指定的单元格的字体设置为华文新魏、加粗、斜体、下划线、15号字、红色字体。

```
Public Sub 设置单元格字体 ()
    Dim Rng As Range
    Dim myFont As Font
    Set Rng = Range("A1:D10")    ' 指定任意的单元格区域
    Set myFont = Rng.Font
    With myFont
        .Name = " 华文新魏 "
        .Size = 15
        .Bold = True
        .Italic = True
        .Underline = True
        .ColorIndex = 3
    End With
    Set myFont = Nothing
    Set Rng = Nothing
End Sub
```

10.3.2 设置单元格的下划线

利用Font对象的Underline属性，可以设置单元格数据的下划线。下划线有4种类型，其名称和属性常量如下。

- xlUnderlineStyleSingle：单下划线。
- xlUnderlineStyleDouble：双下划线。
- xlUnderlineStyleSingleAccounting：会计用单下划线。
- xlUnderlineStyleDoubleAccounting：会计用双下划线。

如果要取消下划线，则可以将Underline属性设置为xlUnderlineStyleNone或者False。

下面的语句就是设置不同的下划线类型，这里的Rng表示指定的单元格或单元格区域对象。

```
Rng.Font.Underline = xlUnderlineStyleSingle                '单下划线
Rng.Font.Underline = xlUnderlineStyleDouble                '双下划线
Rng.Font.Underline = xlUnderlineStyleSingleAccounting      '会计用单下划线
Rng.Font.Underline = xlUnderlineStyleDoubleAccounting      '会计用双下划线
Rng.Font.Underline = xlUnderlineStyleNone                  '取消下划线
```

10.3.3 设置单元格字符串的一部分字符的格式

利用Range对象的Characters属性定位要设置格式的字符，然后利用Font对象的Size属性、Name属性、Bold属性、Italic属性、ColorIndex属性等，即可将单元格字符串的指定字符有关字体属性进行设置。

利用Range对象的Characters属性定位要设置格式的字符，再将Font.Subscript设置为True或将Font.Superscript设置为True，即可将单元格字符串的指定字符设置为下标或上标。

下面的语句块可以设置单元格字符串的上下标。

```
Set Rng = Range("A1")
With Rng
    .Value = "H2O"
    Set myChr = .Characters(Start:=2, Length:=1)   ' 指定两个字符
    myChr.Font.Subscript = True                    '将第 2 个字符设置为下标
End With
```

10.3.4 设置和删除单元格区域的边框

单元格边框有左边框、右边框、上边框、下边框、内部水平边框、内部垂直边框、内部斜角边框。这些边框的设置，需要先使用Borders集合对象来确定是哪个边框，然后再使用Border对象的有关属性来设置边框的线形、粗细、颜色等。

例如，Borders(xlEdgeLeft)表示左边框，Borders(xlEdgeRight)表示右边框等。

实际上，我们不需要去记忆这些东西，通过录制宏就可以得到设置边框的代码，然后再进行编辑加工即可。

1. 设置单元格区域外边框

一般情况下，要设置单元格区域的边框，需要使用Border对象的有关属性。不过，如果仅

仅是要设定单元格区域的外部边框，则只使用BorderAround方法就可以了。

案例10-39

下面的程序是将指定单元格区域的外部边框设置为红色的粗实线。

```
Public Sub 外边框 ()
    Dim Rng As Range
    Set Rng = Range("B2:D8")            ' 指定任意的单元格区域
    Rng.ClearFormats                    ' 清除单元格区域格式
    Rng.BorderAround LineStyle:=xlContinuous, Weight:=xlThick, Color:=vbRed
    Set Rng = Nothing
End Sub
```

2. 设置单元格区域全部边框

如果要设置单元格区域的全部边框，需要使用Border对象的有关属性。
Border对象的主要属性如下。

● LineStyle：边框样式。
● Weight：边框粗细。
● Color：边框颜色。

案例10-40

下面的程序是将指定单元格的外部边框、内部垂直边框、内部水平边框、内部斜边框都设置为红色的粗双线。在此采用了循环的方式对单元格区域框线进行设置。

```
Public Sub 全部边框 ()
    Dim Rng As Range
    Dim Bod As Borders
    Dim i As Long
    Set Rng = Range("B2:D8")            ' 指定任意的单元格区域
    Rng.ClearFormats                    ' 清除单元格区域格式
    Set Bod = Rng.Borders
    For i = xlDiagonalDown To xlInsideHorizontal
        With Bod(i)
            .LineStyle = xlDouble
```

```
            .Weight = xlThick
            .Color = vbRed
        End With
    Next i
    Set Bod = Nothing
    Set Rng = Nothing
End Sub
```

如果是仅仅设置单元格的左边框、右边框、上边框和下边框，不设置内部的对角线，那么上述的代码可修改为：

```
Public Sub 全部边框 ()
    Dim Rng As Range
    Dim Bod As Borders
    Set Rng = Range("B2:D8")            '指定任意的单元格区域
    Rng.ClearFormats                    '清除单元格区域格式
    Set Bod = Rng.Borders
    With Bod(xlEdgeLeft)                '设置左边框
        .LineStyle = xlDouble
        .Weight = xlThick
        .Color = vbRed
    End With
    With Bod(xlEdgeRight)               '设置右边框
        .LineStyle = xlDouble
        .Weight = xlThick
        .Color = vbRed
    End With
    With Bod(xlEdgeTop)                 '设置上边框
        .LineStyle = xlDouble
        .Weight = xlThick
        .Color = vbRed
    End With
    With Bod(xlEdgeBottom)              '设置下边框
        .LineStyle = xlDouble
```

```
            .Weight = xlThick
            .Color = vbRed
        End With
        With Bod(xlInsideHorizontal)        '设置内部水平边框
            .LineStyle = xlDouble
            .Weight = xlThick
            .Color = vbRed
        End With
        With Bod(xlInsideVertical)          '设置内部垂直边框
            .LineStyle = xlDouble
            .Weight = xlThick
            .Color = vbRed
        End With
        Set Bod = Nothing
        Set Rng = Nothing
End Sub
```

3. 删除单元格区域的全部边框

删除单元格区域的全部边框，可以使用 LineStyle = xlNone 的方法来完成。注意，不能使用 Delete 方法删除单元格边框，也最好不要使用 Clear 方法或 ClearFormats 方法删除单元格边框。

📀 案例10-41

下面的程序是删除单元格区域的全部边框。

```
Public Sub 删除边框 ()
    Dim Rng As Range
    Dim i As Long
    Set Rng = Range("B2:D8")     '指定任意的单元格区域
    MsgBox " 下面将删除单元格区域的边框。"
    For i = xlDiagonalDown To xlInsideHorizontal
        Rng.Borders(i).LineStyle = xlNone
    Next i
```

```
        Set Rng = Nothing
End Sub
```

10.3.5　设置单元格的数字格式

设置单元格的数字格式，可以通过设置NumberFormatLocal属性或NumberFormat属性来完成。建议通过录制宏的方式获得各种格式的语句。

下面是一些常见的设置单元格数字和日期格式的语句。

Range("A1").NumberFormat = "0.00"	'将数字设置为两位小数
Range("A1").NumberFormat = "0.00%"	'将数字设置为两位小数的百分数
Range("A1").NumberFormat = "@"	'将数字设置为文本
Range("A1").NumberFormat = " 人民币 #.00 元 "	'将数字设置为"人民币 *** 元"的显示格式
Range("A1").NumberFormat = "yyyy 年 m 月 d 日 "	'将日期设置为汉字习惯显示
Range("A1").NumberFormat = "mmm"	'将日期设置为英文月份名称简称
Range("A1").NumberFormat = ";;;"	'隐藏单元格的数字和文本
Range("A1").NumberFormat = "0;–0;;@"	'隐藏单元格的零值
Range("A1").NumberFormat = "0.00,,;–0.00,,;0;@"	'缩小 1 百万显示

如果要把单元格的数字格式恢复为常规，语句如下。

Range("A1").NumberFormat = "G/ 通用格式 "

10.3.6　设置单元格颜色和背景

利用Range对象的Interior属性，获取单元格的Interior对象，进而利用Interior对象的有关属性对单元格颜色和背景进行设置。

Interior对象主要属性如下。

- Color属性或ColorIndex属性：设置填充颜色。
- Pattern属性：设置内部图案。
- PatternColor属性：设置内部图案颜色。

案例10-42

下面的案例是设置指定单元格的颜色和背景。

Public Sub 单元格颜色和背景 ()

```
    Dim Rng As Range
    Dim myItr As Interior
    Set Rng = Range("A1")                    '指定任意单元格
    Set myItr = Rng.Interior
    Rng.ClearFormats                         '清除单元格格式
    MsgBox " 下面设定单元格 A1 的颜色和背景。"
    With myItr
        .Color = vbRed                       '单元格填充颜色（红色）
        .Pattern = xlPatternCrissCross       '单元格背景图案（十字图案）
        .PatternColor = vbYellow             '单元格背景颜色（黄色）
    End With
    Set myItr = Nothing
    Set Rng = Nothing
End Sub
```

如果要把单元格的颜色和背景删除，恢复默认的状态，语句如下。

```
Range("A1").Interior.Pattern = xlNone
```

10.3.7 设置单元格对齐方式

在通常情况下，当单元格内数据是文本时，数据自动左对齐；当单元格内数据是数字时，数据自动右对齐。在实际数据处理中，我们也可以在 VBA 中使用 HorizontalAlignment 属性进行水平对齐设置，使用 VerticalAlignment 属性进行垂直对齐设置。

其中，HorizontalAlignment 属性常用的可选 VBA 常量如下。

- xlHAlignCenter：水平居中对齐。
- xlHAlignDistributed：水平分散对齐。
- xlJustify：水平两端对齐。
- xlHAlignGeneral：默认对齐。
- xlHAlignLeft：水平左对齐。
- xlHAlignRight：水平右对齐。

VerticalAlignment 属性常用的可选 VBA 常量如下。

- xlVAlignCenter：垂直居中对齐。
- xlVAlignJustify：垂直两端对齐。
- xlVAlignBottom：垂直靠下。
- xlVAlignDistributed：垂直分散对齐。

● xlVAlignTop：垂直靠上。

例如，下面的语句就可以对指定的单元格Rng设置水平居中对齐和垂直居中对齐。

Rng.HorizontalAlignment = xlCenter
Rng.VerticalAlignment = xlCenter

10.3.8 自动根据单元格内容调整列宽和行高

利用AutoFit方法，可以自动根据单元格内容调整列宽和行高。AutoFit方法的语法格式如下：
Range 对象 .AutoFit

其中，Range 对象必须为一列或一个列区域，或者一行或一个行区域；否则，本方法将产生错误。

案例10-43

下面的案例是自动调整指定单元格区域的行高和列宽。

```
Public Sub 调整列宽和行高 ()
    Dim Rng As Range
    Set Rng = Range("A1:A10")          '指定任意的单元格区域
    With Rng
        .EntireColumn.AutoFit          '自动调整列宽
        .EntireRow.AutoFit             '自动调整行高
    End With
    Set Rng = Nothing
End Sub
```

如果将单元格区域指定为工作表的全部单元格，就会使整个工作表自动根据单元格内容调整列宽和行高。

10.3.9 设置单元格的行高和列宽

设置单元格的行高和列宽，要利用RowHeight属性和ColumnWidth属性。

RowHeight属性以磅为单位返回或设置指定区域中所有行的行高。

如果要获取单元格区域的行高，那么区域中的各行的行高必须相等，否则就会返回Null。

ColumnWidth属性返回或设置指定区域中所有列的列宽。一个列宽单位等于"常规"样式中一个字符的宽度。

如果想要获取区域的列宽,那么区域内所有列的列宽都必须相等,否则就会返回Null。

案例10-44

下面的案例是设置指定单元格区域的行高和列宽。

```
Public Sub 设置单元格的行高和列宽 ()
    Dim Rng As Range
    Set Rng = Range("A1:D10")          ' 指定任意单元格区域
    With Rng
        .RowHeight = 20               ' 行高 20 磅
        .ColumnWidth = 12             ' 列宽 12 磅
    End With
    Set Rng = Nothing
End Sub
```

10.4 操作单元格和单元格区域

前面我们学习了设置单元格和单元格区域格式的基本方法和一些技巧。下面我们将学习如何操作单元格和单元格区域,例如隐藏行和列,合并单元格,选择、激活、复制、移动、删除单元格,以及清除单元格内容等基本操作的方法和一些技巧。

10.4.1 隐藏或显示行和列

隐藏行和列的基本方法有两种,一是利用Hidden属性,二是利用RowHeight属性和ColumnWidth属性。

1. 利用 Hidden 属性隐藏或显示行和列

隐藏或显示行和列的方法之一是利用Hidden属性。将Hidden属性设置为True,就会隐藏指定的行或列;将Hidden属性设置为False,就会显示被隐藏的行或列。

下面是隐藏行和列的语句。

```
Range("1:1,3:4,7:7").EntireRow.Hidden=True    ' 隐藏第 1 行、第 3 行、第 4 行和第 7 行
```

Range("C:C,E:F,H:H").EntireColumn.Hidden = True　'隐藏 C、E、F、H 列

下面是显示被隐藏的行和列的语句。

Range("1:1,3:4,7:7").EntireRow.Hidden=False　'显示第 1 行、第 3 行、第 4 行和第 7 行

Range("C:C,E:F,H:H").EntireColumn.Hidden = False　'显示 C、E、F、H 列

如果要隐藏单行或单列，可以使用下面的语句。

Rows("1:1").Hidden = True　　'隐藏第 1 行

Rows(1).Hidden = True　　　　'隐藏第 1 行

Columns("B").Hidden = True　'隐藏 B 列

Columns(2).Hidden = True　　'隐藏 B 列

而显示被隐藏的单行和单列的语句如下：

Rows("1:1").Hidden = False　'显示第 1 行

Rows(1).Hidden = False　　　'显示第 1 行

Columns(2).Hidden = False　'显示 B 列

2. 利用 RowHeight 属性和 ColumnWidth 属性隐藏行和列

除了利用Hidden属性隐藏和显示行或列外，我们还可以通过将行高设置为0、列宽设置为0的方式隐藏行或列。

下面的语句就是通过将RowHeight属性设置为0，将ColumnWidth属性设置为0而隐藏指定的列。

Range("1:1,3:4,7:7").RowHeight = 0　　　'隐藏第 1 行、第 3 行、第 4 行和第 7 行

Range("C:C,E:F,H:H").ColumnWidth = 0　'隐藏 C、E、F、H 列

而要显示被隐藏的行和列，只需要将指定的行高和列宽设置为大于零的数值即可。下面的语句就是通过将行高和列宽设置为标准的行高和列宽，显示被隐藏的行和列。

Range("1:1,3:4,7:7").RowHeight = ActiveSheet.StandardHeight　　'显示第1行、第3行、第4行和第7行

Range("C:C,E:F,H:H").ColumnWidth = ActiveSheet.StandardWidth　'显示 C、E、F、H 列

10.4.2 合并和取消合并单元格

利用Merge方法，或将MergeCells属性设置为True，都可以合并单元格。下面的两个语句都可以合并单元格区域A1:A5。

Range("A1:A5").Merge

```
Range("A1:A5").MergeCells = True
```

如果要取消合并单元格,可以利用 UnMerge 方法或将 MergeCells 属性设置为 False,将合并单元格重新分解为独立的单元格。语句如下:

```
Range("A1:A5").UnMerge
Range("A1:A5").MergeCells = False
```

10.4.3 删除单元格的全部信息

利用 Clear 方法,可以清除单元格的全部信息(包括数据、格式、批注、公式、超链接等),也就是清除整个对象。下面的语句可以清除单元格区域 A1:C100 的全部信息。

```
Range("A1:C100").Clear
```

如果要清除整个工作表的全部数据,可以使用下面的语句。

```
Cells.Clear
```

10.4.4 删除单元格的公式和值

利用 ClearContents 方法可以仅清除单元格的公式和值,保留其格式设置、批注等信息。例如:

```
Range("A1:C100").ClearContents
```

10.4.5 删除单元格的格式

利用 ClearFormats 方法可以仅清除单元格的格式,保留其他的信息。例如:

```
Range("A1:C100").ClearFormats
```

10.4.6 删除单元格的批注

利用 ClearComments 方法可以仅清除单元格的批注,保留其公式和值、格式设置等信息。例如:

```
Range("A1:C100").ClearComments
```

10.4.7 插入单元格

插入单元格要利用 Range 对象的 Insert 方法。在插入单元格时,可以设置其他单元格的移动方向。

Insert 方法的功能是在工作表中插入一个单元格或单元格区域,其他单元格作相应移位以腾出空间。其语法格式如下:

Range 对象 .Insert(Shift, CopyOrigin)

其中, Shift 指定单元格的移动方向, 它可以是以下 XlInsertShiftDirection 常量之一。

● xlShiftToRight: 其他单元格向右移动。

● xlShiftDown: 其他单元格向下移动。

如果省略本参数, Microsoft Excel 将依据该区域的形状决定移动方向。

CopyOrigin 指明复制的起点, 这个参数用于插入复制单元格的场合。

案例10-45

这是一个插入单元格的例子。读者可实际运行这个程序, 并观察实际运行效果。

```
Public Sub 插入单元格 ()
    Dim Rng As Range
    Set Rng = Range("A1")            ' 指定任意单元格
    With Rng
        MsgBox " 单元格右移 "
        .Insert Shift:=xlToRight      ' 将单元格右移
        MsgBox " 单元格下移 "
        .Insert Shift:=xlDown         ' 将单元格下移
    End With
    Set Rng = Nothing
End Sub
```

10.4.8 插入整行和整列

插入整行和整列的具体方法是, 首先利用 EntireRow 属性和 EntireColumn 属性返回一个 Range 对象, 然后再利用 Range 对象的 Insert 方法插入整行和整列。

在插入整行或整列时, 可以设置单元格的移动方向。

案例10-46

下面的程序是以单元格 B2 为基准插入整行或整列。

```
Public Sub 插入整行和整列 ()
    Dim Rng As Range
    Set Rng = Range("B2")                    ' 指定任意单元格
```

```
With Rng
    MsgBox " 在基准单元格上面插入一行 "
    .EntireRow.Insert Shift:=xlShiftDown              ' 在基准单元格上面插入一行
    MsgBox " 在基准单元格左边插入一列 "
    .EntireColumn.Insert Shift:=xlShiftToRight        ' 在基准单元格左边插入一列
End With
Set Rng = Nothing
End Sub
```

10.4.9 每隔数行就插入一空行

只要巧妙设计循环语句，就可以每隔数行就插入一空行。

案例10-47

下面的程序就是在当前的工作表数据区域中，每隔3行就插入1个空行。

```
Public Sub 每隔数行就插入一空行 ()
    Dim RowBegin As Integer, RowEnd As Integer, i As Integer, k As Integer
    Dim Rng As Range
    Set Rng = ActiveSheet.UsedRange                   ' 指定任意的单元格区域
    RowBegin = Rng.Cells(1).Row                       ' 获取该单元格区域的起始行号
    RowEnd = Rng.Cells(Rng.Count).Row                 ' 获取该单元格区域的终止行号
    k = 1
    For i = 1 To RowEnd
        Cells(k, 1).EntireRow.Insert Shift:=xlShiftDown   ' 插入空行
        k = k + 4
    Next i
    Set Rng = Nothing
End Sub
```

 说明

也可以采用同样的方法每隔数列插入一空列。

10.4.10 删除单元格

利用 Range 对象的 Delete 方法可以删除指定的单元格。删除单元格，可以设置单元格的移动方向。当删除某个单元格后，旁边的单元格会根据设置的单元格移动方向填补空缺。

Delete 方法的语法格式如下：

Range 对象 .Delete(Shift)

其中，Shift 为 Variant 类型的可选参数，指定删除单元格时替补单元格的移位方式。它可以是以下 XlDeleteShiftDirection 常量之一。

● xlShiftToLeft：替补单元格向左移动。
● xlShiftUp：替补单元格向上移动。

如果省略该参数，则 Microsoft Excel 将根据区域的图形决定移位方式。

案例10-48

下面的程序是删除单元格 B2。

```
Public Sub 删除单元格 ()
    MsgBox " 下面的单元格上移 "
    Range("B2").Delete Shift:=xlUp         ' 下面的单元格上移
    MsgBox " 右边的单元格左移 "
    Range("B2").Delete Shift:=xlToLeft     ' 右边的单元格左移
End Sub
```

10.4.11 删除整行或整列

删除整行或整列的具体方法是，首先利用 EntireRow 属性和 EntireColumn 属性返回一个 Range 对象，然后再利用 Range 对象的 Delete 方法删除整行或整列。

在删除整行或整列时，可以设置单元格的移动方向。

案例10-49

下面的程序是删除单元格 B2 所在的整行和整列。

```
Public Sub 删除整行和整列 ()
    MsgBox " 下面的单元格上移 "
    Range("B2").EntireRow.Delete Shift:=xlUp           ' 下面的单元格上移
    MsgBox " 右边的单元格左移 "
    Range("B2").EntireColumn.Delete Shift:=xlToLeft    ' 右边的单元格左移
```

End Sub

我们也可以利用 Rows 属性和 Columns 属性以及 Delete 方法删除整行或整列。例如：

```
Rows("6:6").Delete Shift:=xlUp              ' 删除第 6 行，下面的单元格上移
Rows("9:11").Delete Shift:=xlUp             ' 删除第 9~11 行，下面的单元格上移
Columns("B:B").Delete Shift:=xlToLeft       ' 删除 B 列，右边的单元格左移
Columns("D:F").Delete Shift:=xlToLeft       ' 删除 D 列至 F 列，右边的单元格左移
```

10.4.12 删除工作表的全部单元格

将 Range 对象设置为 Cells，然后再使用 Delete 方法，就可以删除工作表的全部单元格。例如：

```
Cells.Delete Shift:=xlUp
```

10.4.13 删除工作表的全部空行

如果工作表的数据区域有很多空行(指该行的各个单元格没有任何数据)，那么这些空行的存在会影响数据的处理和分析，因此需要把这些空行删除。

在删除空行时，要确定哪列是关键字段，如果这列有空单元格，就意味着该单元格所在行是空行，必须删除。我们可以采用先定位关键字段列的空单元格，然后删除整行的方法，来快速删除空行。

案例10-50

下面的程序是删除指定数据区域的所有空行。在此假设 A 列是关键字段。

```
Public Sub 删除空行 ()
    Dim Rng As Range
    Dim Rngx As Range
    Set Rng = ActiveSheet.Range("A:A")              ' 指定数据区域的关键列
    Set Rngx = Rng.SpecialCells(xlCellTypeBlanks)   ' 选择空值单元格
    Rngx.EntireRow.Delete shift:=xlUp               ' 删除所有空行
    Set Rng = Nothing
    Set Rngx = Nothing
End Sub
```

10.4.14 删除工作表的全部空列

当工作表的数据区域有很多空列时，也可以将其快速删除。其基本方法是：先在某个关建数据行中定位空单元格，然后删除该空单元格所在的整列。

案例10-51

下面的程序是删除指定数据区域的所有空列。在此假设第1行是关键数据行。

```
Public Sub 删除空列 ()
    Dim Rng As Range
    Dim Rngx As Range
    Set Rng = ActiveSheet.Range("1:1")                '指定数据区域的关键行
    Set Rngx = Rng.SpecialCells(xlCellTypeBlanks)     '选择空值单元格
    Rngx.EntireColumn.Delete shift:=xlLeft            '删除所有空列
    Set Rng = Nothing
    Set Rngx = Nothing
End Sub
```

10.4.15 移动单元格

使用Cut方法，可以移动单元格或单元格区域。

Cut方法的功能是将对象剪切到剪贴板，或者将其粘贴到特定的目的地。其语法格式如下：

Range 对象 .Cut(Destination)

其中，Destination 为 Variant 类型的可选参数，指定对象被粘贴到的区域。如果省略此参数，则对象将被剪切到剪贴板。

下面的语句就是将单元格区域B1:C4的数据移动到以单元格B3为左上角的单元格区域（即单元格区域B3:C6）。

Range("B1:C4").Cut Destination:=Range("B3")

10.4.16 复制单元格的全部信息

使用Copy方法，可以将单元格或单元格区域的全部内容(数据、公式、格式等全部信息)复制到其他的单元格或单元格区域。

Copy方法的功能是将单元格区域复制到指定的区域或剪贴板中。其语法格式如下：

Range 对象 .Copy(Destination)

其中，参数 Destination 指定要复制到的目标区域。如果省略该参数，Excel 将把该区域复制到剪贴板中。

如果单元格的公式是采用绝对地址，则复制后的公式引用仍然是原来的绝对地址；如果单元格的公式是采用相对地址，则复制后的公式引用就变为新的相对地址，即公式也进行相对移动。

案例10-52

下面的案例是将指定的单元格区域数据复制到另外一个指定的单元格区域中。

```
Public Sub 复制单元格 ()
    Dim Rng1 As Range
    Dim Rng2 As Range
    Set Rng1 = Worksheets(1).Range("A1:B5")      '指定要复制的单元格区域
    Set Rng2 = Worksheets(2).Range("A1")         '指定要复制的位置（左上角单元格）
    Rng1.Copy Destination:=Rng2                  '复制单元格区域
    Set Rng1 = Nothing
    Set Rng2 = Nothing
End Sub
```

10.4.17　选择性复制单元格的内容

我们都会使用选择性粘贴这个工具，在 VBA 中，这个工具就是 PasteSpecial 方法。

使用 PasteSpecial 方法，可实现有选择性地只复制单元格。将 PasteSpecial 方法的参数 Paste 设置为不同的值，就会实现不同的重复内容。

PasteSpecial 方法的语法格式如下：

Range 对象 .PasteSpecial(Paste, Operation, SkipBlanks, Transpose)

其中，各个参数的含义说明如下。

（1）参数 Paste

Paste 为 XlPasteType 类型的可选参数，指定要粘贴的内容（"选择性粘贴"对话框里的粘贴内容选项），可为以下常量之一。

● xlPasteAll：默认值，复制全部内容。

● xlPasteAllExceptBorders：复制边框除外的所有内容。

● xlPasteColumnWidths：复制列宽。

● xlPasteComments：复制批注。

● xlPasteFormats：复制格式。

- xlPasteFormulas：复制公式。
- xlPasteFormulasAndNumberFormats：复制公式和数字格式。
- xlPasteValidation：复制有效性验证。
- xlPasteValues：复制数值。
- xlPasteValuesAndNumberFormats：复制数值和数字格式。

（2）参数Operation

Operation为XlPasteSpecialOperation类型的可选参数，指定粘贴时是否执行运算操作（"选择性粘贴"对话框里的与运算选项），可为以下常量之一。

- xlPasteSpecialOperationAdd：进行"加"运算。
- xlPasteSpecialOperationDivide：进行"除"运算。
- xlPasteSpecialOperationMultiply：进行"乘"运算。
- xlPasteSpecialOperationNone：默认值，不进行任何运算。
- xlPasteSpecialOperationSubtract：进行"减"运算。

（3）参数SkipBlanks

SkipBlanks为Variant类型的可选参数。若为True，则不将剪贴板上区域中的空白单元格粘贴到目标区域中。默认值为False。它就是"选择性粘贴"对话框中的"跳过空单元格"复选框。

（4）参数Transpose

Transpose为Variant类型的可选参数。若为True，则粘贴区域时转置行和列。默认值为False。它就是"选择性粘贴"对话框中的"转置"复选框。

案例10-53

下面的程序是将表1指定区域的数据转置复制到表2中，仅复制单元格的值。

```
Public Sub 选择性复制 ()
    Dim Rng1 As Range
    Dim Rng2 As Range
    Set Rng1 = Worksheets(1).Range("A1:D14")      ' 指定要复制的单元格区域
    Set Rng2 = Worksheets(2).Range("A1")          ' 指定要复制的位置（左上角单元格）
    Rng1.Copy
    Rng2.PasteSpecial xlPasteValues, , , True
    Application.CutCopyMode = False
    Set Rng1 = Nothing
    Set Rng2 = Nothing
```

```
End Sub
```

10.4.18 批量修改单元格数据

利用选择性粘贴对话框中提供的运算功能，可以对单元格区域的数据进行批量修改。在 VBA 中，是利用 PasteSpecial 方法来实现这个目的的。

⊚ 案例10-54

下面的程序是利用选择性粘贴的方法，将指定单元格区域的数据都加 800，但不改变数据区域的单元格格式。

```
Public Sub 选择性复制 ()
    Dim Rng1 As Range
    Dim Rng2 As Range
    Set Rng1 = Worksheets(1).Range("B2:B16")     '指定要批量的单元格区域
    Set Rng2 = Worksheets(1).Range("Z1")         '保存要计算的值
    Rng2.Value = 800          '输入要统一修改（加）的数字
    Rng2.Copy                 '复制这个数字单元格
    Rng1.PasteSpecial xlPasteValues, xlPasteSpecialOperationAdd     '批量修改
    Application.CutCopyMode = False
    Rng2.Clear                '清除临时单元格数据
    Set Rng1 = Nothing
    Set Rng2 = Nothing
End Sub
```

10.4.19 为不同的单元格区域设置不同的保护密码

当多人编辑同一个工作簿时，为了防止他人修改您负责编写的数据，可以对工作表进行分区加密。

对工作表进行分区加密的方法是：利用 Protection 对象的 AllowEditRanges 属性返回一个 AllowEditRanges 集合对象(该对象代表受保护的工作表中可编辑的单元格区域)，然后再利用 AllowEditRanges 集合对象的 Add 方法为指定的单元格区域在受保护的工作表中添加一个可编辑的区域。基本语句如下：

```
AllowEditRanges 对象 .Add(Title, Range, Password)
```

参数说明如下。

- Title：String 类型，必需参数，指定单元格区域的标题。
- Range：Range 对象，必需参数，指定允许编辑的单元格区域。
- Password：Variant 类型，可选参数，指定单元格区域的密码。

案例10-55

下面的案例是对指定的不同区域，设置不同的保护密码。

```
Public Sub 各个区域不同保护密码 ()
    Dim ws As Worksheet
    Dim Rng1 As Range, Rng2 As Range, Rng As Range
    Set ws = ActiveSheet                '指定工作表
    Set Rng1 = ws.Range("A1:A10")       '指定要保护的单元格区域
    Set Rng2 = ws.Range("C1:C10")       '指定要保护的单元格区域
    Set Rng = Union(Rng1, Rng2)         '指定要保护的单元格区域
    ws.Cells.Locked = False
    Rng.Locked = True
    With ws.Protection.AllowEditRanges                     '为单元格区域 Rng1 设置
                                                            单独的保护密码
        .Add Title:=" 财务部 ", Range:=Rng1, Password:="11111"   '为单元格区域 Rng2 设置
                                                            单独的保护密码
        .Add Title:=" 销售部 ", Range:=Rng2, Password:="22222"
    End With                    '保护工作表
    ws.Protect Password = "12345"
    Set ws = Nothing
    Set Rng1 = Nothing
    Set Rng2 = Nothing
    Set Rng = Nothing
End Sub
```

在上面的程序中，我们还介绍了锁定单元格和解除单元格锁定的方法，即：

```
单元格 .Locked = False              '解除单元格锁定
单元格 .Locked = True               '锁定单元格
```

✋ **注意**

INT函数即使锁定了单元格，若没有对工作表进行保护，则单元格区域的保护也是不起作用的。

如果要删除设置的分区保护，首先要解除这些分区保护，然后再利用AllowEditRange对象的Delete方法删除分区保护。下面是一个具体的例子。

```
Public Sub 删除设置的分区保护 ()
    Dim ws As Worksheet
    Set ws = ActiveSheet            ' 指定工作表
    ws.Unprotect Password = "12345"
    ws.Protection.AllowEditRanges(" 财务部 ").Delete
    Set ws = Nothing
End Sub
```

10.4.20 为单元格设置或删除超链接

在VBA中，为单元格设置或删除超链接需要使用Range对象的Hyperlinks属性，该属性返回一个Hyperlinks集合，该集合代表指定区域或工作表的超链接。

为单元格设置超链接要使用Hyperlinks集合的Add方法，而删除超链接要使用Hyperlinks集合的Delete方法。Add方法的具体语法格式说明可参阅Hyperlinks集合Add方法的联机帮助信息。

◎ 案例10-56

下面的程序先将单元格已经建立的超链接删除，然后为各个单元格插入一个指向本工作簿各个工作表的单元格A1的超链接，同时设置显示信息。

```
Public Sub 建立超链接 ()
    Dim Rng As Range
    Dim Hyps As Hyperlinks
    Dim i As Integer
    Dim ws1 As Worksheet
    Dim wsx As Worksheet
    Set ws1 = Worksheets(" 目录 ")
```

```
    ws1.Hyperlinks.Delete        ' 删除已建立的所有超链接
    ws1.Range("C3:C14").Clear
    For i = 3 To 14
        Set Rng = ws1.Range("C" & i)
        Set Hyps = Rng.Hyperlinks
        With Hyps
            .Add ANCHOR:=Rng, Address:="", _
                SubAddress:=i – 2 & " 月 !A1", _
                TextToDisplay:=" 查看明细 "
        End With
    Next i
    Set Rng = Nothing
    Set Hyps = Nothing
End Sub
```

打开这个案例文件，运行程序，就得到图10-2所示的结果。

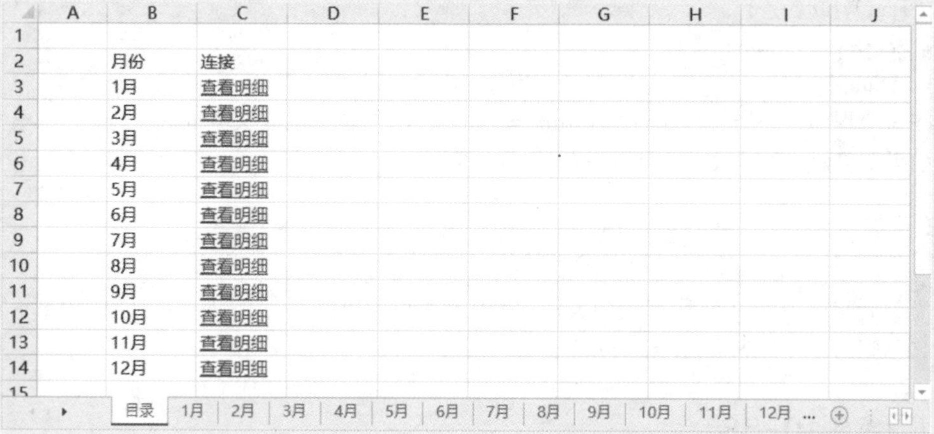

图10-2　批量建立超链接

10.4.21　为单元格添加和删除批注

如果要为单元格添加批注，需要使用Range对象的AddComment方法，而删除批注则需要使用Range对象的Comment属性返回Comment对象，然后再利用Comment对象的Delete方法。

AddComment 方法的语法格式如下：

Range 对象 .AddComment(Text)

其中，Text 为 Variant 类型的可选参数，指定批注文字。

案例10-57

本例先将指定单元格的批注删除，然后为其添加批注，并隐藏批注。

```
Public Sub 添加和删除批注 ()
    Dim Rng As Range
    Set Rng = Range("A1")        ' 指定任意的单元格
    With Rng
        On Error Resume Next     ' 如果没有批注，就忽略删除动作的错误
        .Comment.Delete          ' 删除已经存在的批注
        On Error GoTo 0
        .AddComment (" 这是为单元格添加的批注 ")        ' 添加批注
        .Comment.Visible = False           ' 隐藏批注
    End With
    Set Rng = Nothing
End Sub
```

在这个程序中，语句 .Comment.Visible = False 表示不显示批注文本框。

如果要显示批注文本框，可以将 False 改为 True。

10.4.22　为单元格区域定义和删除名称

为单元格区域定义名称有很多方法，其中最简单的方法是使用 Range 对象的 Name 属性。删除名称则需要使用 Name 对象的 Delete 方法。

案例10-58

下面的程序是先将指定单元格区域已经存在的名称删除，然后为其新定义一个名称"NewName"。

```
Public Sub 定义和删除名称 ()
    Dim Rng As Range
    Set Rng = Range("A1:A10")              ' 指定任意的单元格区域
    On Error Resume Next
```

```
      Names("NewName").Delete           '删除原有的名称
      On Error GoTo 0
      Rng.Name = "NewName"              '定义新名称
      Range("NewName").Select           '选择定义了名称 NewName 的单元格区域
      Set Rng = Nothing
End Sub
```

10.5 向单元格和单元格区域输入数据

向单元格和单元格区域输入数据，是操作工作表单元格的主要任务之一。下面将学习向单元格和单元格区域输入数据的基本方法和一些技巧。

10.5.1 向单元格输入数据

向单元格输入数值，是指在Range对象的Value属性中设置数值，即Range("A1").Value= 100。但是，在实际操作中，也可以不写".Value"而直接使用Range("A1")= 100。

案例10-59

本例提供了几种输入数值的方法。

```
Public Sub 输入数据 ()
      Range("A1").Value = 12345         '输入整数
      Range("A2").Value = 123.45        '输入小数
      Range("A3").Value = "12345"       '输入数字字符串，会被当作数值输入
      Range("A4").Value = 2E+25         '科学记数
      Range("A5").Value = 3.2E–20       '科学记数
      Range("A6").Value = "'055150"     '文本型数字
End Sub
```

当输入科学记数时，若将包含了字母"E"或"e"的编码数据输入，有可能会出现意想不到的结果，因此要特别注意。比如输入编码"100E838"，就会出现溢出错误。对于这样的数据，要按照文本的形式输入到单元格。

10.5.2 向单元格输入文本字符串

向单元格输入文本字符串，需要将字符串用双引号 ""引起来。
要注意的是，如果要想输入文本型数字，则必须在数字前加单引号。

案例10-60

本例向单元格输入文本字符串。

```
Public Sub 输入文本字符串 ()
    Range("A1").Value = "ABCD"
    Range("A2").Value = " 学生成绩 "
    Range("A3").Value = " 第 20 系列 "
    Range("A4").Value = " 今天是：" & Format(Date, "yyyy-mm-dd")
    Range("A5").Value = " 今天是：" & Format(Date, "aaaa")
    Range("A6").Value = "'100083"
    Range("A7").Value = "'110108198712222280"
End Sub
```

10.5.3 向单元格输入日期

由于日期的类型有多种，因此向单元格中输入日期也有多种方法。

案例10-61

本例给出了常用的几种输入日期的方法。

```
Public Sub 输入日期 ()
    Range("A1").Value = "2018-5-20"
    Range("A2").Value = "5/20/2018"
    Range("A3").Value = "2018/5/20"
    Range("A4").Value = #5/20/2018#
    Range("A5").Value = CDate("2018 年 5 月 20 日 ")
    Range("A6").Value = CDate(" 二○一八年五月二十日 ") - 1
    Range("A7").Value = CDate("May-20,2018")
    Range("A8").Value = Date
```

End Sub

10.5.4 向单元格输入时间

由于时间的类型有多种，因此向单元格中输入时间也有多种方法。

案例10-62

本例给出了常用的几种输入时间的方法。

```
Public Sub 输入时间 ()
    Range("A1").Value = "10:20:30"
    Range("A2").Value = CDate("10:20AM")
    Range("A3").Value = "22:30"
    Range("A4").Value = CDate("10:30PM")
    Range("A5").Value = CDate("13 时 30 分 55 秒 ")
    Range("A6").Value = CDate(" 下午 1 时 30 分 55 秒 ")
    Range("A7").Value = CDate(" 上午 8 时 30 分 55 秒 ")
    Range("A8").Value = CDate("11 时 30 分 ")
    Range("A9").Value = CDate(" 下午 8 时 30 分 55 秒 ")
End Sub
```

10.5.5 快速输入行标题

利用 Array 函数，可以快速输入行标题。例如：

Range("A1:D1") = Array(" 科目编码 "," 科目名称 "," 借方金额 "," 贷方金额 ")

10.5.6 快速输入列标题

利用 Array 函数，可以快速输入列标题。例如(使用 Transpose 函数进行转置)：

Range("A1:A4")=WorksheetFunction.Transpose(Array(" 姓名 "," 性别 "," 班级 "," 成绩 "))

10.5.7 快速向单元格区域输入相同的数据

快速向单元格区域输入相同数据的最简单方法是利用 Range 对象的 Value 属性。例如：

Range("A1:F10").Value = 100

10.5.8 **快速向单元格区域输入序列数据**

在Excel中，我们可以通过自动填充的方法来完成连续值(序列)的输入。如要向单元格区域输入序列数据，可用AutoFill方法来实现。

AutoFill方法的功能是对指定区域中的单元格进行自动填充。其语法格式如下：

Range 集合 .AutoFill(Destination, Type)

其中，Destination为Range对象类型的必需参数，指定要填充的目标单元格区域。目标区域必须包括源区域。

Type为XlAutoFillType 类型的必需参数，指定填充类型。XlAutoFillType可为以下XlAutoFillType常量之一。

- xlFillDays：填充日期。
- xlFillFormats：填充格式。
- xlFillSeries：填充序列。
- xlFillWeekdays：填充星期。
- xlGrowthTrend：填充趋势预测(指数模型)。
- xlFillCopy：填充复制。
- xlFillDefault：默认。
- xlFillMonths：填充月份。
- xlFillValues：填充数值。
- xlFillYears：填充年份。
- xlLinearTrend：填充趋势预测(线性模型)。

如果省略Type参数或将Type参数指定为 xlFillDefault，则Microsoft Excel将依据源区域选择最适当的填充方式。

案例10-63

下面的程序是从A2单元格开始输入1～20的连续序号。

```
Public Sub 输入连续序号 ()
    Dim Rng As Range
    Set Rng = Range("A2:A21")                    '指定任意的单元格区域
    Rng.ClearContents                            '删除原来的数据
    With Rng.Cells(1)
        .Value = 1                               '设定初始值
```

```
        .AutoFill Destination:=Rng, Type:=xlFillSeries        '填充序列
    End With
    Set Rng = Nothing
End Sub
```

10.5.9 向单元格输入多行数据

如果要向单元格输入多行数据，可以使用换行符Chr(10)。下面的语句就是向单元格A1中分3行输入"姓名""性别"和"单位"。

Range("A1") = " 姓名 " & Chr(10) & " 性别 " & Chr(10) & " 单位 "

10.5.10 向单元格输入特殊字符

有些情况下，我们需要向单元格输入特殊字符。比如要输入符号""，可以先将该符号插入Word文档或者Excel某个单元格中，然后再将该符号复制到语句中。例如：

Range("A1") = " ◆◆◆◆◆◆ "

10.5.11 不激活工作表就向该工作表输入数据

若需要不激活工作表就向该工作表输入数据，可以先创建一个工作表对象和一个Range对象，然后再利用前面介绍的方法向该工作表中输入数据。

案例10-64

下面的案例是向指定工作表的指定区域输入数据，这个工作表不见得是激活状态。

```
Public Sub 不激活工作表输入数据 ()
    Dim ws As Worksheet
    Dim Rng As Range
    Worksheets(1).Activate          '激活第一个工作表
    Set ws = Worksheets(3)          '指定要输入数据的工作表
    Set Rng = ws.Range("A1:D10")    '指定任意的单元格区域
    Rng.Value = 100
    MsgBox " 数据输入完毕 ", vbInformation
    Set Rng = Nothing
    Set ws = Nothing
```

End Sub

10.5.12 同时为多个工作表的相同单元格区域输入相同的数据

若需要同时为多个工作表输入相同的数据，可以先用 Array 函数选定两张或多张工作表，然后再利用前面介绍的方法向该工作表中输入数据。

案例10-65

下面的案例是向选定的几个工作表内输入相同的数据。

```
Public Sub 向多个工作表输入数据 ()
    Sheets(Array("Sheet1", "Sheet2", "Sheet3")).Select        ' 选择要输入数据的工作表
    Range("A1:A15,B1:B8,C1:C20").Select                       ' 选择要输入数据的单元格区域
    Selection.Value = 100                                     ' 输入数据
    Sheets("Sheet1").Select                                   ' 选择某个工作表，取消工作表组
End Sub
```

10.5.13 向单元格输入公式

向单元格输入公式，实际上就是输入公式的字符串。这时我们可以采用 Range 的 Value 属性或 Formula 属性。

下面两条输入公式的语句的运行结果是一样的。

```
Range("A11").Value = "=SUM(A1:A10)"
Range("A11").Formula = "=SUM(A1:A10)"
```

10.5.14 向单元格输入数组公式

向单元格或单元格区域输入数组公式，需要使用 FormulaArray 属性。

案例10-66

下面的程序是向单元格区域 C1:C10 输入数组公式"=A1:A10*B1:B10"。

```
Public Sub 输入数组公式 ()
    Dim Rng As Range
```

```
    Set Rng = Range("C1:C10")    ' 指定任意的单元格区域
    Rng.FormulaArray = "=A1:A10*B1:B10"
    Set Rng = Nothing
End Sub
```

如果要删除单元格区域的数组公式，必须先定位到这个数组公式的单元格区域，然后再清除单元格内容即可。程序代码如下：

```
Public Sub 删除数组公式 ()
    Dim Rng As Range
    Set Rng = Range("C1")    ' 指定数组公式区域内的任一单元格
    Rng.CurrentArray.Select
    Selection.Clear
    Set Rng = Nothing
End Sub
```

11

利用VBA处理工作表数据

前面介绍了Excel VBA的基本语法和常见对象操作方法,本章将介绍如何利用VBA编程对数据进行快速处理和汇总计算,比如数据查找、排序、筛选、汇总等。

<table>
<tr><td>11.1</td><td colspan="2">**数据排序**</td></tr>
</table>

对数据清单进行排序是一项常见的数据处理操作。在 Excel 上进行数据排序是很简单的，只需单击"升序排序"按钮或"降序排序"按钮即可。

在 VBA 中，对数据排序的方法是使用 Range 对象的 Sort 方法。这个方法有很多参数，详情可参阅帮助信息。

一般来说，数据排序的代码可以通过录制宏直接得到，没必要进行编写。下面将介绍几个数据排序的简单案例。

11.1.1　自动排序

案例11-1

本例以学生总分为排序依据，进行升序排序和降序排序。示例数据如图11-1所示。

	A	B	C	D	E	F
1	姓名	语文	数学	物理	英语	总分
2	A001	56	137	106	89	388
3	A002	127	88	72	82	369
4	A003	131	89	90	86	396
5	A004	94	100	147	112	453
6	A005	150	120	110	93	473
7	A006	96	67	98	79	340
8	A007	129	141	88	60	418
9	A008	116	99	80	108	403
10	A009	108	135	44	104	391
11	A010	69	142	85	88	384
12	A011	69	54	121	131	375
13	A012	100	94	78	76	348
14	A013	102	122	107	95	426
15						

图11-1　排序练习示例数据

程序代码如下：

```
Public Sub 自动排序 ()
    Dim ws As Worksheet
    Dim Rng As Range
```

```
    Set ws = Worksheets(1)              '指定工作表
    Set Rng = ws.Range("A1:F14")        '指定数据区域
    MsgBox " 下面以总分降序排序 "
    Rng.Sort Key1:=" 总分 ", Order1:=xlDescending, Header:=xlYes
    MsgBox " 下面以总分升序排序 "
    Rng.Sort Key1:=" 总分 ", Order1:=xlAscending, Header:=xlYes
    MsgBox " 下面以姓名升序排序 "
    Rng.Sort Key1:=" 姓名 ", Order1:=xlAscending, Header:=xlYes
    Set Rng = Nothing
    Set ws = Nothing
End Sub
```

为了能够更加灵活地对指定字段进行排序，可以先设计一个排序字段选择变量，如图11-2所示(本案例数据在工作表"示例2"中)。

	A	B	C	D	E	F	G	H	I	J	K
1	姓名	语文	数学	物理	英语	总分					
2	A005	150	120	110	93	473			选择排序字段	语文	
3	A003	131	89	90	86	396					
4	A007	129	141	88	60	418					
5	A002	127	88	72	82	369					
6	A008	116	99	80	108	403					
7	A009	108	135	44	·104	391					
8	A013	102	122	107	95	426					
9	A012	100	94	78	76	348					
10	A006	96	67	98	79	340					
11	A004	94	100	147	112	453					
12	A010	69	142	85	88	384					
13	A011	69	54	121	131	375					
14	A001	56	137	106	89	388					
15											

图11-2 设计动态的排序模型

然后为本工作表设置Change事件，编写如下的程序代码，如图11-3所示。

```
Private Sub Worksheet_Change(ByVal Target As Range)
    Dim Rng As Range
    Set Rng = Worksheets(" 示例 2").Range("A1:F14")        '指定数据区域
    If Target.Row = 2 And Target.Column = 10 Then
        Rng.Sort Key1:=Target.Value, Order1:=xlDescending, Header:=xlYes
    End If
    Set Rng = Nothing
End Sub
```

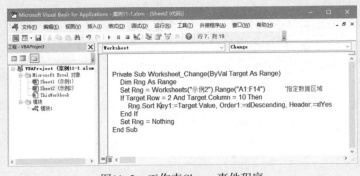

图11-3　工作表Change事件程序

11.1.2　自定义排序

除了可以按照系统默认的排序方法进行排序外，还可以使用自定义序列进行排序，这样就使得排序更加灵活。进行自定义排序可以使用Excel已有的自定义序列，也可以自己创建一个自定义序列。

案例11-2

在本例中，以Excel的第8个自定义序列(即一月、二月、...)对B列进行升序排序。

```
Public Sub 自定义排序 ()
    Dim ws As Worksheet
    Dim Rng As Range
    Set ws = Worksheets(1)      ' 指定工作表
    Set Rng = ws.UsedRange      ' 指定要排序的单元格区域
    MsgBox " 下面以第 8 个自定义序列（即一月、二月、...）进行升序排序 "
    Rng.Sort Key1:=ws.Range("C1"), Order1:=xlAscending, _
        Header:=xlYes, OrderCustom:=8
    Set Rng = Nothing
    Set ws = Nothing
End Sub
```

数据排序前后的对比如图11-4和图11-5所示。

	A	B	C
1	学号	姓名	入学月份
2	X01	A001	八月
3	X02	A002	二月
4	X03	A003	一月
5	X04	A004	六月
6	X05	A005	九月
7	X06	A006	五月
8	X07	A007	三月
9	X08	A008	五月
10	X09	A009	二月
11	X10	A010	七月
12	X11	A011	一月
13	X12	A012	十月
14	X13	A013	四月

图11-4 排序前的数据

	A	B	C
1	学号	姓名	入学月份
2	X03	A003	一月
3	X11	A011	一月
4	X02	A002	二月
5	X09	A009	二月
6	X07	A007	三月
7	X13	A013	四月
8	X06	A006	五月
9	X08	A008	五月
10	X04	A004	六月
11	X10	A010	七月
12	X01	A001	八月
13	X05	A005	九月
14	X12	A012	十月

图11-5 排序后的数据

11.1.3 综合应用案例：客户排名分析

客户排名分析是销售分析中常见的分析内容之一。我们可以使用函数建立一个动态的排名分析模板，也可以使用VBA实现更加高效的排名分析。

案例11-3

图11-6所示是一个客户排名分析模型，在单元格H1中选择要排名分析的项目，就能自动对客户进行排名分析，绘制排名图表。

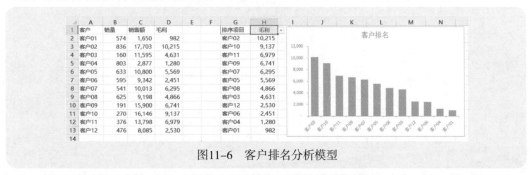

图11-6 客户排名分析模型

这个模型设计的基本思路是：利用工作表的Change事件控制排名，当单元格H1数据发生变化后，自动把相应项目的数据以及客户名称从原始数据复制到G列和H列，然后进行降序排序。图表是根据排完序后的G列和H列数据绘制的柱形图。

下面是这个模型的程序代码，其中综合应用了工作表事件、判断语句、复制粘贴、排序等技能，如图11-7所示。

```
Private Sub Worksheet_Change(ByVal Target As Range)
    Dim Rng As Range
    If Target.Row = 1 And Target.Column = 8 Then
        If Target.Value = " 销量 " Then
            Set Rng = Range("B2:B13")
        ElseIf Target.Value = " 销售额 " Then
            Set Rng = Range("C2:C13")
        Else
            Set Rng = Range("D2:D13")
        End If
        Range("A2:A13").Copy Destination:=Range("G2")
        Rng.Copy Destination:=Range("H2")
        Set Rng = Range("G1:H13")
        Rng.Sort Key1:=Target.Value, Order1:=xlDescending, Header:=xlYes
    End If
    Set Rng = Nothing
End Sub
```

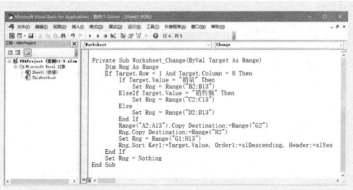

图11-7　工作表Change事件程序代码

11.2　数据筛选

除了可以通过操作 Excel 的"自动筛选"或"高级筛选"命令按钮对数据进行筛选，以便获得需要的数据外，还可以利用 VBA 来完成数据的筛选。

11.2.1　自动筛选

利用VBA进行数据的自动筛选要使用Range对象的AutoFilter方法，其语法格式如下。

Range 对象 .AutoFilter(Field, Criteria1, Operator, Criteria2, VisibleDropDown)

AutoFilter方法的各个参数说明如下（详细的用法，可以参阅帮助信息）。

（1）Field：指定筛选字段，以序号表示，左边第1列字段序号是1，第2列字段序号是2，以此类推。

（2）Criteria1：指定筛选条件，可以是精确条件，也可以是有通配符的模糊条件，或者使用比较运算符的模糊条件。

（3）Operator：指定自定义筛选的格式，可以是与条件、或条件、最后10个、最前10个等。

（4）Criteria2：指定第二筛选条件（一个字符串）。与Criteria1和Operator组合成复合筛选条件。

（5）VisibleDropDown：指定是否显示筛选字段自动筛选的下拉箭头

案例11-4

在本例中，先对数据清单建立自动筛选，然后筛选出毛利在10万元以上的自营店数据。使用的示例数据如图11-8所示。

	A	B	C	D	E	F
1	省份	城市	性质	店名	实际销售金额	毛利
2	辽宁	大连	自营	AAAA-001	57,062.00	13,742.28
3	辽宁	大连	加盟	AAAA-002	130,192.50	32,751.81
4	辽宁	大连	自营	AAAA-003	86,772.00	38,124.55
5	辽宁	沈阳	自营	AAAA-004	103,890.00	66,696.73
6	辽宁	沈阳	加盟	AAAA-005	107,766.00	36,524.64
7	辽宁	沈阳	加盟	AAAA-006	57,502.00	25,331.12
8	辽宁	沈阳	自营	AAAA-007	116,300.00	78,930.78
9	辽宁	沈阳	自营	AAAA-008	63,287.00	30,646.14
10	辽宁	沈阳	加盟	AAAA-009	112,345.00	57,064.50
11	辽宁	沈阳	自营	AAAA-010	80,036.00	26,730.67
12	辽宁	沈阳	自营	AAAA-011	73,686.50	19,738.56
13	黑龙江	哈尔滨	加盟	AAAA-012	47,394.50	14,105.58
14	黑龙江	哈尔滨	自营	AAAA-013	485,874.00	346,572.02
15	北京	北京	加盟	AAAA-014	57,255.60	44,726.81
16	天津	天津	加盟	AAAA-015	51,085.50	11,660.01
17	北京	北京	自营	AAAA-016	59,378.00	19,054.43
18	北京	北京	自营	AAAA-017	48,519.00	30,192.47
19	北京	北京	自营	AAAA-018	249,321.50	181,552.41
20	北京	北京	自营	AAAA-019	99,811.00	61,345.70
21	北京	北京	自营	AAAA-020	87,414.00	19,595.49

销售月报

图11-8　示例数据

程序代码如下：

```
Public Sub 自动筛选 ()
    Dim Rng As Range
    Set Rng = Range("A1").CurrentRegion                '指定数据区域
    With Rng
        MsgBox " 下面将建立自动筛选 ", vbInformation
        .AutoFilter Field:=3, Criteria1:=" 自营 "        '筛选自营店
        .AutoFilter Field:=6, Criteria1:=">100000"      '筛选 10 万元以上
        MsgBox " 下面将撤销自动筛选 ", vbInformation
        .AutoFilter
    End With
    Set Rng = Nothing
End Sub
```

11.2.2 高级筛选

利用 AdvancedFilter 方法即可执行数据的高级筛选，其语法格式如下。

Range 对象 .AdvancedFilter(Action, CriteriaRange, CopyToRange, Unique)

参数说明如下。

（1）Action：指定是复制筛选出的数据还是在原位置显示筛选出的数据，可以是 xlFilterCopy（复制筛选出的数据）或 xlFilterInPlace（在原位置显示筛选出的数据）。

（2）CriteriaRange：指定条件区域。如果省略本参数，则没有条件限制。

（3）CopyToRange：指定被复制行的目标区域。如果 Action 为 xlFilterCopy，则本参数指定被复制行的目标区域，否则忽略本参数。

（4）Unique：指定是否选择不重复的记录。如果为 True，则重复出现的记录仅保留一条；如果为 False，则筛选出所有符合条件的记录。默认值为 False。

当不再需要筛选时，可以使用 ShowAllData 方法撤销高级筛选，显示全部数据。其语法格式如下：

Worksheet 对象 .ShowAllData

案例11-5

在下面的示例中，要求筛选出北京和上海、自营店、销售额在 10 万元以上、毛利在 5 万元以上的数据。示例数据及条件区域设置如图 11-9 所示。

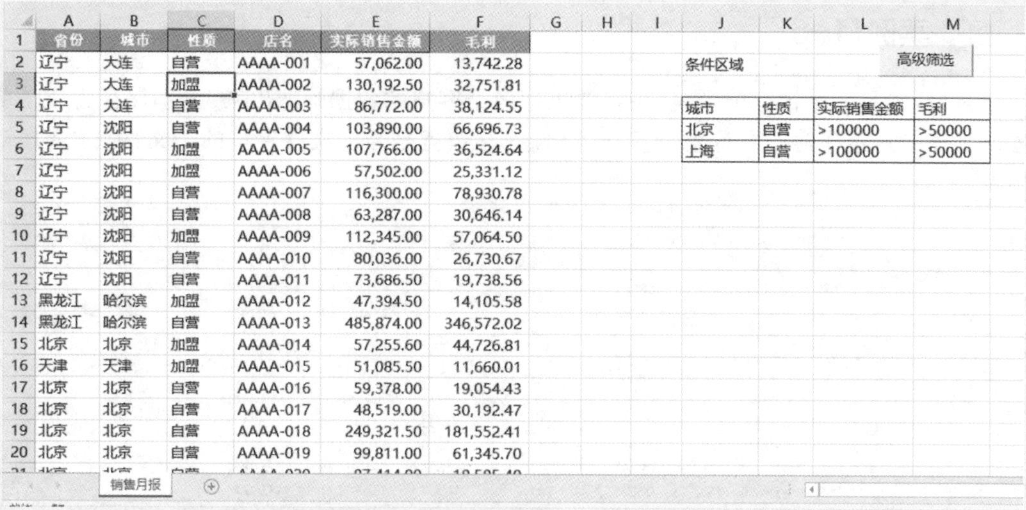

省份	城市	性质	店名	实际销售金额	毛利
辽宁	大连	自营	AAAA-001	57,062.00	13,742.28
辽宁	大连	加盟	AAAA-002	130,192.50	32,751.81
辽宁	大连	自营	AAAA-003	86,772.00	38,124.55
辽宁	沈阳	自营	AAAA-004	103,890.00	66,696.73
辽宁	沈阳	加盟	AAAA-005	107,766.00	36,524.64
辽宁	沈阳	加盟	AAAA-006	57,502.00	25,331.12
辽宁	沈阳	自营	AAAA-007	116,300.00	78,930.78
辽宁	沈阳	自营	AAAA-008	63,287.00	30,646.14
辽宁	沈阳	加盟	AAAA-009	112,345.00	57,064.50
辽宁	沈阳	自营	AAAA-010	80,036.00	26,730.67
辽宁	沈阳	自营	AAAA-011	73,686.50	19,738.56
黑龙江	哈尔滨	加盟	AAAA-012	47,394.50	14,105.58
黑龙江	哈尔滨	自营	AAAA-013	485,874.00	346,572.02
北京	北京	加盟	AAAA-014	57,255.60	44,726.81
天津	天津	加盟	AAAA-015	51,085.50	11,660.01
北京	北京	自营	AAAA-016	59,378.00	19,054.43
北京	北京	自营	AAAA-017	48,519.00	30,192.47
北京	北京	自营	AAAA-018	249,321.50	181,552.41
北京	北京	自营	AAAA-019	99,811.00	61,345.70

条件区域　高级筛选

城市	性质	实际销售金额	毛利
北京	自营	>100000	>50000
上海	自营	>100000	>50000

图11-9　示例数据及筛选条件区域

程序代码如下：

```
Public Sub 高级筛选 ()
    Dim Rng1 As Range
    Dim Rng2 As Range
    Set Rng1 = Range("A1").CurrentRegion          ' 指定数据区域
    Set Rng2 = Range("J4:M6")                     ' 指定条件区域
    Rng1.AdvancedFilter Action:=xlFilterInPlace, CriteriaRange:=Rng2
    If MsgBox(" 筛选完成。是否撤销筛选？ ", vbQuestion + vbYesNo) = vbNo Then Exit Sub
    ActiveSheet.ShowAllData
    Set Rng1 = Nothing
    Set Rng2 = Nothing
End Sub
```

11.2.3 综合应用：利用筛选制作明细表

也许你要从一个明细表中，把每个客户的数据都筛选出来，另存为单独的工作簿保存。此时如果用手动筛选、复制、粘贴、保存的方法，是非常烦琐的。我们可以把这个手动操作的过程自动化，也就是设计自动化程序代码，实现一键完成。

案例11-6

图11-10是一个销售记录表,现在要求把各个客户的数据筛选出来,分别保存为一个单独的工作簿。工作簿的名称就是客户名称,保存位置是当前文件夹里的子文件夹"客户销售表"。

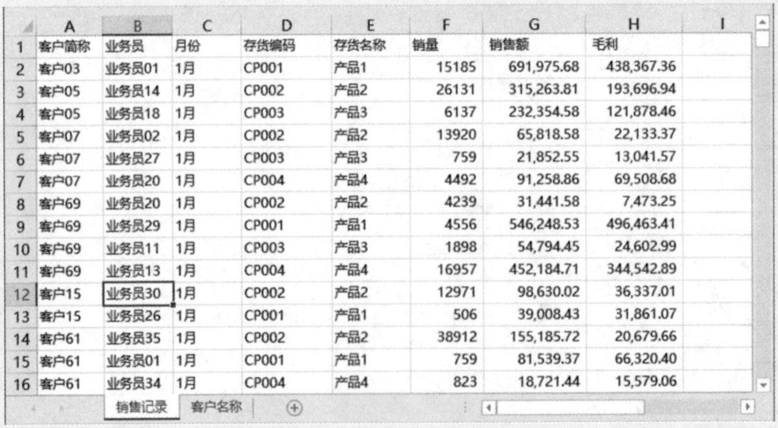

▲	A	B	C	D	E	F	G	H	I
1	客户简称	业务员	月份	存货编码	存货名称	销量	销售额	毛利	
2	客户03	业务员01	1月	CP001	产品1	15185	691,975.68	438,367.36	
3	客户05	业务员14	1月	CP002	产品2	26131	315,263.81	193,696.94	
4	客户05	业务员18	1月	CP003	产品3	6137	232,354.58	121,878.46	
5	客户07	业务员02	1月	CP002	产品2	13920	65,818.58	22,133.37	
6	客户07	业务员27	1月	CP003	产品3	759	21,852.55	13,041.57	
7	客户07	业务员20	1月	CP004	产品4	4492	91,258.86	69,508.68	
8	客户69	业务员20	1月	CP002	产品2	4239	31,441.58	7,473.25	
9	客户69	业务员29	1月	CP001	产品1	4556	546,248.53	496,463.41	
10	客户69	业务员11	1月	CP003	产品3	1898	54,794.45	24,602.99	
11	客户69	业务员13	1月	CP004	产品4	16957	452,184.71	344,542.89	
12	客户15	业务员30	1月	CP002	产品2	12971	98,630.02	36,337.01	
13	客户15	业务员26	1月	CP001	产品1	506	39,008.43	31,861.07	
14	客户61	业务员35	1月	CP002	产品2	38912	155,185.72	20,679.66	
15	客户61	业务员01	1月	CP001	产品1	759	81,539.37	66,320.40	
16	客户61	业务员34	1月	CP004	产品4	823	18,721.44	15,579.06	

销售记录　客户名称　⊕

图11-10　客户销售记录

基本思路如下:

(1)首先制作一个不重复的客户名单,保存在一个单独的工作表"客户名称"中。这个工作表可以通过录制宏得到代码(执行"删除重复项"命令)。

(2)对客户进行循环,分别提取各个客户数据。

(3)新建工作簿。

(4)将筛选出来的数据复制到新工作簿上。

(5)将新工作簿另存为客户名的工作簿。

(6)关闭工作簿。

下面是这个数据处理的程序代码。

```
Public Sub 制作明细表 ()
    Dim wsSale As Worksheet
    Dim wsCus As Worksheet
    Dim Rng As Range
    Dim RngRes As Range
    Dim wb As Workbook
```

```
Dim n As Integer
Dim m As Integer
Dim i As Integer
Dim CusName As String
Dim FilePath As String
If MsgBox(" 开始之前，删除文件夹 < 客户销售表 > 里所有的文件！ " & vbCrLf _
    & " 你是否确认都已经删除？ ", vbQuestion + vbYesNo) = vbNo Then Exit Sub
FilePath = ThisWorkbook.path & "\ 客户销售表 \"        ' 指定保存明细表的文件夹
Set wsSale = Worksheets(" 销售记录 ")
Set wsCus = Worksheets(" 客户名称 ")
wsCus.Range("A:A").Clear
n = wsSale.Range("A100000").End(xlUp).Row          ' 统计原始数据的行数
Set Rng = wsSale.Range("A1:H" & n)
' 将源数据 A 列的客户名称数据复制到"客户名称工作表 A 列，并删除重复项
wsSale.Range("A2:A" & n).Copy Destination:=wsCus.Range("A1")
wsCus.Range("A1:A" & n – 1).RemoveDuplicates Columns:=1, Header:=xlNo
m = wsCus.Range("A100000").End(xlUp).Row           ' 统计客户数
' 开始筛选数据
For i = 1 To m
    CusName = wsCus.Range("A" & i)                  ' 指定客户名称
    Rng.AutoFilter Field:=1, Criteria1:=CusName    ' 筛选指定客户
    Set RngRes = Rng.SpecialCells(xlCellTypeVisible)   ' 选择可见单元格
    Set wb = Workbooks.Add                         ' 创建新工作簿
    RngRes.Copy Destination:=wb.Worksheets(1).Range("A1")   ' 复制筛选出来的数据
    wb.Worksheets(1).Range("A:H").EntireColumn.AutoFit      ' 自动调整明细表的列宽
    wb.SaveAs Filename:=FilePath & CusName & ".xlsx"  ' 保存新工作簿
    wb.Close                                       ' 关闭新工作簿
Next i
Rng.AutoFilter                                     ' 取消筛选
MsgBox " 客户明细表制作完毕！", vbInformation
Set wsSale = Nothing
Set wsCus = Nothing
Set Rng = Nothing
```

```
    Set RngRes = Nothing
    Set wb = Nothing
End Sub
```

运行这个程序,得到如图11-11所示的结果。

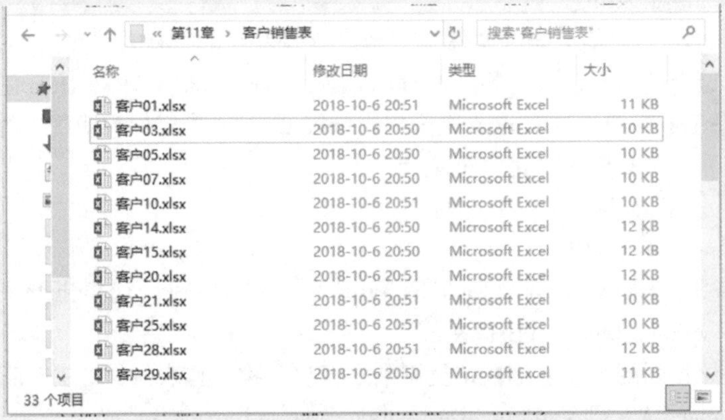

图11-11　制作的各个客户的明细表

11.3　查找数据

当要从表格里查找的数据是唯一的时,可以使用 VLOOKUP 函数在表格中设计公式,也可以在 VBA 里使用 VLOOKUP 函数或者 MATCH 函数进行快速查找。

当要从表格里查找的数据有多行时,可以使用上节介绍的筛选方法,快速筛选复制数据,也可以使用循环的方法一个一个去匹配。

当需要比对两个表格,查找仅仅存在于某个表格的数据,或者两个表格都有的数据时,编写代码进行自动化处理就是首选的方法了。

查找数据的方法多种多样,根据实际情况选择一种合适的方法即可。这里,我们仍把目光集中在如何使用 VBA 来处理这样的问题。

11.3.1　从一个工作表中查找数据

在前面的例子中,假如需要制作一个动态的客户销售明细表,那么可以参考前面的筛选方法设计程序进行查找，或者当数据量不大时，使用循环查找。查询表模型如图11-12所示。

	A	B	C	D	E	F	G	H
1								
2	选择客户：	客户33		开始查询				
3								
4				合计：	共 14 条	106,170.92	2,231,047.54	1,353,400.08
5	客户简称	业务员	月份	存货编码	存货名称	销量	销售额	毛利
6	客户33	业务员32	1月	CP002	产品2	21,386.04	107,762.43	34,501.91
7	客户33	业务员10	1月	CP001	产品1	9,427.57	859,098.77	628,657.78
8	客户33	业务员16	1月	CP003	产品3	379.63	8,610.56	3,619.72
9	客户33	业务员29	1月	CP004	产品4	2,404.35	71,558.95	49,254.23
10	客户33	业务员20	4月	CP001	产品1	2,024.71	139,660.63	102,506.64
11	客户33	业务员12	5月	CP001	产品1	4,429.06	213,633.14	152,017.90
12	客户33	业务员34	5月	CP003	产品3	1,455.26	26,092.60	5,574.72
13	客户33	业务员15	7月	CP001	产品1	1,834.90	104,566.08	70,862.55
14	客户33	业务员20	7月	CP004	产品4	3,037.07	90,671.78	66,333.76
15	客户33	业务员23	8月	CP002	产品2	13,413.73	58,186.49	-6,632.74
16	客户33	业务员29	8月	CP001	产品1	5,441.42	315,329.04	220,133.50
17	客户33	业务员05	8月	CP003	产品3	1,328.72	27,723.38	12,997.34
18	客户33	业务员03	11月	CP002	产品2	38,912.46	193,411.38	7,148.51
19	客户33	业务员12	11月	CP003	产品3	696.00	14,742.32	6,424.26
20								

图11-12　制作客户销售查询表

案例11-7

下面是筛选查找的程序代码。

```
Public Sub 制作明细表 ()
    Dim wsSale As Worksheet
    Dim wsRes As Worksheet
    Dim Rng As Range
    Dim RngRes As Range
    Dim n As Integer
    Set wsSale = Worksheets(" 销售记录 ")
    Set wsRes = Worksheets(" 查询表 ")
    wsRes.Range("A4:H10000").Clear              ' 清除上次查询的结果
    n = wsSale.Range("A100000").End(xlUp).Row    ' 统计原始数据的行数
    Set Rng = wsSale.Range("A1:H" & n)           ' 选择原始数据区域
    ' 开始筛选数据
```

```
        Rng.AutoFilter Field:=1, Criteria1:=wsRes.Range("B2")  ' 筛选指定客户
        Set RngRes = Rng.SpecialCells(xlCellTypeVisible)        ' 选择可见单元格
        RngRes.Copy Destination:=wsRes.Range("A5")               ' 复制筛选出来的数据
        Rng.AutoFilter                                           ' 取消筛选
        n = wsRes.Range("A100000").End(xlUp).Row   ' 统计查询结果行数
        Set Rng = wsRes.Range("A5:H" & n)               ' 获取查询结果区域
        ' 下面设置边框
        With Rng
            .BorderAround LineStyle:=xlContinuous, Weight:=xlThin
            .Borders(xlInsideHorizontal).LineStyle = xlContinuous
            .Borders(xlInsideHorizontal).Weight = xlThin
            .Borders(xlInsideVertical).LineStyle = xlContinuous
            .Borders(xlInsideVertical).Weight = xlThin
        End With
        ' 下面计算合计数
        With wsRes
            .Range("D4") = " 合计 : "
            .Range("E4") = " 共 " & n – 5 & " 条 "
            .Range("F4") = WorksheetFunction.Sum(.Range("F6:F" & n))
            .Range("G4") = WorksheetFunction.Sum(.Range("G6:G" & n))
            .Range("H4") = WorksheetFunction.Sum(.Range("H6:H" & n))
            ' 下面是设置合计数格式
            With .Range("D4:H4")
                .NumberFormatLocal = "#,##0.00"
                .Font.Size = 10
                .Font.Color = vbRed
            End With
        End With
        Set wsSale = Nothing
        Set wsRes = Nothing
        Set Rng = Nothing
        Set RngRes = Nothing
End Sub
```

案例11-8

下面的程序是使用循环的方法从数据中查找指定客户的数据。

```
Public Sub 制作明细表()
    Dim wsSale As Worksheet
    Dim wsRes As Worksheet
    Dim Rng As Range
    Dim n As Integer
    Dim i As Integer
    Dim k As Integer
    Dim Cus As String
    Set wsSale = Worksheets(" 销售记录 ")
    Set wsRes = Worksheets(" 查询表 ")
    wsRes.Range("A4:H10000").Clear              ' 清除上次查询的结果
    n = wsSale.Range("A100000").End(xlUp).Row   ' 统计原始数据的行数
    Cus = wsRes.Range("B2")                     ' 要查找的客户名称
    ' 输入标题
    wsRes.Range("A5:H5") = wsSale.Range("A1:H1").Value
    ' 开始循环查找数据
    k = 6                                       ' 第一条数据保存位置
    For i = 2 To n
        If wsSale.Range("A" & i) = Cus Then
            ' 如果是该客户数据，就复制过来
            wsSale.Range("A" & i & ":H" & i).Copy Destination:=wsRes.Range("A" & k)
            k = k + 1                           ' 准备下一条数据的保存位置
        End If
    Next i
    n = wsRes.Range("A100000").End(xlUp).Row    ' 统计查询结果行数
    Set Rng = wsRes.Range("A5:H" & n)           ' 获取查询结果区域
    ' 下面设置边框
    With Rng
        .BorderAround LineStyle:=xlContinuous, Weight:=xlThin
        .Borders(xlInsideHorizontal).LineStyle = xlContinuous
```

```
        .Borders(xlInsideHorizontal).Weight = xlThin
        .Borders(xlInsideVertical).LineStyle = xlContinuous
        .Borders(xlInsideVertical).Weight = xlThin
    End With
    '下面计算合计数
    With wsRes
        .Range("D4") = " 合计 ："
        .Range("E4") = " 共 " & n – 5 & " 条 "
        .Range("F4") = WorksheetFunction.Sum(.Range("F6:F" & n))
        .Range("G4") = WorksheetFunction.Sum(.Range("G6:G" & n))
        .Range("H4") = WorksheetFunction.Sum(.Range("H6:H" & n))
        '下面是设置合计数格式
        With .Range("D4:H4")
            .NumberFormatLocal = "#,##0.00"
            .Font.Size = 10
            .Font.Color = vbRed
        End With
    End With
    Set wsSale = Nothing
    Set wsRes = Nothing
    Set Rng = Nothing
    Set RngRes = Nothing
End Sub
```

11.3.2 从多个工作表中查找数据

也许你会遇到这样的问题：有12个月工资表，要求制作某个人的12个月的工资汇总表，这就是从多个工作表查找数据的问题。

这样的问题，无非就是循环每个工作表进行查询。当要查询的数据是唯一的时，可以直接使用VLOOKUP函数或MATCH函数进行查找。

◎ 案例11-9

本例从12张工作表中查找指定员工各月工资明细，如图11-13所示。

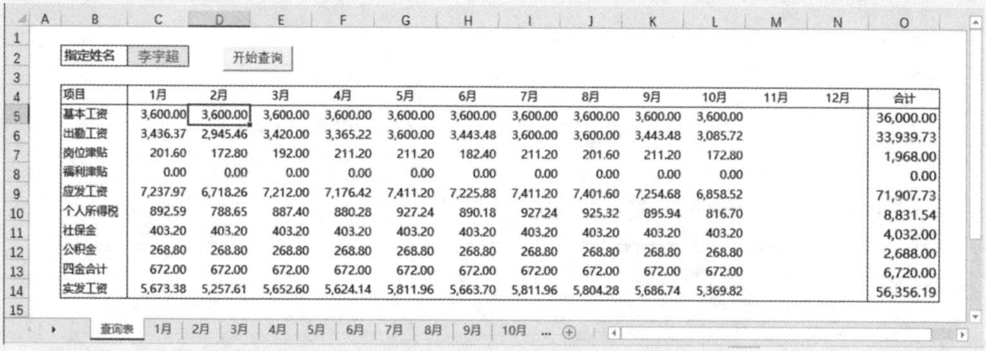

指定姓名	李宇超	开始查询										
项目	1月	2月	3月	4月	5月	6月	7月	8月	9月	10月	11月	12月	合计
基本工资	3,600.00	3,600.00	3,600.00	3,600.00	3,600.00	3,600.00	3,600.00	3,600.00	3,600.00	3,600.00			36,000.00
出勤工资	3,436.37	2,945.46	3,420.00	3,365.22	3,600.00	3,443.48	3,600.00	3,600.00	3,443.48	3,085.72			33,939.73
岗位津贴	201.60	172.80	192.00	211.20	211.20	182.40	211.20	201.60	211.20	172.80			1,968.00
福利津贴	0.00	0.00	0.00	0.00	0.00	0.00	0.00	0.00	0.00	0.00			0.00
应发工资	7,237.97	6,718.26	7,212.00	7,176.42	7,411.20	7,225.88	7,411.20	7,401.60	7,254.68	6,858.52			71,907.73
个人所得税	892.59	788.65	887.40	880.28	927.24	890.18	927.24	925.32	895.94	816.70			8,831.54
社保金	403.20	403.20	403.20	403.20	403.20	403.20	403.20	403.20	403.20	403.20			4,032.00
公积金	268.80	268.80	268.80	268.80	268.80	268.80	268.80	268.80	268.80	268.80			2,688.00
四金合计	672.00	672.00	672.00	672.00	672.00	672.00	672.00	672.00	672.00	672.00			6,720.00
实发工资	5,673.38	5,257.61	5,652.60	5,624.14	5,811.96	5,663.70	5,811.96	5,804.28	5,686.74	5,369.82			56,356.19

图11-13　制作指定员工的全年工资汇总表

下面是参考程序代码，这里使用MATCH函数进行定位，然后转置粘贴该员工的数据。需要注意的是，当没有符合条件的记录时，会出现错误，因此在程序中需要进行错误处理。

```
Public Sub 查询工资 ()
    Dim ws As Worksheet, wsx As Worksheet
    Dim Rng As Range
    Dim i As Integer, n As Integer
    Dim Emp As String
    Dim ErrNum As Long
    Set ws = Worksheets(" 查询表 ")
    ws.Range("C5:O14").ClearContents
    Emp = ws.Range("C2")
    For i = 1 To 12
        Set wsx = Worksheets(i & " 月 ")
        On Error Resume Next
        n = WorksheetFunction.Match(Emp, wsx.Range("A:A"), 0)
        ErrNum = Err.Number
        On Error GoTo 0
        If ErrNum = 0 Then
            Set Rng = wsx.Range("C" & n & ":L" & n)
            Rng.Copy
            ws.Cells(5, i + 2).PasteSpecial xlPasteValues, , , True
        Else
```

```
        End If
    Next i
    For i = 5 To 14
        ws.Range("O" & i) = WorksheetFunction.Sum(ws.Range("C" & i & ":N" & i))
    Next i
    ws.Range("C5:O14").NumberFormatLocal = "#,##0.00"
    Application.CutCopyMode = False
    ws.Range("C2").Select
End Sub
```

11.3.3　查找两个表格都存在的数据

在有些情况下，需要找出两个工作表中各列完全相同的行数据。数据量不大的情况下，可以利用CountIf函数并采用循环的方法来确定两个工作表都存在的关键字是否存在，并进行数据复制。但是，如果数据量很大，最好使用ADO+SQL方法。

案例11-10

下面的程序是获取两个工作表中相同数据的行数据，并将这些数据复制到指定工作表中。这里假设每个表格的A列是关键字段。

```
Public Sub 两个表都有 ()
    Dim ws As Worksheet
    Dim Rng1 As Range
    Dim Rng2 As Range
    Dim c As Range
    Dim i As Long
    Set ws = Worksheets(" 查询结果 ")
    ws.Cells.Clear
    ' 获取两个工作表的数据区域与关键字
    Set Rng1 = Worksheets(" 表 1").Range("A1").CurrentRegion.Columns(1)
    Set Rng2 = Worksheets(" 表 2").Range("A1").CurrentRegion.Columns(1)
    i = 0
    For Each c In Rng1.Cells
        If WorksheetFunction.CountIf(Rng2, c.Value) > 0 Then
```

```
      i = i + 1
      c.EntireRow.Copy ws.Cells(i, 1)
   End If
Next
Set Rng1 = Nothing
Set Rng2 = Nothing
Set c = Nothing
Set ws = Nothing
End Sub
```

图11-14是示例数据及查询结果。

图11-14　示例数据及查询结果

11.3.4　获取只存在于某个工作表中的行数据

上面介绍了获取两个工作表中相同的行数据的方法；反过来，我们也可以利用CountIf函数并采用循环的方法，获取只存在于某个工作表中的行数据。

案例11-11

下面的程序是比较两张工作表，获取只存在于某个工作表中的行数据，并将这些数据复制到指定工作表中。

```
Public Sub 某个表有 ()
   Dim ws1 As Worksheet
   Dim ws2 As Worksheet
```

```vba
Dim Rng1 As Range
Dim Rng2 As Range
Dim c As Range
Dim i As Long
Set ws1 = Worksheets(" 表 1 有表 2 没有 ")
Set ws2 = Worksheets(" 表 2 有表 1 没有 ")
ws1.Cells.Clear
ws2.Cells.Clear
' 获取两个工作表的数据区域与关键字
Set Rng1 = Worksheets(" 表 1").Range("A1").CurrentRegion.Columns(1)
Set Rng2 = Worksheets(" 表 2").Range("A1").CurrentRegion.Columns(1)
' 表 1 有表 2 没有
Worksheets(" 表 1").Range("1:1").Copy Destination:=ws1.Range("A1")
i = 1
For Each c In Rng1.Cells
    If WorksheetFunction.CountIf(Rng2, c.Value) = 0 Then
        i = i + 1
        c.EntireRow.Copy ws1.Cells(i, 1)
    End If
Next
' 表 2 有表 1 没有
Worksheets(" 表 2").Range("1:1").Copy Destination:=ws2.Range("A1")
i = 1
For Each c In Rng2.Cells
    If WorksheetFunction.CountIf(Rng1, c.Value) = 0 Then
        i = i + 1
        c.EntireRow.Copy ws2.Cells(i, 1)
    End If
Next
MsgBox " 查找完毕 ", vbInformation
Set Rng1 = Nothing
Set Rng2 = Nothing
Set c = Nothing
```

```
    Set ws1 = Nothing
    Set ws1 = Nothing
End Sub
```

11.4 利用ADO+SQL处理工作表数据

当 Excel 工作表数据清单有标题但无重复的标题、无合并单元格、一行为一条记录、一列为一个字段时，都可以将工作表数据看成是一个小规模的数据库。这样就可以利用 ADO+SQL 对工作表数据进行高效处理。

11.4.1 引用 ADO 对象库

利用ADO+SQL对工作表数据进行处理之前，首先要引用ADO对象库"Microsoft ActiveX Data Objects Recordset 2.x Library"，这里x表示ADO的版本。

引用的方法是：在VBE窗口中，执行"工具"→"引用"命令，打开"引用–VBAProject"对话框，勾选相应的项目即可，如图11–15所示。

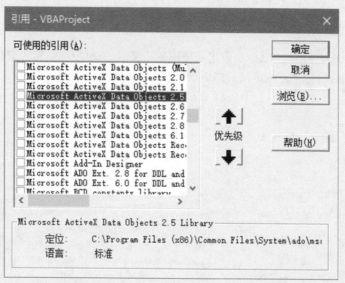

图11–15　引用ADO对象库"Microsoft ActiveX Data Objects Recordset 2.x Library"

11.4.2　建立与工作簿的连接

在引用了 ADO 后，就可以使用 ADO 的有关对象、属性和方法建立与工作簿的连接，并进行数据查询。

利用 ADO 连接工作簿的字符串如下：

```
Dim cnn as ADODB.Connection                  '定义连接变量 cnn
Set cnn = New ADODB.Connection
With cnn
    .Provider = "microsoft.ace.oledb.12.0"
    .ConnectionString = "Extended Properties=Excel 12.0;" _
        & "Data Source=" & myWbName
    .Open
End With
```

其中 myWbName 为要查询的工作簿的名称字符串(带完整路径)。

11.4.3　SQL 语句基本知识

SQL 的语法属于一种非程序性的语法描述，是专门针对关系型数据库处理时所使用的语法。SQL 由若干的 SQL 语句组成。利用 SQL 语句，可以很容易地对数据库进行编辑、查询等操作。

在众多的 SQL 语句中，SELECT 语句是使用最频繁的。SELECT 语句主要被用来对数据库进行查询并返回符合用户查询标准的结果数据。

SELECT 语句有 5 个主要的子句，而 FROM 是唯一必需的子句。每一个子句有大量的选择项和参数等。

SELECT 语句的语法格式如下：

```
SELECT 字段列表
  FROM 子句
      [WHERE 子句 ]
      [GROUP BY 子句 ]
      [HAVING 子句 ]
      [ORDER BY 子句 ]
```

SELECT 语句的组成说明如下。

1. 字段列表

字段列表指定多个字段名称,各个字段之间用逗号","分隔,用星号"*"代替所有的字段。当包含有多个表的字段时,可用"数据表名.字段名"来表示,即在字段名前标明该字段所在的数据表。

例如"select 日期,产品编号,销售量,销售额"就是选择数据表里的日期、产品编号、销售量和销售额这4个字段。

我们还可以在字段列表中自定义字段。比如,前面介绍的SQL语句"select '北京' as 城市,店铺,性质,销售额,销售成本 from [北京$]"中,除了查询工作表"北京"中的字段店铺、性质、销售额、销售成本外,还自定义了一个工作表里没有的字段"城市",并将"北京"作为该字段的数据。由于北京是一个文本,因此需要用单引号括起来。将某个数据保存在自定义字段的方法是利用as属性词,即"'北京' as 城市"。

2. FROM 子句

FROM子句是一个必需子句,指定要查询的数据表,各个数据表之间用逗号","分隔。但要注意,如果是查询工作簿的数据表,那么必须用方括号"[ ]"将工作表名括起来,并且在工作表名后要有符号"$"。

例如,"select * from [北京$]"就是查询工作表"北京"里的所有字段。

如果为工作表的数据区域定义了一个名称,直接在FROM后面写上定义的名称即可,但仍要用方括号"[ ]"括起来。

如果要查询的是Access数据库、SQL Server数据库等关系型数据库的数据表,那么在FROM后面直接写上数据表名即可。

3. WHERE 子句

WHERE子句是一个可选子句,指定查询的条件,可以使用SQL运算符组成各种条件运算表达式。

例如,"WHERE 部门 = '销售部'"就表示要查询的部门是"销售部"的数据。

如果条件值是数值,则直接写上数值,如"WHERE 年龄 > 50";

如果条件值是字符串,则必须用单引号"'"括起来,如"WHERE 部门 = '销售部'";

如果条件值是日期,则必须用井号"#"或单引号"'"括起来,如"WHERE 日期 = #2007-12-22#"。

4. GROUP BY 子句

GROUP BY 子句是一个可选子句,指定分组项目,使具有同样内容的记录(例如日期相同、部门相同、性别相同等)归类在一起。

例如，"GROUP BY 性别"就表示将查询的数据按性别分组。

5. HAVING 子句

HAVING子句是一个可选子句，功能与WHERE子句类似，只是必须与GROUP BY子句一起使用。

例如，要想只显示平均工资大于5000元的记录，并按部门进行分组，则可以使用子句"GROUP BY 部门 HAVING AVG(工资总额) > 5000"。

6. ORDER BY 子句

ORDER BY子句是一个可选子句，指定查询结果以何种方式排序。排序方式有两种：升序(ASC)和降序(DESC)。如果省略ASC和DESC，则表示按升序(ASC)排序。

例如，"ORDER BY 姓名 ASC"就表示查询的结果按姓氏拼音升序排序。而"ORDER BY 工资总额，年龄 DESC"则表示查询结果按"工资总额"从小到大升序排列，而"年龄"则按从大到小降序排序。

7. 关于多表查询

在实际工作中，可能要查询工作簿里的多个工作表或者数据库里的多个数据表，这就是多表查询问题。

多表查询有很多种方法。例如，利用WHERE子句设置多表之间的连接条件，利用JOIN...ON子句连接多个表，利用UNION或者UNION ALL连接多个SELECT语句等。

如果要查询多个工作表或数据表的数据，并将这些表的数据生成一个记录集，那么可以利用UNION ALL将每个表的SELECT语句连接起来。在11.3节中，就使用了UNION ALL将每个工作表的SELECT语句连接起来。

8. 查询数据的典型语句

这里要重点强调的是，在查询指定的工作表时，SQL语句中所指定的工作表名称要用方括号"[]"括起来，并且工作表名的后面总是有符号"$"。例如，要查询工作表Sheet1中符合某条件的数据，SQL语句的基本形式如下：

```
SQL = "select * from [Sheet1$] where 条件表达式 "
```

11.4.4 从当前工作簿某个工作表中查询获取数据

◎ 案例11-12

在本例中，要从指定的工作表中查询并获取销售额在15万元以上、毛利在5万元以上、自营店的数据。程序代码如下：

```
Public Sub 查找数据 ()
    Dim cnn As ADODB.Connection              ' 定义连接变量 cnn
    Dim rs As ADODB.Recordset                ' 定义查询数据集变量 rs
    Dim n As LongLong
    Dim SQL As String
    Dim wbName As String
    Dim ws As Worksheet
    wbName = ThisWorkbook.FullName            ' 指定要查询的工作簿名称 ( 带完整路径 )
    Set ws = Worksheets(" 查询结果 ")          ' 指定保存查询结果的工作表
    ws.Cells.Clear
    ' 建立与指定工作簿的连接
    Set cnn = New ADODB.Connection
    With cnn
        .Provider = "microsoft.ace.oledb.12.0"
        .ConnectionString = "Extended Properties=Excel 12.0;" _
            & "Data Source=" & wbName
        .Open
    End With
    Set rs = New ADODB.Recordset
    ' 设置查询 SQL 语句
    SQL = "select * from [ 销售月报 $] " _
        & " where 实际销售金额 >150000 and 毛利 >50000 and 性质 =' 自营 '"
    ' 查询符合条件的记录
    rs.Open SQL, cnn, adOpenKeyset, adLockOptimistic
    n = rs.RecordCount
    If n > 0 Then
        MsgBox " 查询到 " & n & " 条符合条件的记录。", vbInformation
    Else
        MsgBox " 没有查询到符合条件的记录。", vbInformation
        Exit Sub
    End If
    ' 复制标题
```

```
    For i = 1 To rs.Fields.Count
        ws.Cells(1, i) = rs.Fields(i − 1).Name
    Next i
    ' 复制查询到的记录
    ws.Range("A2").CopyFromRecordset rs
    MsgBox " 查询完毕 ", vbInformation
    Set cnn = Nothing
    Set rs = Nothing
    Set ws = Nothing
End Sub
```

11.4.5 从当前工作簿的全部工作表中查询获取数据

当需要从工作簿的全部工作表中来查询符合条件的数据时,可以循环工作表集合,对每个工作表进行查询,并将每个工作表中符合条件的数据复制到指定的工作表中。

案例11-13

下面的程序就是利用 ADO+SQL,从 12 个月工资表中查询数据(示例数据见案例 11-9)。

```
Public Sub 查询工资 ()
    Dim cnn As ADODB.Connection
    Dim rs As ADODB.Recordset
    Dim ws As Worksheet
    Dim i As Integer, j As Integer
    Dim SQL As String
    Dim wbName As String
    Dim Emp As String
    wbName = ThisWorkbook.FullName          ' 指定要查询的工作簿
    Set ws = Worksheets(" 查询表 ")          ' 指定保存查询结果的工作表
    Emp = ws.Range("C2")
    ws.Range("C5:O14").ClearContents
    ' 建立与指定工作簿的连接
    Set cnn = New ADODB.Connection
    With cnn
```

```
            .Provider = "microsoft.ace.oledb.12.0"
            .ConnectionString = "Extended Properties=Excel 12.0;" _
                & "Data Source=" & wbName
            .Open
        End With
        ' 循环每个工资表并进行查询
        For i = 1 To 12
            Set rs = New ADODB.Recordset
            ' 设置查询 SQL 语句
            SQL = "select * from [" & i & " 月 $] where 姓名 ='" & Emp & "'"
            ' 查询符合条件的记录
            rs.Open SQL, cnn, adOpenKeyset, adLockOptimistic
            If rs.RecordCount > 0 Then
                ' 将查询结果输入到查询表
                For j = 5 To 14
                    ws.Cells(j, i + 2) = rs.Fields(ws.Range("B" & j).Value)
                Next j
            End If
        Next i
        For i = 5 To 14
            ws.Range("O" & i) = WorksheetFunction.Sum(ws.Range("C" & i & ":N" & i))
        Next i
        ws.Range("C5:O14").NumberFormatLocal = "#,##0.00"
        MsgBox " 查询完毕!", vbInformation
        Set cnn = Nothing
        Set rs = Nothing
        Set ws = Nothing
    End Sub
```

11.4.6　在不打开其他工作簿的情况下查询其数据

　　利用ADO+SQL查询其他工作簿的数据,与查询当前工作簿数据的方法是一样的,只需指定要查询的工作簿即可,而不需要打开该工作簿。

案例11-14

下面的程序是从工作簿"销售记录表.xlsx"中的工作表"销售记录"中,将毛利在50万元以上的销售记录查找出来。

```
Public Sub 查找数据 ()
    Dim cnn As ADODB.Connection
    Dim rs As ADODB.Recordset
    Dim ws As Worksheet
    Dim SQL As String
    Dim wbName As String
    wbName = ThisWorkbook.Path & "\ 销售记录表 .xlsx" ' 指定要查询的工作簿
    Set ws = Worksheets(" 查询结果 ")                    ' 指定保存查询结果的工作表
    ws.Cells.Clear
    ' 建立与指定工作簿的连接
    Set cnn = New ADODB.Connection
    With cnn
        .Provider = "microsoft.ace.oledb.12.0"
        .ConnectionString = "Extended Properties=Excel 12.0;" _
            & "Data Source=" & wbName
        .Open
    End With
    Set rs = New ADODB.Recordset
    ' 设置查询 SQL 语句
    SQL = "select * from [ 销售记录 $] where 毛利 >500000"
    ' 查询符合条件的记录
    rs.Open SQL, cnn, adOpenKeyset, adLockOptimistic
    If rs.RecordCount > 0 Then
        MsgBox " 查询到 " & rs.RecordCount & " 条符合条件的记录。", vbInformation
    Else
        MsgBox " 没有查询到符合条件的记录。", vbInformation
        Exit Sub
    End If
    ' 复制标题
```

```
        For i = 1 To rs.Fields.Count
            ws.Cells(1, i) = rs.Fields(i – 1).Name
        Next i
        ' 复制查询到的记录
        ws.Range("A2").CopyFromRecordset rs
        MsgBox " 查询完毕 " , vbInformation
        Set cnn = Nothing
        Set rs = Nothing
        Set ws = Nothing
    End Sub
```

11.4.7 综合应用案例：员工流动性分析

　　如何从年初、年末两个员工花名册表格中，分别得到离职员工明细表、新进员工明细表以及不离不弃员工明细表？此时可以编制代码，利用ADO+SQL语句快速、高效地查询数据。

案例11-15

　　下面的程序是对工作簿中的两个工作表"年初"和"年末"数据进行关联查询，分别制作离职员工明细表、新进员工明细表以及不离不弃员工明细表。

```
    Public Sub 查找数据 ()
        Dim cnn As ADODB.Connection
        Dim rs As ADODB.Recordset
        Dim ws1 As Worksheet
        Dim ws2 As Worksheet
        Dim ws3 As Worksheet
        Dim SQL As String
        Dim wbName As String
        wbName = ThisWorkbook.FullName              ' 指定要查询的工作簿
        Set ws1 = Worksheets(" 离职员工 ")          ' 指定保存离职员工信息的工作表
        Set ws2 = Worksheets(" 新进员工 ")          ' 指定保存新进员工信息的工作表
        Set ws3 = Worksheets(" 不离不弃 ")          ' 指定保存不离不弃员工信息的工作表
        ws1.Range("A2:Z10000").ClearContents
        ws2.Range("A2:Z10000").ClearContents
```

```
ws3.Range("A2:Z10000").ClearContents

' 建立与指定工作簿的连接
Set cnn = New ADODB.Connection
With cnn
    .Provider = "microsoft.ace.oledb.12.0"
    .ConnectionString = "Extended Properties=Excel 12.0;" _
        & "Data Source=" & wbName
    .Open
End With

'-----1. 开始查询离职员工信息 -----
Set rs = New ADODB.Recordset
SQL = "select [ 年初 $].* from [ 年初 $] " _
    & " where [ 年初 $]. 工号  not in(select [ 年末 $]. 工号 from [ 年末 $])"
rs.Open SQL, cnn, adOpenKeyset, adLockOptimistic
ws1.Range("A2").CopyFromRecordset rs

'-----2. 开始查询新进员工信息 -----
Set rs = New ADODB.Recordset
SQL = "select [ 年末 $].* from [ 年末 $] " _
    & " where [ 年末 $]. 工号  not in(select [ 年初 $]. 工号 from [ 年初 $])"
rs.Open SQL, cnn, adOpenKeyset, adLockOptimistic
ws2.Range("A2").CopyFromRecordset rs

'-----3. 开始查询不离不弃员工信息 -----
Set rs = New ADODB.Recordset
SQL = "select [ 年末 $].* from [ 年末 $] " _
    & " where [ 年末 $]. 工号 in(select [ 年初 $]. 工号 from [ 年初 $])"
rs.Open SQL, cnn, adOpenKeyset, adLockOptimistic
ws3.Range("A2").CopyFromRecordset rs

MsgBox " 查询完毕 ", vbInformation
```

```
    Set cnn = Nothing
    Set rs = Nothing
    Set ws1 = Nothing
    Set ws2 = Nothing
    Set ws3 = Nothing
End Sub
```

11.5 合并汇总工作簿和工作表：常规方法

大量的工作表汇总，是职场人士经常会遇到的比较烦琐的问题，令人头疼不已。而合并汇总工作表的最大障碍，一是这些工作表结构和数据很乱，二是平时只会复制粘贴，没有掌握更实用、简洁、高效的 Excel 工具。

如果需要把每个工作表的数据堆在一起，生成一个总数据表，那么这种堆积汇总，必须保证每个工作表的列结构完全相同（列数一样、列次序一样），但行数可以不一样。这种汇总方法中最高效的方式是使用 VBA，当然也可以使用现有连接 +SQL 语句，如果你安装了最新的 Excel 2016，那么直接使用 PowerQuery 更方便。

11.5.1 合并汇总当前工作簿里的 N 个工作表

案例11-16

本例将对当前工作簿中的几个工作表进行合并汇总(这里假设是从第 2 个工作表开始汇总，第 1 个工作表是保存汇总数据的汇总表)。需要注意的是，使用VBA汇总工作表，工作簿必须保存为启用宏的工作簿。程序代码如下：

```
Public Sub 汇总 ()
    Dim ws1 As Worksheet
    Dim ws As Worksheet
    Dim rng As Range
    Dim i As Integer
    Dim n As Integer
    Dim k As Integer
```

```
    Set ws1 = ThisWorkbook.Worksheets(" 汇总 ")
    ws1.Range("A2:D10000").Clear
    n = ThisWorkbook.Worksheets.Count
    k = 2
    For i = 2 To n
      Set ws = ThisWorkbook.Worksheets(i)
      Set rng = ws.Range("A2:D" & ws.Range("A50000").End(xlUp).Row)
      rng.Copy Destination:=ws1.Range("A" & k)
      k = ws1.Range("A50000").End(xlUp).Row + 1
    Next i
    MsgBox " 汇总完毕 "
End Sub
```

运行此程序，即可得到汇总数据，如图11–16和图11–17所示。

	A	B	C	D	E
1	日期	摘要	收入	支出	
2	2017-1-1	J03		2707	
3	2017-1-3	J01	3633		
4	2017-1-8	J13		3567	
5	2017-1-8	J15	3382		
6	2017-1-13	J07		6990	
7	2017-1-15	J08		7972	
8	2017-1-16	J06	3592		
9	2017-1-17	J05	5966		
10	2017-1-18	J14	8747		
11	2017-1-21	J12		5945	
12	2017-1-22	J02	4093		
13	2017-1-24	J09	3730		
14	2017-1-24	J16	6766		
15	2017-1-29	J10	2745		
16	2017-1-29	J11	8326	10191	
17	2017-1-30	J04	9072		
18					
19					
20					

汇总 | 1月 | 2月 | 3月 | 4月 | 5月

图11–16　要汇总的几个工作表

	A	B	C	D
1	日期	摘要	收入	支出
2	2017-1-1	J03		2707
3	2017-1-3	J01	3633	
4	2017-1-8	J13		3567
5	2017-1-8	J15	3382	
6	2017-1-13	J07		6990
7	2017-1-15	J08		7972
8	2017-1-16	J06	3592	
9	2017-1-17	J05	5966	
10	2017-1-18	J14	8747	
90	2017-5-24	M06	8686	7406
91	2017-5-24	M27	9301	
92	2017-5-25	M07		1005
93	2017-5-26	M01		9637
94	2017-5-26	M21		3944
95	2017-5-26	M26	4629	
96	2017-5-29	M22		1787
97	2017-5-30	M20		7297
98	2017-5-31	M24	6969	
99				

汇总 | 1月 | 2月 | 3月 | 4月 | 5月

图11–17　汇总结果

11.5.2 合并汇总不同工作簿里的一个工作表

如果要汇总的是N个工作簿，但每个工作簿里仅有一个工作表，现在要把这些工作簿的数据汇总到一个新工作簿中，可以先打开每个工作簿，然后进行复制粘贴操作，再关闭该工作簿。循环每个工作簿，都进行这样的操作，就可以快速完成数据的汇总。

案例11-17

图11-18所示是要汇总的4个工作簿，将它们保存在一个文件夹中。

名称

| 2013年.xlsx
| 2014年.xlsx
| 2015年.xlsx
| 2016年.xlsx

图11-18　要汇总的4个工作簿

汇总的程序代码如下：

```vba
Public Sub 汇总 ()
    Dim wb As Workbook
    Dim ws0 As Worksheet
    Dim ws As Worksheet
    Dim myArray As Variant
    Dim k As Integer, n As Integer
    myArray = Array("2013 年 ", "2014 年 ", "2015 年 ", "2016 年 ")
    Set ws0 = ThisWorkbook.Worksheets(" 汇总表 ")
    ws0.Range("A2:I65536").ClearContents
    k = 2
    For i = 0 To 3
        Workbooks.Open Filename:=ThisWorkbook.Path & "\" & myArray(i)
        Set wb = ActiveWorkbook
        n = Range("A65536").End(xlUp).Row
        Range("A2:H" & n).Copy Destination:=ws0.Range("B" & k)
        ws0.Range("A" & k & ":A" & k + n − 2) = myArray(i)
        wb.Close savechanges:=False
        k = ws0.Range("A65536").End(xlUp).Row + 1
    Next i
    MsgBox " 祝贺您！汇总分析完毕!", vbOKOnly + vbInformation, " 汇总 "
End Sub
```

运行这个程序，得到如图11-19所示的汇总结果。

	A	B	C	D	E	F	G	H	I
1	年份	店铺名称	店铺分类	区域	渠道	月份	收入	成本	费用
2	2013年	2013年	AA1店	A类	东城区	卖场	1月	198,808	107,462
3	2013年	2013年	AA2店	A类	东城区	卖场	1月	169,501	112,315
4	2013年	2013年	AA3店	A类	西城区	卖场	1月	180,648	107,764
5	2013年	2013年	AA4店	A类	北城区	卖场	1月	181,263	111,055
6	2013年	2013年	AA5店	B类	北城区	卖场	1月	104,862	67,186
7	2013年	2013年	AA6店	C类	东城区	卖场	1月	133,697	68,035
8	2013年	2013年	AA7店	C类	北城区	卖场	1月	134,257	75,577
417	2016年	2016年	AA6店	C类	东城区	卖场	11月	125,340	68,664
418	2016年	2016年	AA7店	C类	北城区	卖场	11月	257,057	155,898
419	2016年	2016年	AA8店	C类	南城区	卖场	11月	254,630	68,777
420	2016年	2016年	AA9店	A类	北城区	卖场	11月	364,861	103,192
421	2016年	2016年	AA1店	A类	东城区	卖场	12月	397,173	107,127
422	2016年	2016年	AA2店	A类	东城区	卖场	12月	446,282	150,420
423	2016年	2016年	AA3店	A类	西城区	卖场	12月	252,387	140,691
424	2016年	2016年	AA4店	A类	北城区	卖场	12月	490,408	296,278
425	2016年	2016年	AA5店	B类	北城区	卖场	12月	309,424	207,570
426	2016年	2016年	AA6店	C类	东城区	卖场	12月	406,545	102,991
427	2016年	2016年	AA7店	C类	北城区	卖场	12月	392,735	216,902
428	2016年	2016年	AA8店	C类	南城区	卖场	12月	284,951	281,510
429	2016年	2016年	AA9店	A类	北城区	卖场	12月	495,891	129,824
430									

汇总表

图11-19　4个工作簿数据的汇总结果

11.5.3 合并汇总不同工作簿里的 N 个工作表

更为复杂的情况是，要汇总的是N个工作簿，但每个工作簿里有M个工作表。例如，有10个分公司，每个分公司有一个工作簿，每个工作簿里是12个月份的工资表，现在要把这120张工作表数据汇总到一个新的工作簿的12个工作表中(即各月工作表)。

案例11-18

图11-20所示是要汇总的5个分公司的工作簿，每个工作簿有12个月的工资表。在汇总的结果中，要体现每行数据是哪个分公司的，也就是要有一列说明数据的分公司归属。下面是针对此案例的程序代码，详细情况可以打开文件，运行代码来体会。

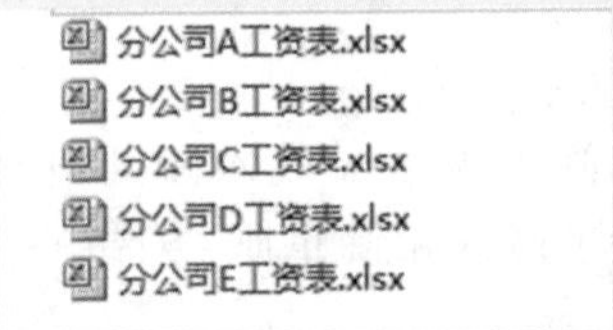

图11-20　要汇总的5个分公司的工作簿

```
Public Sub 汇总工资表 ()
```

```
Dim wb As Workbook
Dim ws0 As Worksheet
Dim ws As Worksheet
Dim myArray As Variant
Dim k As Integer, n As Integer
Dim j As Integer
For i = 1 To 12
    ThisWorkbook.Worksheets(i & " 月 ").Range("A2:Z50000").Clear
Next i
myArray = Array(" 分公司 A 工资表 ", " 分公司 B 工资表 ", " 分公司 C 工资表 ", " 分公
            司 D 工资表 ", " 分公司 E 工资表 ")
For i = 0 To 4
    Set wb = Workbooks.Open(Filename:=ThisWorkbook.Path & "\" & myArray(i))
    For j = 1 To 12
        Set ws0 = ThisWorkbook.Worksheets(j & " 月 ")
        k = ws0.Range("A65536").End(xlUp).Row + 1
        Set ws = wb.Worksheets(j & " 月 ")
        n = ws.Range("A65536").End(xlUp).Row
        ws.Range("A2:U" & n).Copy Destination:=ws0.Range("C" & k)
        ws0.Range("A" & k & ":A" & k + n - 2) = j & " 月 "
        ws0.Range("B" & k & ":B" & k + n - 2) = Left(myArray(i), Len(myArray(i)) - 3)
    Next j
    wb.Close savechanges:=False
Next i
For j = 1 To 12
    Set ws0 = ThisWorkbook.Worksheets(j & " 月 ")
    With ws0.UsedRange
        .Font.Size = 10
        .Font.Name = " 微软雅黑 "
        .Columns.AutoFit
    End With
Next j
MsgBox " 祝贺您！汇总分析完毕!", vbOKOnly + vbInformation, " 汇总 "
```

End Sub

图11-21和图11-22所示分别是某个分公司工资原始数据表以及运行程序后的汇总表。

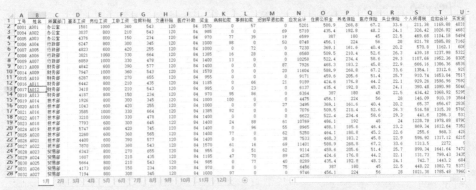

图11-21　某个分公司的12个月工资表数据

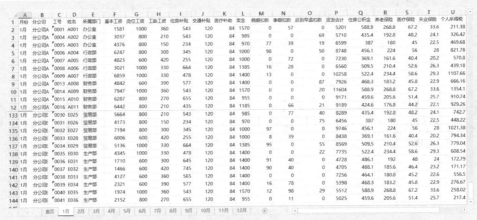

图11-22　运行程序后的5个分公司的数据汇总表

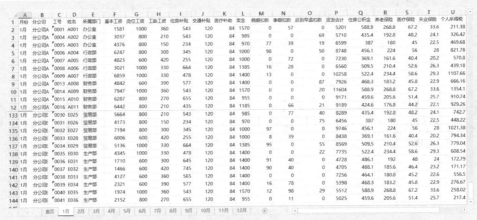 11.6

合并汇总工作簿和工作表：ADO+SQL方法

　　11.5节介绍的方法都是采用的复制粘贴，这种方法处理较少工作簿或者数据量较小的工作簿时是没有大问题的。但是，如果不允许打开工作簿，而直接汇总各个工作簿和各个工作表数据呢？此时，使用 ADO+SQL 方法就是一个很好的选择。

案例11-19

下面的例子是利用ADO+SQL方法，分别从各个工作表中查询数据，并将每个工作表的数据保存到一个指定的工作表中。

```
Public Sub 汇总 ()
    Dim cnn As ADODB.Connection
    Dim rs As ADODB.Recordset
    Dim SQL As String
    Dim i As Integer
    Dim n As Integer
    Dim ws As Worksheet
    Dim wsxname As String
    Set ws = ThisWorkbook.Worksheets(" 汇总 ")
    ws.Range("A2:D10000").Clear
    ' 建立与指定工作簿的连接
    Set cnn = New ADODB.Connection
    With cnn
        .Provider = "microsoft.ace.oledb.12.0"
        .ConnectionString = "Extended Properties=Excel 12.0;" _
            & "Data Source=" & ThisWorkbook.FullName
        .Open
    End With
    ' 统计工作表个数
    n = ThisWorkbook.Worksheets.Count
    ' 从第 2 个工作表开始汇总，构建 SQL 语句
    SQL = ""
    For i = 2 To n – 1
        wsxname = ThisWorkbook.Worksheets(i).Name
        SQL = SQL & "select * from [" & wsxname & "$] union all "
    Next i
    SQL = SQL & "select * from [" & ThisWorkbook.Worksheets(n).Name & "$]"
    ' 查询汇总数据
```

```
        Set rs = New ADODB.Recordset
        rs.Open SQL, cnn, adOpenKeyset, adLockOptimistic
        ' 复制查询的数据
        ws.Range("A2").CopyFromRecordset rs
        ws.Range("A:A").NumberFormatLocal = "yyyy-m-d"
        MsgBox " 汇总完毕 "
End Sub
```

12

使用用户窗体

窗体和控件是Excel VBA中最重要的对象，是构成应用程序界面的基本模块。窗体的功能是为用户提供交互式的接口，使应用程序的界面美观实用，用户只需单击窗体上的相关按钮或控件，即可在窗体上或Excel工作表上编辑数据。

12.1 用户窗体概述

用户窗体是一个大容器，窗体控件都必须放在用户窗体中。在建立应用系统的界面时，必须先创建用户窗体。

12.1.1 创建用户窗体

创建用户窗体的方法是：在VBE窗口中，执行"插入"→"用户窗体"命令，系统就会自动插入一个默认名为UserForm1的用户窗体(如图12-1所示)，同时弹出窗体控件工具箱(如图12-2所示)。利用该工具箱，用户可以在窗体上插入各种控件。

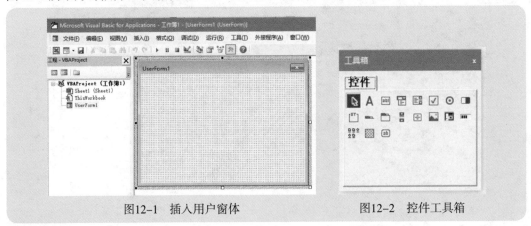

图12-1 插入用户窗体　　　　　　　　图12-2 控件工具箱

12.1.2 导出用户窗体

在实际工作中，我们在开发一个应用系统时，会设计很多结构类似、程序代码类似的用户窗体。为了减少工作量，我们可以将完成的窗体导出到磁盘，然后在一个新工作簿中将该窗体导入，对窗体的名称及其他需要修改的窗体结构和程序代码进行修改，再将修改完毕的窗体保存到磁盘，最后在应用程序工作簿中将修改后的窗体导入。

导出用户窗体非常简单，其操作步骤如下。

步骤 ① 在工程资源管理器中，将光标对准要导出的窗体，单击鼠标右键，在弹出的快捷菜单中执行"导出文件"命令,或者执行"文件"→"导出文件"命令,打开"导出文件"对话框,如图12-3所示。

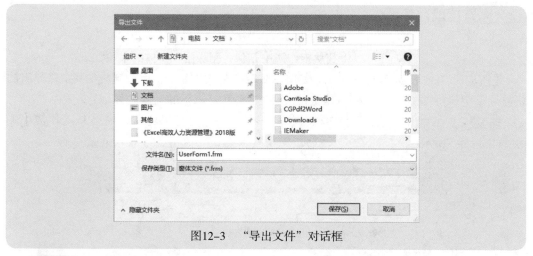

图12-3 "导出文件"对话框

步骤② 设置窗体的"保存类型"和文件名(扩展名为.frm),单击"保存"按钮。

12.1.3 导入用户窗体

窗体的导入也非常简单,其操作步骤如下。

步骤① 执行"文件"→"导入文件"命令,打开"导入文件"对话框,如图12-4所示。

图12-4 "导入文件"对话框

步骤 ② 找到要导入的窗体所在文件夹,选择该窗体文件,单击"打开"按钮。

12.1.4 删除用户窗体

当不需要某个窗体时,可以将其从工作簿中删除。删除用户窗体的步骤如下:

步骤 ① 在工程资源管理器中,将光标对准要导出的窗体,单击鼠标右键,在弹出的快捷菜单中执行"移除 窗体名"(这里的"窗体名"就是窗体的具体名称)命令。

步骤 ② 在弹出的提示对话框中,单击"否"按钮,就可以将所选窗体从工作簿中删除,如图 12-5 所示。

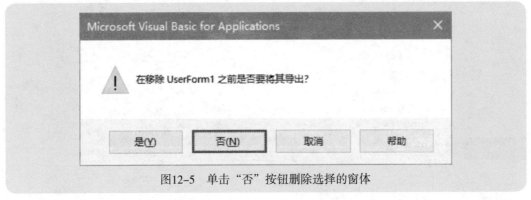

图12-5 单击"否"按钮删除选择的窗体

如果在图 12-5 所示提示对话框中单击"是"按钮,则会打开"导出文件"对话框,供用户对窗体进行保存。

12.2 设置用户窗体属性

作为一个对象,用户窗体有很多属性,如图 12-6 所示。在这些属性中,常用的有(名称)属性、Caption 属性、Width 属性、Height 属性、BackColor 属性、ForeColor 属性、Picture 属性和 SpecialEffect 属性等。下面将介绍设置窗体这些属性的基本方法和技巧。

图12-6 窗体的属性

12.2.1 更改用户窗体名称

更改用户窗体名称必须通过窗体的"属性"窗口来完成。将光标移到"(名称)"属性右边的属性值栏中,删除窗体的默认名,然后输入新名称即可。

在一个工作簿中,各个窗体的名称必须是唯一的,不能有重复。

12.2.2 更改窗体的标题文字

更改窗体的标题文字,可以通过"属性"窗口进行,也可以在程序运行过程中进行修改,后者可以更加灵活地设置窗体的标题,使窗体的标题显示当前的工作状态。

通过"属性"窗口更改窗体标题文字的方法是:将光标移到Caption属性右边的属性值栏中,删除窗体的默认标题文字,然后输入新的标题文字。

在程序运行过程中修改窗体标题文字的语句如下:

窗体名称 .Caption = 新标题文字

即使在"属性"窗口中对窗体的标题文字进行了修改,在程序运行过程中也可以不断地进行修改。

12.2.3 为窗体添加背景图片

默认情况下，窗体的背景是灰色的。我们可以利用窗体的Picture属性，在窗体上添加图片，从而使窗体的背景更加个性化。

为窗体添加图片有两种方法：利用"属性"窗口为窗体添加图片和在运行程序时为窗体添加图片。

1. 利用"属性"窗口为窗体添加图片

利用"属性"窗口为窗体添加图片的步骤如下：

(1) 在"属性"窗口中单击Picture属性右边的"(None)"（右边出现"(None)"表示还没有加载图片），然后单击出现的 ... 按钮，在弹出的"加载图片"对话框中选择需要的图片即可，如图12-7和图12-8所示。

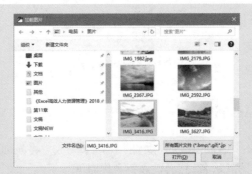

图12-7　在"加载图片"对话框中选择需要的图片

图12-8　加载图片后的用户窗体

(2)需要注意的是，如果加载的图片大小超过了窗体的实际大小，系统会自动对超出部分的图片剪掉。为了使加载的图片完整地显示出来，还需要对窗体的PictureSizeMode属性进行设置，一般设置为fmPictureSizeModeZoom。

2. 在运行程序时为窗体添加图片

在运行程序时为窗体添加图片，可以使窗体背景更加随意变化。在运行程序时为窗体添加图片要使用LoadPicture函数。LoadPicture 函数返回图片对象，其语法如下。

LoadPicture(picturename)

其中参数 picturename 是字符串表达式，该表达式指明了要装入的图片文件的名称(包括文件夹路径)。

 说明

可以由LoadPicture识别的图形格式有位图文件(.bmp)、图标文件(.ico)、行程编码文件(.rle)、图元文件(.wmf)、增强型图元文件(.emf)、GIF文件(.gif) 和JPEG文件(.jpg)。

案例12-1

本例通过单击窗体上的4个按钮完成4张背景图片的添加。

窗体的结构如图 12-9所示，4个命令按钮的 Click 事件程序代码如下。

```
Private Sub CommandButton1_Click()
    With Me
        .Caption = " 春天 "
        .Picture = LoadPicture(ThisWorkbook.Path & "\Spring.jpg.psd")
        .PictureAlignment = fmPictureAlignmentCenter
        .PictureSizeMode = fmPictureSizeModeZoom
    End With
End Sub


Private Sub CommandButton2_Click()
    With Me
        .Caption = " 夏天 "
        .Picture = LoadPicture(ThisWorkbook.Path & "\Summer.jpg.psd")
        .PictureAlignment = fmPictureAlignmentCenter
```

```
        .PictureSizeMode = fmPictureSizeModeZoom
    End With
End Sub


Private Sub CommandButton3_Click()
    With Me
        .Caption = " 秋天 "
        .Picture = LoadPicture(ThisWorkbook.Path & "\Autumn.jpg.psd")
        .PictureAlignment = fmPictureAlignmentCenter
        .PictureSizeMode = fmPictureSizeModeZoom
    End With
End Sub


Private Sub CommandButton4_Click()
    With Me
        .Caption = " 冬天 "
        .Picture = LoadPicture(ThisWorkbook.Path & "\Winter.jpg.psd")
        .PictureAlignment = fmPictureAlignmentCenter
        .PictureSizeMode = fmPictureSizeModeZoom
    End With
End Sub
```

启动窗体，单击4个按钮，就会将窗体背景分别设置为春、夏、秋、冬的图片，同时窗体的标题也分别变为相应的文字，如图12-10~图12-14所示。

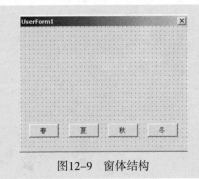

图12-9　窗体结构

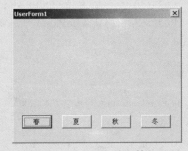

图12-10　启动窗体

图12-11 窗体背景为春天背景

图12-12 窗体背景为夏天背景

图12-13 窗体背景为秋天背景

图12-14 窗体背景为冬天背景

说明

程序中Me为VBA的保留字，表示当前的用户窗体。

12.2.4 删除窗体上的背景图片

如果要删除已经添加的图片，可以将"属性"窗口中的Picture属性右边的具体图片名称删除，即使用Delete键，使Picture属性右边出现"(None)"。

也可以在程序运行中删除窗体的背景图片，语句如下。

```
Me.Picture = LoadPicture("")
```

12.2.5 改变窗体的大小

改变窗体的大小要使用窗体的Width属性和Height属性。Width属性用于设置窗体的宽度，Height属性用于设置窗体的高度。

案例12-2

本例通过单击用户窗体上的两个命令按钮来进行用户窗体的扩大和缩小。

```vba
' 定义模块级变量
Dim myWidth As Single, myHeight As Single


' 用户窗体的初始化事件程序
Private Sub UserForm_Initialize()
    myWidth = Me.Width
    myHeight = Me.Height
End Sub


' 命令按钮 CommandButton1 的 Click 事件程序：放大窗体
Private Sub CommandButton1_Click()
    With Me
        .Width = 300
        .Height = 300
    End With
End Sub


' 命令按钮 CommandButton2 的 Click 事件程序：恢复原状
Private Sub CommandButton2_Click()
    With Me
        .Width = myWidth
        .Height = myHeight
    End With
End Sub
```

 说明

　　改变窗体大小并不能使窗体上的控件大小也随之变化。如果要使窗体上的控件大小也随窗体一起变化，就需要对控件的 Width 属性和 Height 属性进行设置。

12.2.6　设置窗体背景颜色

设置窗体背景颜色要使用窗体的BackColor属性。设置窗体背景颜色有两种方法：通过"属性"窗口设置窗体的背景颜色和在程序运行时设置窗体的背景颜色。

通过"属性"窗口设置窗体的背景颜色时，既可以从"系统"颜色表中选择标准的Windows颜色，也可以从"调色板"中选择一种自定义颜色，如图12-15和图12-16所示。

图12-15　从"系统"颜色表中选择标准颜色　　　图12-16　从"调色板"中选择自定义颜色

在程序运行时设置窗体的背景颜色，语句格式如下：

Me.BackColor = vbBlue

Me.BackColor = RGB(255, 255, 0)

12.2.7　设置窗体外观

设置窗体外观要使用窗体的SpecialEffect属性，它有以下几种外观形式。

● fmSpecialEffectFlat：平坦(默认)。

● fmSpecialEffectRaised：凸起。

● fmSpecialEffectSunken：凹陷。

● fmSpecialEffectEtched：雕刻。

● fmSpecialEffectBump：周围框线凸起。

同样，设置窗体外观也有两种方法：通过"属性"窗口设置窗体外观和在程序运行时设置窗体外观。

案例12-3

插入一个用户窗体UserForm1，其Caption属性设置为"窗体外观设置试验"。在此窗体上建立一个标签Label1(其Caption属性设置为"选择窗体外观:")和一个复合框ComboBox1，如图12-17所示。

图12-17　用户窗体结构

对用户窗体UserForm1设置Initialize事件，同时对复合框ComboBox1设置Change事件。程序代码如下：

```
Private Sub UserForm_Initialize()
   With ComboBox1
      .AddItem " 默认 "
      .AddItem " 凸起 "
      .AddItem " 凹陷 "
      .AddItem " 雕刻 "
      .AddItem " 周围框线凸起 "
   End With
End Sub
Private Sub ComboBox1_Change()
   If ComboBox1.Value = " 默认 " Then
      Me.SpecialEffect = fmSpecialEffectFlat
   ElseIf ComboBox1.Value = " 凸起 " Then
      Me.SpecialEffect = fmSpecialEffectRaised
   ElseIf ComboBox1.Value = " 凹陷 " Then
      Me.SpecialEffect = fmSpecialEffectSunken
   ElseIf ComboBox1.Value = " 雕刻 " Then
      Me.SpecialEffect = fmSpecialEffectEtched
   ElseIf ComboBox1.Value = " 周围框线凸起 " Then
```

```
        Me.SpecialEffect = fmSpecialEffectBump
    End If
End Sub
```

打开此文件,启动窗体,通过从复合框的下拉列表中选择不同的值,观察窗体的外观设置。

12.3 加载和卸载用户窗体

加载和卸载用户窗体,需要使用专门的语句和方法。下面学习加载和卸载用户窗体的基本方法和技巧。

12.3.1 加载并显示窗体

利用窗体对象的Show方法,可以把还没有加载到内存的窗体加载到内存,并显示窗体,或者显示已经加载到内存但还没有显示的窗体。语句如下:

窗体名.Show

默认情况下,窗体的显示是有模式的,也就是当显示窗体时,我们无法操作工作表,只能操作当前的窗体及其控件。如果需要在打开窗体时,能同时操作工作表,可以显示为无模式。语句如下:

窗体名.Show 0

12.3.2 加载但不显示窗体

利用Load语句,可以将窗体对象加载到内存,但不显示窗体。语句如下:

Load 窗体名

说明

只要不卸载窗体,利用Load语句加载到内存的窗体对象将一直存在并占用内存和资源,并且可以随时利用Show方法显示窗体,或者利用Hide方法隐藏窗体。

12.3.3 隐藏窗体

利用窗体对象的Hide方法,可以隐藏显示在窗体上的窗体。隐藏窗体时,将从屏幕上删除窗体，但在 VB 应用程序中并不卸载窗体，仍然可以引用隐藏窗体上的控件。

隐藏窗体的语句如下：

窗体名 .Hide

12.3.4　卸载窗体

利用 Unload 语句，可以把加载到内存中的窗体对象从内存中卸载。

卸载窗体的语句如下：

Unload 窗体名

 说明

> 释放内存和资源的唯一方法是卸载窗体，并把所有引用设置为 Nothing。语句如下：

Set 窗体名 = Nothing

12.4　利用事件控制用户窗体

12.4.1　窗体的常用事件

窗体有很多事件，其中最常用的是 Initialize 事件。Initialize 事件在窗体第一次创建时触发，一般将窗体的初始化程序 code 放在其中。

12.4.2　为窗体指定事件的方法

为窗体指定事件的具体步骤如下：

（1）用鼠标双击窗体，或直接按 F7 健，进入窗体的代码窗口，如图 12-18 所示。此时，系统自动为窗体指定一个 Click 事件。

（2）假若用户需要为窗体指定一个 Initialize 事件，则可以打开"过程 / 事件"下拉列表框，从中选择 Initialize 事件，然后单击鼠标左键，就为窗体指定了一个 Initialize 事件，如图 12-19 所示。

图12-18 用户窗体的默认事件：Click事件

图12-19 选择窗体事件

12.4.3 在装载窗体时就执行程序

用户窗体的Initialize事件主要用于初始化窗体控件，例如设置窗体和控件的属性、设置组合框和列表框的项目、设置控件的初始值等。

案例12-4

下面的程序就是在启动窗体时，为组合框设置项目，并为窗体上的控件设置初始值。

```
Private Sub UserForm_Initialize()
    Dim myControl As Control
```

```
        Me.Caption = " 我的窗体 "
        With ComboBox1
            .AddItem "Excel"
            .AddItem "Word"
            .AddItem "Access"
        End With
        OptionButton1.Caption = " 选择姓名 "
        CheckBox1.Caption = " 选择编号 "
        ComboBox1.ListIndex = 0
        TextBox1.Value = Date
    End Sub
```

窗体启动前后对比如图12-20和图12-21所示。

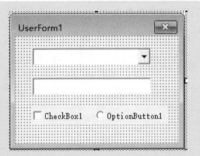

图12-20　设计的原始用户窗体界面

图12-21　初始化后的用户窗体界面

12.5 用户窗体的高级使用技巧

前面介绍了用户窗体的基本概念和一般操作方法，下面将介绍用户窗体的一些高级使用技巧。利用这些技巧，我们可以更加灵活地操作用户窗体。

12.5.1 以无模式状态显示窗体

正常情况下，窗体是以有模式显示的，也就是当运行用户窗体时，我们只能操作当前显示的用户窗体，而不能同时操作Excel工作表或者其他用户窗体，除非关闭该用户窗体。而将用户窗体设置为无模式状态时，就可以在用户窗体显示的情况下，在工作表中输入数据，从工作表中复制、粘贴数据，切换工作表，使用Excel菜单和工具栏等，或者激活其他的用户窗体，就好像这个窗体不存在一样。

将用户窗体设置为无模式状态显示，可以直接在窗体的"属性"窗口中进行，即将ShowModal属性设置为False。此外，也可以通过程序来改变用户窗体的模式显示状态。具体的语句如下：

窗体名 .Show vbModeless

或者

窗体名 .Show 0

如果要将无模式窗体再设置为模式窗体，可以将ShowModal属性设置为True，或者使用下面的语句。

窗体名 .Show vbModal

或者

窗体名 .Show 1

12.5.2 在启动工作簿时仅显示窗体，而不显示 Excel 界面

如果想在启动工作簿时仅显示用户窗体，而不显示Excel界面，就需要在打开工作簿时，将Application对象的Visible属性设置为False，并显示窗体。需要注意的是，在关闭工作簿时，一定要将Application对象的Visible属性设置为True。

案例12-5

下面的程序是在启动工作簿时仅显示用户窗体，而不显示Excel界面。读者可以运行文件，查看效果。

```
' 工作簿的 Open 事件程序
Private Sub Workbook_Open()
    Application.Visible = False
    UserForm1.Show
End Sub


' 工作簿的 BeforeClose 事件程序
Private Sub Workbook_BeforeClose(Cancel As Boolean)
    Application.Visible = True
```

```
End Sub

' 窗体上"关闭"按钮的 Click 事件程序
Private Sub CommandButton1_Click()
    ThisWorkbook.Close savechanges:=False
End Sub
```

12.5.3 设计有上下滚动字幕的窗体

设计有上下滚动字幕的窗体，可以使用 API 函数，并利用标签来显示滚动字幕。

案例12-6

本例设计有上下滚动字幕的窗体。其窗体结构设计如图 12-22 所示，运行窗体后带有自下而上滚动字幕的窗体界面如图 12-23 所示。

这里，要把标签的 BackStyle 属性设置为透明(fmBackStyleTransparent)，并根据窗体的大小恰当地设置标签的 Left 属性和 Top 属性。

在程序中，Sleep 语句用来控制字幕的滚动速度，Sleep 语句后面的数值越大，滚动的速度就越慢。

自下而上的滚动字幕实际上就是不断设置标签的 Top 属性值，使其逐渐减少。当 Top 属性值小于 0 时，就重新设置其 Top 属性值为最大值，从窗体底部开始再次循环减少。

```
' 定义模块级变量
Dim Flg As Boolean
' 定义 API 函数
Private Declare Sub Sleep Lib "kernel32" (ByVal dwMilliseconds As Long)

' 窗体的 Activate 事件程序
Private Sub UserForm_Activate()
    With Label1
        .BackStyle = fmBackStyleTransparent
        .ForeColor = vbWhite
        .Font.Bold = True
        .Font.Name = " 华文新魏 "
        .Font.Size = 12
```

```
        .Left = 10
        .Top = 150
        .Caption = " 细水涓涓，带着多少岁月的痕迹 ..."
        Flg = False
        Do While Not Flg
          DoEvents
          Sleep 50
          .Top = .Top – 1
          If .Top <= –10 Then
             .Top = 170
          End If
          If Flg = True Then Exit Sub
        Loop
     End With
  End Sub
  ' "关闭" 按钮的 Click 事件
  Private Sub CommandButton1_Click()
     Flg = True
     Unload UserForm1
  End Sub
```

图12–22　窗体结构

图12–23　自下而上地滚动字幕

12.5.4 设计有左右滚动字幕的窗体

设计有左右滚动字幕的窗体的方法与设计有上下滚动字幕的窗体的方法基本一样，不同之处是两者分别控制标签的 Left 属性和 Top 属性。

◉ 案例12-7

本例设计有左右滚动字幕的窗体。其窗体结构设计如图 12-24 所示, 运行窗体后带有自右向左滚动字幕的窗体界面如图 12-25 所示。

```
' 定义模块级变量
Dim Flg As Boolean
' 定义 API 函数
Private Declare Sub Sleep Lib "kernel32" (ByVal dwMilliseconds As Long)


' 窗体的 Activate 事件程序
Private Sub UserForm_Activate()
  With Label1
      .BackStyle = fmBackStyleTransparent
      .ForeColor = vbWhite
      .Font.Bold = True
      .Font.Name = " 华文新魏 "
      .Font.Size = 12
      .Left = 220
      .Top = 80
      .Caption = " 岁月流逝，带着多少回忆 ..."
      Flg = False
      Do While Not Flg
        DoEvents
        Sleep 50
        .Left = .Left – 1
        If .Left <= –.Width Then
           .Left = 200
        End If
        If Flg = True Then Exit Sub
      Loop
  End With
```

```
End Sub
' "关闭"按钮的 Click 事件
Private Sub CommandButton1_Click()
    Flg = True
    Unload UserForm1
End Sub
```

图12-24 窗体结构

图12-25 自右向左的滚动字幕

12.5.5 在激活窗体时播放音乐

在激活窗体时播放音乐,最简单的方法是在窗体上插入音频控件(比如 Media Playe 控件)。在窗体上插入 Media Player 控件来播放音乐,可以播放各种音乐,还可以播放视频音乐,使得窗体更加美观。

案例12-8

本例在窗体上插入一个 Media Player 控件,并利用该控件播放音乐。当激活窗体时,就开始播放音乐。详细信息可以打开本文件查看。

```
Private Sub UserForm_Activate()
    With MediaPlayer1
        .Filename = ThisWorkbook.Path & "\ 眼底的晴空 .avi"
        .Play
    End With
End Sub
```

Chapter

13

使用窗体控件

本章将针对如何在VBA窗体上使用控件和在工作表上使用ActiveX控件，介绍控件的使用方法和技巧。掌握窗体控件的用法，对开发应用程序是非常有用的。

13.1 控件基本操作概述

控件在应用程序窗口设计中扮演着重要的角色，它是 Excel VBA 的基本组成部分。合理恰当地使用各种不同的控件，熟练掌握各种控件的使用方法，是进行 Excel VBA 程序设计和应用系统开发的基础。控件应用的好坏会直接影响到应用程序界面的美观性和操作的实用性。因此，学习 VBA 的一个重要内容就是学习 VBA 控件的使用方法。

13.1.1 为控件工具箱添加或删除控件

一般情况下，在创建新窗体时，会自动弹出一个控件工具箱。如果没有出现控件工具箱，可以执行"视图"→"工具箱"命令，重新显示出控件工具箱。

在系统默认的情况下，控件工具箱中仅给出了几个常用的控件。实际上，Excel VBA 的可用控件数量远不止如此。用户可以在控件工具箱中添加一些标准控件或自定义控件，也可以删除控件。

1. 在控件工具箱中添加控件

在控件工具箱中添加控件的方法是：在工具箱中的任意空白区域单击鼠标右键，在弹出的快捷菜单中执行"附加控件"命令，打开"附加控件"对话框，从"可用控件"列表框中选择新的控件，然后单击"确定"按钮，如图13-1和图13-2所示。

图13-1　添加控件快捷菜单　　　　图13-2　"附加控件"对话框

例如，在"可用控件"列表框中选择Microsoft TreeView Control, version 6.0(如图13-3所示)，单击"确定"按钮，即可在工具箱中添加TreeView控件，如图13-4所示。

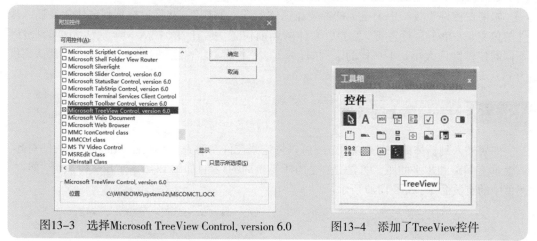

图13-3　选择Microsoft TreeView Control, version 6.0　　图13-4　添加了TreeView控件

2. 删除控件工具箱中的控件

删除控件工具箱中的控件的方法是：在工具箱中右击要删除控件的图标，执行快捷菜单中的"删除"命令，如图13-5所示。

图13-5　删除控件工具箱上的控件

如想删除多个控件，也可以执行快捷菜单中的"附加控件"命令，打开"附加控件"对话框，然后取消勾选所有要删除的控件前的复选框。

13.1.2　在窗体上插入控件

在窗体上插入控件的方法很简单，首先在控件工具箱中选择要插入的控件，然后将光标移到窗体上要插入控件的位置,光标将变为十字形,并在其右下方显示该控件的图标,然后向右向上或向右向下拖曳鼠标,就可以在窗体上插入控件。

如果在控件工具箱中用鼠标选择要在窗体上插入的控件,并将鼠标移到窗体上要插入控件的位置后,单击鼠标左键,就会以窗体的当前位置为左上角,插入一个默认大小的控件,不同的控件默认大小是不一样的。例如,标签、文本框、复合框等的默认宽度为72,默认高度为18。

13.1.3 对齐窗体上的控件

如果插入到窗体的控件参差不齐,可以将这些控件左对齐、右对齐、顶部对齐、底部对齐,调整垂直间距和水平间距。方法是:先选择要布局的控件(如图13-6所示),然后执行"格式"菜单中的有关命令,如图13-7所示。

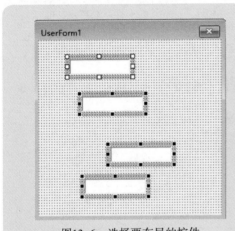
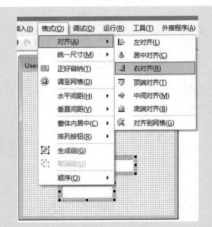

图13-6　选择要布局的控件　　　　图13-7　选择"格式"菜单中的有关命令

13.1.4 统一设置多个控件的高度和宽度以及其他共有属性

控件是一个对象,因此每一个控件都有自己的属性、方法和事件。

尽管不同的控件有许多不同于其他控件的独有属性,但也有很多属性是许多控件都具有的,这些属性在各自的控件中的含义也是相同的。

例如,Width属性(宽度)、Height属性(高度)、Enabled属性(是否可操作)、AotuSize属性(是否能够自动调整以显示所有的内容)、BackColor属性(背景颜色)、ForeColor属性(前景颜色)、Left属性(左边距窗体左端的距离)、Top属性(上端距窗体顶部的位置)、Font属性(字体)等。

在设置各个控件的这些属性时，没必要一个控件一个控件地进行，可以先选择要设置共有属性的控件(如图13-8所示)，然后在"属性"窗口中一次性完成设置，如图13-9所示。

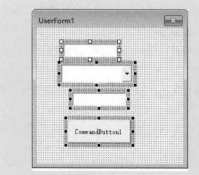 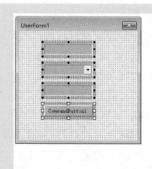

图13-8　选择要设置共有属性的控件　　图13-9　在"属性"窗口中设置各个控件的共有属性

13.1.5 设置控件的 Tab 键顺序

TabIndex属性决定控件在Tab键顺序中的位置。当一个用户窗体中有很多控件时，就需要合理安排这些控件的TabIndex属性。也就是说，当运行窗体时，通过按Tab键来控制光标的移动顺序。默认情况下，第1个建立的控件的TabIndex值为0，第2个建立的控件的TabIndex值为1，以此类推。

安排窗体控件的Tab键顺序的方法是：执行"视图"→"Tab键顺序"命令，打开"Tab键顺序"对话框，然后在左边的列表框中选择某个或某些控件，单击"上移"按钮或"下移"按钮，以调整各个控件的Tab键顺序，如图13-10所示。

图13-10　在"Tab键顺序"对话框中选择并安排控件的Tab键顺序

13.1.6 为控件设置默认属性值

所有的控件都有一个默认的属性值，在引用该属性值时不需要指定属性名，只要指定控件名即可。例如 TextBox 控件的 Text 属性、Label 控件的 Caption 属性等。

如果要获取标签的文本，既可以使用语句 myText = Label1.Caption，也可以省略.Caption，而直接使用语句 myText = Label1。

如果要向文本框中输入数据，既可以使用语句 TextBox1.Text = 20000，也可以省略.Text，而直接使用语句 TextBox1 = 20000。

在属性窗口中也可以设置控件的默认属性值。即使是在属性窗口中设置了默认的属性值，在程序中也可以通过语句来随时改变这个属性值。

13.1.7 设置控件的前景色和背景色

合理设置控件的前景色和背景色，可使得窗体界面更加美观。设置控件的前景色和背景色既可以通过"属性"窗口设置，也可以在运行程序时进行动态设置。如果通过"属性"窗口已经设置了控件的前景色和背景色，也可以在程序中进行重新设置。

设置控件的前景色和背景色要分别使用控件的 ForeColor 属性和 BackColor 属性，其方法与设置窗体的背景颜色和前景颜色是一样的。

13.1.8 设置控件的焦点

设置控件的焦点要使用控件的 SetFocus 方法。具体语句如下：

控件名.SeFocus

在一个应用程序界面中，合理控制控件焦点，可以提高数据输入效率。

13.1.9 引用窗体上的某个控件

如果有多个窗体，要引用某个窗体上的某个控件，则利用下面的语句。

窗体名.控件名

如果是引用当前窗体的某个控件，可以在控件名前面加上 Me 关键字，即：

Me.控件名

也可以省略 Me 关键字而直接使用控件名。

13.1.10 引用窗体上的某一类控件

使用Controls集合，可以引用窗体上的所有控件或某类控件。不同类型控件的类型字符如表13-1所示。

表13-1 不同类型控件的类型字符

控 件	类 型 字 符
复选框	CheckBox
复合框	ComboBox
命令按钮	CommandButton
框架	Frame
图像	Image
标签	Label
列表框	ListBox
多页	MultiPage
单选按钮	OptionButton
滚动条	ScrollBar
旋转按钮	SpinButton
TabStrip	TabStrip
文本框	TextBox
切换按钮	ToggleButton

案例13-1

本例引用当前窗体上的所有文本框控件，并往这些文本框中输入100。

```
Private Sub CommandButton1_Click()
    Dim myCnt As Control
    For Each myCnt In Me.Controls
        If TypeName(myCnt) = "TextBox" Then
            myCnt.Object.Value = 100
        End If
    Next
    Set myCnt = Nothing
End Sub
```

启动窗体，单击窗体上的按钮，观察效果。

13.1.11 引用窗体上的全部控件

使用Controls集合，可以引用窗体上的所有控件。先用Controls集合的Count属性获取窗体上控件的个数，然后循环引用每个控件。第一个控件是Me.Controls(0)，第二个控件是Me.Controls(1)，最后一个控件是Me.Controls(Me.Controls.Count−1)。

案例13-2

本例引用当前窗体上的所有控件，并将这些控件的名称、Caption属性和Value值输入到工作表中。

```
Private Sub CommandButton1_Click()
    On Error Resume Next
    Dim ws As Worksheet
    Dim i As Integer
    Set ws = Worksheets(1)
    ws.Cells.Clear
    ws.Range("A1:C1") = Array(" 控件名 ", " 控件标题 ", " 控件值 ")
    For i = 1 To Me.Controls.Count
        ws.Range("A" & i + 1).Value = Me.Controls(i−1).Name
        ws.Range("B" & i + 1).Value = Me.Controls(i−1).Caption
        ws.Range("C" & i + 1).Value = Me.Controls(i−1).Value
    Next i
    Set ws = Nothing
End Sub
```

13.1.12 获取窗体上所有控件的名称和类型

使用Controls集合，可以引用窗体上的每个控件，并使用Name属性获取控件名称，利用TypeName函数获取控件的类型。

案例13-3

本例获取窗体上所有控件的名称和类型，并将这些控件的名称和类型输入到工作表中。

```
Private Sub CommandButton1_Click()
```

```
    On Error Resume Next
    Dim ws As Worksheet
    Dim i As Integer
    Set ws = Worksheets(1)
    ws.Cells.Clear
    ws.Range("A1:B1") = Array(" 控件名 ", " 控件类型 ")
    For i = 1 To Me.Controls.Count
        ws.Range("A" & i + 1).Value = Me.Controls(i − 1).Name
        ws.Range("B" & i + 1).Value = TypeName(Me.Controls(i − 1))
    Next i
    Set ws = Nothing
End Sub
```

13.1.13 引用窗体上的某些控件

我们还可以利用数组的方式，引用窗体上的某些控件。比如，假设窗体上有很多控件，而需要使用其中的某些控件，那么就可以先将这些名称字符串保存到一个数组，然后再循环这个数组，这样就可以获取这些控件的值，或者向这些控件内输入数据。这种处理方法在开发数据库管理系统时是非常有用的。

案例13-4

假设我们只需要使用窗体上名为"姓名""性别""单位""电话""出生日期""工资"的控件，将这些控件的值输入到工作表，则可以使用下面的程序。

```
Private Sub CommandButton1_Click()
    Dim myArray As Variant
    Dim i As Integer
    myArray = Array(" 姓名 ", " 性别 ", " 单位 ", " 电话 ", " 出生日期 ", " 工资 ")
    For i = 0 To UBound(myArray)
        Cells(i + 1, 1) = myArray(i)
        Cells(i + 1, 2) = Me.Controls(myArray(i)).Value
    Next i
End Sub
```

如果要将工作表的数据输入到这几个控件中，可以使用下面的程序。

```
Private Sub CommandButton2_Click()
    Dim myArray As Variant
    Dim i As Integer
    myArray = Array(" 姓名 ", " 性别 ", " 单位 ", " 电话 ", " 出生日期 ", " 工资 ")
    For i = 0 To UBound(myArray)
        Me.Controls(myArray(i)).Value = Cells(i + 1, 2)
    Next i
End Sub
```

13.1.14　显示和隐藏控件

显示控件的基本方法是将控件的 Visible 属性设置为 True，而隐藏控件的基本方法是将控件的 Visible 属性设置为 False。

当需要管理窗体上的控件，在有些情况下不显示某些控件，而在另外一些情况下又显示这些控件时，就可以通过设置 Visible 属性来达到这个目的。

◉ 案例13-5

在本例中，可以通过单击窗体上的命令按钮 CommandButton1 来实现文本框 TextBox1 的隐藏和显示。

```
Private Sub CommandButton1_Click()
    If TextBox1.Visible = True Then
        TextBox1.Visible = False
        CommandButton1.Caption = " 显示文本框 "
    Else
        TextBox1.Visible = True
        CommandButton1.Caption = " 隐藏文本框 "
    End If
End Sub
```

13.1.15　将控件变为不可操作和可操作

将控件变为不可操作和可操作有两种基本方法：一种方法是利用 Enabled 属性；另一种方法是利用 Locked 属性。

1. 利用 Enabled 属性设置控件的可操作性

将控件的Enabled属性设置为False，就可以使控件不可操作(显示为灰色)。如果想将该控件变为可操作状态，只需将Enabled属性设置为True即可。

案例13-6

在下面的程序中，将用户窗体UserForm1上的所有文本框通过显示为灰色的方式设置为不可操作状态。

```
Private Sub CommandButton1_Click()
    Dim mycnt As Control
    For Each mycnt In Me.Controls
        If TypeName(mycnt) = "TextBox" Then
            mycnt.Object.Value = 10000
            mycnt.Object.Enabled = False
        End If
    Next
End Sub

Private Sub CommandButton2_Click()
    Dim mycnt As Control
    For Each mycnt In Me.Controls
        If TypeName(mycnt) = "TextBox" Then
            mycnt.Object.Value = 10000
            mycnt.Object.Enabled = True
        End If
    Next
End Sub
```

2. 利用 Locked 属性设置控件的可操作性

除了可以将控件的Enabled属性设置为False来使控件不可操作外，还可以锁定控件，即将控件的Locked属性设置为True。此时，尽管控件仍显示为正常，并且也可以移动焦点，但却是不可操作的。如果想将该控件变为可操作状态，只需将Locked属性设置为False即可。

案例13-7

在下面的程序中，将用户窗体UserForm1上的所有文本框通过锁定的方式设置为不可操作状态。

```
Private Sub CommandButton1_Click()
    Dim mycnt As Control
    For Each mycnt In Me.Controls
        If TypeName(mycnt) = "TextBox" Then
            mycnt.Object.Value = 10000
            mycnt.Object.Locked = True
        End If
    Next
End Sub

Private Sub CommandButton2_Click()
    Dim mycnt As Control
    For Each mycnt In Me.Controls
        If TypeName(mycnt) = "TextBox" Then
            mycnt.Object.Value = 10000
            mycnt.Object.Locked = False
        End If
    Next
End Sub
```

13.1.16　当光标停留在控件上面时显示提示信息

为了便于了解各个控件的功能，并正确使用各个控件，我们可以利用ControlTipText属性来设置当光标停留在控件上时显示提示信息。

案例13-8

本例为窗体上的文本框TextBox1设置光标提示信息。

```
Private Sub UserForm_Initialize()
```

TextBox1.ControlTipText = " 文本框：用于输入学生名称 "

End Sub

运行窗体，将光标移到文本框的上面，就会出现提示文字，如图13-11所示。

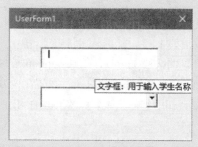

图13-11　为文本框设置的提示文字

13.2 标签及其应用

标签是 Excel VBA 中最简单的控件，主要用于显示字符串，通常显示的是文字说明信息。例如，为文本框、复合框、列表框等控件添加描述性的文字，以便用户了解这些控件的功能。标签不能作为输入信息的界面。

标签的名称是 Label，插入的标签默认名称和标题都是 Label1、Label2、Label3……

标签的默认属性是 Caption 属性，标签的默认事件是 Click 事件。

13.2.1 标签的基本属性设置

标签的基本设置项目包括：Caption 属性、背景样式、前景色和背景色、边框和边框外观等，这些都可以在 "属性" 窗口中设置，或者在程序里根据计算结果来设置。

例如，可以使用标签来显示计算过程。此时就是使用了 Caption 属性，将计算进程的说明文字显示在标签中。

标签名 .Caption = " 正在进行计算，目前已经计算到 **** 步 "

13.2.2 标签简单应用：制作进度条

利用标签的 Caption 属性，还可以显示程序的运行过程，例如制作进度条。下面就是一个利用标签制作进度条的方法。

案例13-9

本例通过设置标签的宽度和颜色来制作一个进度条。

设计计算过程进度条的步骤如下：

步骤 ①　插入一个用户窗体UserForm1，将其Caption属性设置为"正在进行模拟计算......"，Height(高度)属性设置为50，Width(宽度)属性设置为350。

步骤 ②　在用户窗体UserForm1上插入4个标签Label1~Label4，在"属性"窗口中对各个标签的属性进行如下设置。

① 标签Label1：
- Caption属性设置为空值。
- BackColor属性设置为"白色"。
- SpecialEffect属性设置为2– fmSpecialEffectSunken。
- Height(高度)属性设置为15。
- Width(宽度)属性设置为20。

② 标签Label2：
Caption属性设置为"进度"。

③ 标签Label3：
- Caption属性设置为空值。
- BackColor属性设置为"蓝色"。
- Height(高度)属性设置为15。
- Width(宽度)属性设置为20。

④ 标签Label4：
- Caption属性设置为0%。
- ForeColor属性设置为"红色"。
- BackStyle属性设置为0– fmBackStyleTransparent。
- Height(高度)属性设置为15。
- Width(宽度)属性设置为20。

⑤ 将标签Label2放置在标签Label1的外部左边，将标签Label3放置在标签Label1的内部左边，将标签Label3放置在标签Label1的内部中间。

设计好的进度条如图13–12所示。

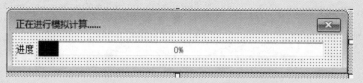

图13-12　计算过程的进度条结构设计

编制一个模拟计算程序,代码如下。

```
Public Sub hhh()
    With UserForm1
    .Show 0
    For i = 1 To 100000
    ' 显示计算进度条 ( 模拟计算过程 )
        .Label3.Width = Int(i / 100000 * 300)
        .Label4.Caption = CStr(Int(i / 100000 * 100)) + "%"
        DoEvents
    Next i
    End With
End Sub
```

运行上面的程序,就可以观察进度条所显示的计算过程情况,如图13-13所示。

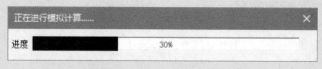

图13-13　进度条显示计算过程

13.2.3 在单击标签时执行程序

在设计应用程序时,也可以在窗体上设计几个标签,当单击不同的标签时,就可以打开不同的子窗体。

案例13-10

在本例中,当单击标签Label1时,打开"学生信息"窗体;当单击标签Label2时,打开"教师信息"窗体。

```
Private Sub Label1_Click()
    学生信息 .Show
End Sub


Private Sub Label2_Click()
    教师信息 .Show
End Sub
```

13.3　文本框及其应用

文本框可以供用户输入数据，或在窗体上显示数据，是 VBA 中显示和输入数据的主要控件。文本框是个相当灵活的数据输入和数据显示工具，可以输入或显示单行文本，也可以输入或显示多行文本，还可以利用事件控制数据的输入。

文本框的名称是 TextBox，插入的文本框默认名称和标题（Caption 属性）都是 TextBox1、TextBox2、TextBox3……

文本框的默认属性是 Value 属性，默认事件是 Change 事件。

13.3.1　获取文本框的数据

获取文本框数据的方法是利用Text属性或Value属性，语法如下。

变量 = 文本框名 .Text

或者

变量 = 文本框名 .Value

如果在文本框中输入的是身份证号码、邮政编码、科目编码这类的数字，那么获取这样的文本框数据，并保存到单元格，需要在文本框数字的前面加单引号。例如：

x = " ' " & TextBox1.Value

13.3.2　将文本框的数字字符串转换为数字

从文本框中获得的数据都是文本字符串，为了得到纯数字，需要利用Val函数将字符串转换为数字。语法如下：

数字变量 = Val(文本框名 .Text)

或者

数字变量 = Val(文本框名 .Value)

也可以首先定义一个数字变量，然后直接使用Text属性或Value属性获取数字，即：

Dim x As Single

x = TextBox1.Text

13.3.3 将文本框的数字字符串转换为日期

将文本框的数字字符串转换为日期，可以先定义一个日期变量，然后直接使用Text属性或Value属性获取数字，即：

Dim x As Date

x = TextBox1.Text

13.3.4 向文本框中输入数据

向文本框中输入数据，既可以在窗体上直接将数据输入到文本框，也可以通过程序向文本框输入数据。通过程序向文本框输入数据的方法如下：

文本框名 .Text = 数据

或者

文本框名 .Value = 数据

例如，向文本框TextBox1中输入数据"姓名"的语句如下。

TextBox1.Text = " 姓名 "

或者

TextBox1.Value = " 姓名 "

13.3.5 设置文本框内字符的对齐方式

利用文本框的TextAlign属性，可以将文本框内字符的对齐方式设置为左对齐、居中对齐或右对齐。可以在"属性"窗口中进行设置，也可以在程序运行时进行设置。

下面的语句就是在运行程序时设置文本框TextBox1内字符的不同对齐方式。

TextBox1.TextAlign = fmTextAlignLeft   '左对齐

TextBox1.TextAlign = fmTextAlignCenter   '居中对齐

TextBox1.TextAlign = fmTextAlignRight   '右对齐

13.3.6 限制文本框内输入的字符长度

利用文本框的 MaxLength 属性，可以限制文本框内的数据长度。一般情况下，在用户窗体的初始化事件中对文本框的这个属性进行设置。当然，也可以在文本框的属性窗口中进行设置。

案例13-11

下面的程序就是限定在文本框 TextBox1 中最多只能输入 10 个字符。

```
Private Sub UserForm_Initialize()
    TextBox1.MaxLength = 10    '指定允许输入数据的最大长度
    TextBox1.ControlTipText = " 只能输入长度不超过 10 个字符的数据! "
End Sub
```

运行窗体，就得到如图 13-14 所示的结果。

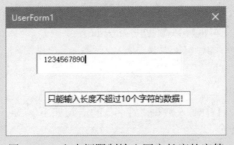

图13-14　文本框限制输入固定长度的字符

13.3.7 限制只能在文本框中输入负号、阿拉伯数字和小数点

利用文本框的 KeyPress 事件，可以限制只能在文本框内输入阿拉伯数字、小数点和负号。如果在文本框中输入的不是负号、阿拉伯数字和小数点，就会没有任何反应。

案例13-12

下面的例子是限制只能在文本框内输入阿拉伯数字、小数点和负号。

```
Private Sub TextBox1_KeyPress(ByVal KeyAscii As MSForms.ReturnInteger)
    If (KeyAscii < Asc("0") Or KeyAscii > Asc("9")) _
```

And KeyAscii <> Asc(".") And KeyAscii <> Asc("–") Then

    KeyAscii = 0: Beep

  End If

End Sub

13.3.8 限制只能在文本框中输入英文字母

利用文本框的KeyPress事件，可以限制只能在文本框内输入英文字母(包括小写字母和大写字母)。

案例13-13

下面的程序是将文本框限制为只能输入英文字母(包括小写字母和大写字母)，如果输入了其他字符，就会发出声音。

Private Sub TextBox1_KeyPress(ByVal KeyAscii As MSForms.ReturnInteger)

  If (KeyAscii < Asc("a") Or KeyAscii > Asc("z")) _

  And (KeyAscii < Asc("A") Or KeyAscii > Asc("Z")) Then

    KeyAscii = 0: Beep

  End If

End Sub

 注意

这个程序无法控制汉字的输入。

13.3.9 不显示输入到文本框的内容

将文本框的PasswordChar属性设置为一个不为零长度的字符串，在文本框中输入数据时，就会不显示输入到文本框的内容，而是显示设置的字符串。

设置PasswordChar属性最好在属性窗口中进行，当然也可以通过程序进行设置。

案例13-14

本例设计一个输入密码文本框，在输入密码时不会显示具体的密码，而是显示字符"*"。

在窗体上插入两个文本框TextBox1和TextBox2，其中文本框TextBox1的PasswordChar属性设置为"*"。

运行窗体，在文本框TextBox1中输入密码，就会在文本框TextBox2中显示出在文本框TextBox1中输入的密码。其中文本框TextBox1的Change事件程序代码如下：

```
Private Sub TextBox1_Change()
    TextBox2.Text = TextBox1.Text
End Sub
```

运行窗体，在文本框TextBox1中输入密码，效果如图13-15所示。

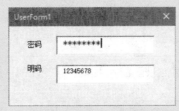

图13-15　文本框密码的效果

13.3.10 将文本框设置为自动换行

如果文本框较短，输入的字符又较长，那么在输入的过程中有些字符会被隐去，看起来很不方便。此时可以将文本框的MultiLine属性设置为True，那么当文本框内的数据到达文本框的右边界时就会自动换行。

案例13-15

下面的程序是设置当文本框TextBox1内的数据到达文本框的右边界时就会自动换行。

```
Private Sub UserForm_Initialize()
    With TextBox1
        .TextAlign = fmTextAlignLeft
        .MultiLine = True
    End With
End Sub
```

为文本框数据设置自动换行的效果如图13-16所示。

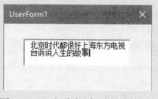

图13-16 文本框自动换行效果

13.3.11 设置文本框为必须输入状态

利用文本框的Exit事件,可以将文本框设置为必须输入状态,即如果在文本框中没有输入任何内容,就禁止焦点的移动。

◎案例13-16

下面的程序是将文本框TextBox1设置为必须输入状态。如果在文本框中没有输入任何数据而离开文本框,就会弹出一个警告框。

```
Private Sub TextBox1_Exit(ByVal Cancel As MSForms.ReturnBoolean)
    With TextBox1
    If Len(.Text) <= 0 Then
        MsgBox " 请在文本框中输入数据 ", vbCritical + vbOKOnly
        Cancel = True
    End If
    End With
End Sub
```

13.3.12 在文本框中内容被修改时执行程序

文本框的Change事件是一个非常有用的事件,利用这个事件,可以对输入到文本框中的数据进行控制。

◎案例13-17

下面的程序是在文本框TextBox1中输入数据时,检查输入的字符串长度是否超过了规定的长度。如果超过了规定的长度,就自动截短数据。

```
Private Sub TextBox1_Change()
    If Len(TextBox1.Value) > 10 Then
        MsgBox " 数据长度不能超过 10 个!", vbCritical + vbOKOnly
        TextBox1.Value = Left(TextBox1.Value, 10)
        TextBox1.SetFocus
    End If
End Sub
```

13.3.13 在文本框获得焦点时改变背景色

在文本框获得焦点时改变背景色，在文本框失去焦点时恢复默认的背景色，可以使窗口管理更加方便。联合利用文本框的 Enter 事件和 Exit 事件，就可以达到这个目的。

案例13-18

在本例中，当焦点移到文本框 TextBox1 时，边框的背景色变为黄色，而当焦点移到其他控件时，文本框的背景色恢复为默认的白色。

```
Private Sub TextBox1_Enter()
    TextBox1.BackColor = vbYellow
End Sub


Private Sub TextBox1_Exit(ByVal Cancel As MSForms.ReturnBoolean)
    TextBox1.BackColor = vbWhite
End Sub
```

13.4 命令按钮及其应用

命令按钮主要用来执行某一功能，通常在 Click 事件中编写一段程序，当用鼠标单击这个按钮时，就会启动这段程序，执行某一特定的功能。

命令按钮的名称和标题是 CommandButton，插入的命令按钮默认的名称和标题都是 CommandButton1、CommandButton2、CommandButton3……

命令按钮的默认属性是 Value 属性，默认事件是 Click 事件。

13.4.1 更改命令按钮的标题文字和名称

命令按钮的默认名称是CommandButton1、CommandButton2等, 其标题文字(Caption属性)也是这样的名字。

当插入命令按钮后, 要在"属性"窗口中把按钮的Caption属性设置为具体的文字。为了程序阅读方便, 也需要把命令按钮的名称修改为一个具体易懂的名称。

例如, 下面就是修改命令按钮名称后(按钮名称修改为"查询")的按钮Click事件。

```
Private Sub 查询 _Click()
    Dim i As Integer
    Dim ws As Worksheet
    ' 数据查询语句块
End Sub
```

对于Caption属性来说, 不仅可以在"属性"窗口中修改, 也可以在程序运行中进行动态修改。如果要根据程序运行而改变为不同的标题文字, 以便提醒目前程序的运行状态, 可以使用下面的语句。

```
... 查找语句块
CommandButton1.Caption = " 查找下一个 "
... 继续查找语句块
CommandButton1.Caption = " 查找完毕 "
```

13.4.2 在单击按钮时执行程序

在单击按钮时执行程序, 要使用按钮的Click事件, 这也是按钮的默认事件。窗体上命令按钮的作用就是在单击时运行程序, 完成特定的任务。

例如, 下面的程序就是当单击按钮时, 退出程序, 关闭窗体。

```
Private Sub CommandButton1_Click()
    End
End Sub
```

📀 案例13-19

本例制作一个默认窗体, 其中有3个标签、3个文本框和2个命令按钮, 它们都是默认的名称和Caption属性。下面将这8个控件的属性分别在"属性"窗口中进行设置。

(1)用户窗体的名称和Caption属性均设置为"员工管理"。

(2)3个标签的Caption属性分别设置为"姓名""性别"和"部门"。

(3)3个文本框名称分别修改为"姓名""性别"和"部门"

(4)2个命令按钮的Caption属性和名称分别设置为"确定"和"关闭"。

控件属性设置前后的窗体界面如图13-17和图13-18所示。

图13-17　未设置控件程序的窗体　　　图13-18　设置控件属性后的窗体

这样，我们就可以为用户窗体设置初始化程序，以及对两个命令按钮设置Click事件，以完成用户窗体与工作表之间的数据交换。

```
Private Sub UserForm_Initialize()
    '将工作表数据导入到文本框
    姓名 .Text = Range("A2")
    性别 .Text = Range("B2")
    部门 .Text = Range("C2")
End Sub


Private Sub 确定 _Click()
    Range("A2") = 姓名 .Text
    Range("B2") = 性别 .Text
    Range("C2") = 部门 .Text
End Sub


Private Sub 关闭 _Click()
    End
End Sub
```

再插入一个模块，设计启用窗体的语句代码：

Public Sub 启用窗体 ()

　员工管理 .Show

End Sub

当启用窗体后，就能自动把工作表单元格输入到窗体的3个文本框中，如图13-19所示。在文本框中修改数据后，单击"确定"按钮，就可以把修改后的数据输入到工作表单元格。

图13-19　启动窗体，实现窗体与单元格之间的数据交换

13.5　复选框及其应用

复选框是一次可以从一组按钮中选择一个或多个的选项控件。

复选框的默认名字和标题都是 CheckBox，插入的复选框名称和标题都是CheckBox1、CheckBox2、CheckBox3……

选中复选框的方法有两种。

（1）用鼠标单击。

（2）将 Value 属性设置为 True。

当用鼠标单击复选框时，其 Value 自动设置为 True。

复选框的默认属性是 Value 属性，默认事件是 Change 事件。

13.5.1　修改复选框的标题文字和名称

由于插入的复选框的默认Caption属性及其名称都是诸如CheckBox1、CheckBox2这样的情况，如图13-20所示。因此，插入复选框后，要将其Caption属性及其名称修改为具体的文字和名称。例如，将图13-20所示的3个复选框的Caption属性及其名称分别修改为"销量""销售额"和"毛利"，如图13-21所示。

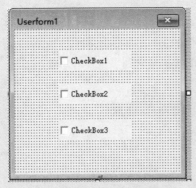

图13-20　默认属性的复选框　　　　图13-21　设置属性后的复选框

13.5.2 判断复选框是否被选中

判断复选框是否被选中，也就是是否被打钩，需要查看复选框的Value属性值是否为True。当Value属性是True时，该复选框被选中；当Value属性是False时，该复选框被取消选中。

在实际数据处理中，可以根据复选框的返回值是否为True，而做出不同的判断。

案例13-20

本例根据窗体上的复选框是否选中，决定在对应的文本框里是否显示单元格的值。

```
Private Sub CommandButton1_Click()
   If 销量 .Value = True Then
      TextBox1.Text = Range("B1")
   Else
      TextBox1.Text = ""
   End If

   If 销售额 .Value = True Then
      TextBox2.Text = Range("B2")
   Else
      TextBox2.Text = ""
```

```
        End If

    If 毛利 .Value = True Then
        TextBox3.Text = Range("B3")
    Else
        TextBox3.Text = ""
    End If
End Sub
```

运行窗体,进行不同的选择,再单击"查看"按钮,就会有不同的显示效果,如图13-22所示。

图13-22　复选框应用示例

13.5.3 在运行中选择或取消复选框

在运行中选择或取消复选框,可以通过将复选框的Value属性设置为True或False来实现。语句如下:

```
复选框名 .Value = True        '选中复选框
复选框名 .Value = False       '取消复选框
```

13.6 单选按钮及其应用

单选按钮又称选项按钮,用于从一组按钮中选择一个,每次只能选取一个,且必须选取一个,其他的按钮会自动变成不可选。

> 单选按钮的名称是 OptionButton，插入的单选按钮的默认名称和标题都是 OptionButton1、OptionButton2、OptionButton3……
>
> 单选按钮的默认属性是 Value 属性，单选按钮的默认事件是 Click 事件。
>
> 选中单选按钮的方法有：
>
> （1）用鼠标单击。
>
> （2）将 Value 属性设置为 True。
>
> 当用鼠标单击单选按钮时，其 Value 自动设置为 True。

13.6.1 设置单选按钮的标题文字和名称

与复选框一样，插入单选按钮后，要设置其标题文字(Caption属性)，修改其名称，这些都是在属性窗口中进行的。

13.6.2 判断单选按钮是否被选中

判断单选按钮是否被选中，就是查看单选按钮的Value属性值是否为True。如果某单选按钮的Value属性值为True，就表示该单选按钮被选中；如果为False，则表示没有被选中。

13.6.3 在运行中选中或取消选中单选按钮

在运行中选中或取消选中单选按钮，可以通过将单选按钮的Value属性设置为True或False来实现。语句如下：

```
单选按钮名 .Value = True      ' 选中单选按钮
单选按钮名 .Value = False     ' 取消选中单选按钮
```

13.6.4 能够同时选择两个以上的单选按钮

单选按钮每次只能选取一个，且必须选取一个，其他的按钮会自动变成不可选。

如果要实现同时选择两个以上的单选按钮，就需要使用框架将这些单选按钮进行分组。当使用分组框分组后，每个分组框的Caption属性也要修改为具体的功能性说明文字，如图13-23所示。

图13-23 使用分组框实现单选按钮的多选

案例13-21

本例演示了这几个单选按钮的简单使用方法。

```
Private Sub CommandButton1_Click()
  If 销量分析 .Value = True Then
    MsgBox " 下面开始做销量分析 "
  ElseIf 销售额分析 .Value = True Then
    MsgBox " 下面开始做销售额分析 "
  ElseIf 毛利分析 .Value = True Then
    MsgBox " 下面开始做毛利分析 "
  Else
    MsgBox " 你没有做出销售分析的选项!"
  End If

  If 销售分析 .Value = True Then
    MsgBox " 下面开始做销售分析 "
  ElseIf 成本分析 .Value = True Then
    MsgBox " 下面开始做成本分析 "
  ElseIf 预算分析 .Value = True Then
    MsgBox " 下面开始做预算分析 "
  Else
```

```
        MsgBox " 你没有做出经营分析的选项!"
    End If
End Sub
```

13.7 框架及其应用

框架是一种控件容器。在框架内可以有很多控件，每个框架内也可以有不同的控件组，这样就可以使窗体整齐直观。因此，在大多数情况下，框架主要用于对窗体上的控件进行分组。

框架的名称是 Frame，插入的框架的默认名称和标题都是 Frame1、Frame2、Frame3……

框架的默认事件是 Click 事件，不过很少会用到它。

13.7.1 设置框架的标题文字

设置框架的标题文字要使用Caption属性，它既可以在"属性"窗口中进行设置，也可以在运行时随时设置。在运行中设置框架标题文字的语句如下：

框架名 .Caption = 字符串

此外，利用框架的 Font 属性返回 Font 对象，再利用 Font 对象的有关属性，还可以设置框架标题文字的字体。语句如下：

框架名 .Font.Bold = True

框架名 .Font.Italic = True

框架名 .Font.Size = 22

框架名 .Font.Name = " 华文新魏 "

13.7.2 设置框架外观

设置框架外观要使用SpecialEffect属性。例如，将框架的外观设置为雕刻，就是将其SpecialEffect属性设置为fmSpecialEffectEtched。

13.7.3 将框架设计为两条水平平行线或一条水平直线

Excel VBA中没有线条控件，要想在窗体上插入水平线条，可以通过框架来实现。将框架的

Caption属性设置为空值，Height属性设置为1或3，就可以得到一条水平直线或两条水平平行线。如图13-24所示，上面的框架的Height属性设置为3，下面的框架的Height属性设置为2。

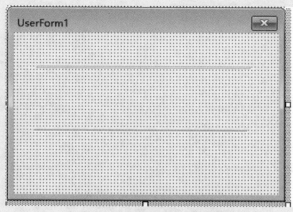

图13-24　利用框架获得水平线条

13.7.4 将框架设计为两条垂直平行线或一条垂直直线

　　将框架的Caption属性设置为空值，Width属性设置为1或3，就可以得到一条垂直直线或两条垂直平行线。如图13-25所示，左边的框架的Width属性设置为3，右边的框架的Width属性设置为2。

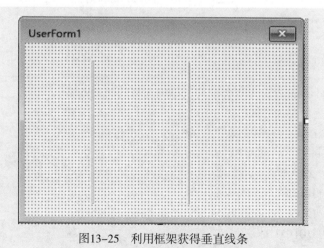

图13-25　利用框架获得垂直线条

13.8 复合框及其应用

　　复合框又称组合框，用来从一个列表中选中且只能选中一个项目，就像在单元格里设置的数据验证一样的效果。

　　复合框的属性中大部分需要在程序运行中予以设置。在使用复合框时，必须为用户窗体设计初始化事件程序。

　　复合框实际上是将列表框和文本框的特性结合在一起。用户可以像在文本框中那样输入新值，也可以像在列表框中那样选择已有的值。

　　复合框的名称是 ComboBox，插入的复合框的默认名称是 ComboBox1、ComboBox2、ComboBox3……

　　复合框没有标题。

　　复合框的默认属性是 Value 属性，默认事件是 Change 事件。

13.8.1 利用 AddItem 方法为复合框列表添加项目

　　在使用复合框之前，必须先为复合框列表添加项目，以便能够从复合框里选择项目。

　　为复合框列表添加项目的方法之一，就是利用 AddItem 方法。其语法如下：

复合框名 .AddItem 字符串

案例 13-22

下面是利用 AddItem 方法为复合框列表添加项目的两种方法。

方法一：采用逐项添加方式。

```
Private Sub UserForm_Initialize()
    With ComboBox1
        .AddItem "AAAA"
        .AddItem "BBBB"
        .AddItem "CCCC"
        .AddItem "DDDD"
End With
```

```
End Sub
```

方法二：采用数组方式。

```
Private Sub UserForm_Initialize()
    Dim myArray As Variant, i As Integer
    myArray = Array("AAAA", "BBBB", "CCCC", "DDDD")
    For i = 0 To UBound(myArray)
        ComboBox1.AddItem myArray(i)
    Next i
End Sub
```

显然，方法二要简单得多，适合于设置很多项目的场合。

运行此窗体程序，就可以使用复合框了，如图13-26所示。

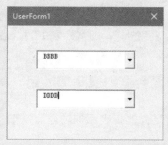

图13-26　复合框的使用示例

13.8.2 利用 RowSource 属性为复合框列表添加项目

我们还可以利用RowSource属性为复合框列表添加项目。RowSource属性可以接受Excel工作表的数据区域，但必须是保存在一列或几列的数据。

案例13-23

下面的例子是把工作表指定列的数据添加为复合框项目。

```
Private Sub UserForm_Initialize()
    Dim ws As Worksheet
    Set ws = ThisWorkbook.Worksheets(1)        ' 指定工作表
    ' 为组合框设置项目
    ComboBox1.RowSource = ws.Name & "!A1:A8"
```

```
    Set ws = Nothing
End Sub
```

图13-27所示就是运行窗体后复合框的项目设置情况。

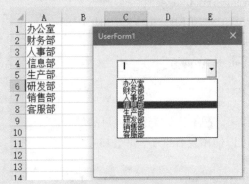

图13-27　利用RowSource属性为复合框设置的项目

13.8.3 利用 List 属性为复合框列表添加项目

我们还可以利用List属性为复合框列表添加项目。一般情况下，需要将列表项目保存到一个数组，然后再设置为List属性值。

案例13-24

下面的代码就是直接使用数组，利用List属性为复合框设置项目。

```
Private Sub UserForm_Initialize()
    Dim myArray As Variant
    myArray = Array("AAAA", "BBBB", "CCCC", "DDDD")
    ComboBox1.List = myArray
End Sub
```

案例13-25

下面的代码是使用工作表列数据区域数据，利用List属性为复合框设置项目。

```
Private Sub UserForm_Initialize()
    Dim myArray As Variant
```

```
    Dim ws As Worksheet
    Set ws = ThisWorkbook.Worksheets(1)          '指定工作表
    myArray = ws.Range("A1:A10").Value           '指定数据源
    ComboBox1.List = myArray
    Set ws = Nothing
End Sub
```

13.8.4 获取复合框的某条项目值

获取复合框的某条项目值,最简单的方法是利用Value属性。其基本语句如下:

x = 复合框名称 .Value

案例13-26

下面的程序是利用Value属性获取复合框的某条项目值。

> **注意**
>
> 在程序中利用了ListIndex属性来判断是否选择了复合框项目,当ListIndex是 −1时,表示没有选择项目。

```
Private Sub UserForm_Initialize()
    Dim myArray As Variant
    myArray = Array("AAAA", "BBBB", "CCCC", "DDDD")
    ComboBox1.List = myArray
End Sub


Private Sub CommandButton1_Click()
    If ComboBox1.ListIndex = −1 Then
        MsgBox " 没有选择项目 "
    Else
        MsgBox " 选择的项目为 : " & ComboBox1.Value
    End If
End Sub
```

13.8.5 删除复合框的全部项目

删除复合框的全部项目，最简单办法就是使用Clear方法。

> **注意**
>
> 如果绑定了工作表数据，Clear方法将会失败。所谓绑定数据，就是利用RowSource属性等将工作表数据设置给复合框。

利用Clear方法删除复合框的全部项目的语句如下：

复合框名称 .Clear

如果是利用RowSource属性为复合框添加的项目，则不能利用Clear方法删除复合框的所有项目，而必须从RowSource属性入手，将RowSource属性设置为空值，即：

复合框名称 .RowSource = ""

案例13-27

下面的程序是在启用窗体时，先清除复合框里的所有项目，然后再重新设置项目。

```
Private Sub UserForm_Initialize()
    Dim myArray As Variant, n As Integer
    Dim ws As Worksheet
    Set ws = Worksheets(1)
    n = ws.Range("A10000").End(xlUp).Row
    myArray = ws.Range("A1:A" & n).Value
    With ComboBox1
        .Clear
        .RowSource = ws.Name & "!A1:A" & n
    End With
End Sub
```

13.8.6 删除复合框的某条项目

利用RemoveItem方法，可以将复合框内的某条项目删除。

注意

如果列表框被数据绑定(也就是当 RowSource 属性为列表框规定了数据源时),此方法不能从该列表中删去一行,而必须重新设置数据源。

这种删除,仅仅是在使用窗体时,复合框项目列表里不再出现被删除的项目,并不是真正从源代码中删除了。再次启动窗体时,仍会加载全部项目。

案例13-28

下面的例子通过单击窗体上的命令按钮,来删除复合框的指定项目。

```
Private Sub UserForm_Initialize()
    With ComboBox1
        .AddItem " 财务部 "
        .AddItem " 人力资源部 "
        .AddItem " 销售部 "
        .AddItem " 总经办 "
        .AddItem " 生产部 "
        .AddItem " 产品研发部 "
    End With
End Sub


Private Sub CommandButton1_Click()
    MsgBox " 单击将删除组合框内的第 2 行项目 "
    With ComboBox1
        .RemoveItem 1        ' 删除第 2 条项目
    End With
End Sub
```

当从复合框列表中删除了某个条目后,复合框各个条目的索引号就会重新排列。例如,删除第2条项目后,原来的第3条项目就会变为第2条,原来的第4条项目就会变为第3条,以此类推。

13.8.7 设置复合框的显示外观和值匹配

利用复合框的 ListStyle 属性,我们可以设置复合框中列表的外观。

ListStyle属性的取值可以是0(fmListStylePlain)或1(fmListStyleOption), 0表示外观与常规的下拉列表框相似, 条目的背景为高亮; 1表示显示单选按钮, 或显示用于多重选择的复选框(默认), 当用户选定组中的条目时, 与该条目相关的单选按钮即被选中, 而该组其他条目的单选按钮则被取消选中。

利用MatchRequired属性, 我们可以指定输入复合框文本部分的值是否必须与复合框列表中的现有条目相匹配。虽然用户可输入不匹配的值, 但直到输入一个匹配的值时才能退出复合框。

案例13-29

下面的程序是设置复合框中列表的外观, 以及当向复合框输入数据而非选择数据时, 输入复合框文本部分的值是否必须与该控件现有列表中的条目相匹配。

```
Private Sub UserForm_Initialize()
    Dim myArray As Variant, i As Integer
    myArray = Array("AAAA", "BBBB", "CCCC", "DDDD")
    With ComboBox1
        .List = myArray
        .ListStyle = fmListStyleOption
        .MatchRequired = True

    End With
End Sub
```

图13-28所示为运行窗体后, 复合框的外观设置情况。如果手动输入复合框文本部分的文本值与该控件现有列表中的条目不相匹配, 那么当移动焦点时, 就会出现错误警告, 如图13-29所示。

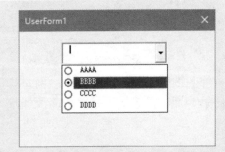

图13-28　复合框中项目显示为单选按钮的形式　图13-29　输入的文本值与列表中的条目不相匹配

13.8.8 取消复合框项目的选择

将复合框的ListIndex属性设置为–1，就可以取消对复合框项目的选择，将复合框恢复为未选择状态，具体语句如下：

复合框名称 .ListIndex = –1

13.8.9 将复合框设置为必须选择或必须输入状态

利用复合框的Exit事件，可以将复合框设置为必须选择状态，也就是说，如果没有选择项目，就禁止焦点移动。

案例13-30

下面的例子是在复合框内必须选择一个项目，否则就会弹出警告框。

```
Private Sub UserForm_Initialize()
    Dim myArray As Variant, i As Integer
    myArray = Array("AAAA", "BBBB", "CCCC", "DDDD")
    With ComboBox1
        .List = myArray
        .ListStyle = fmListStyleOption
    End With
End Sub


Private Sub Combobox1_Exit(ByVal Cancel As MSForms.ReturnBoolean)
    If ComboBox1.ListIndex = –1 Then
        MsgBox " 请选择项目 ", vbCritical, " 严重警告 "
        Cancel = True
    Else
        MsgBox " 选择的项目为 ：" & ComboBox1.Value
    End If
End Sub
```

13.8.10 在复合框的值发生改变时就执行程序

当复合框的值发生改变时，将触发Change事件。复合框的Change事件常常用于数据处理和数据分析。

◎ 案例13-31

下面的程序是当选择复合框ComboBox1中的不同项目值时，从工作表中查找数据，并把查找结果显示在文本框TextBox1中。

```
Private Sub UserForm_Initialize()
    With ComboBox1
        .AddItem " 财务部 "
        .AddItem " 人力资源部 "
        .AddItem " 销售部 "
        .AddItem " 总经办 "
        .AddItem " 生产部 "
        .AddItem " 产品研发部 "
    End With
    TextBox1.Locked = True
End Sub


Private Sub ComboBox1_Change()
    Dim ws As Worksheet
    Dim x As String
    Set ws = Worksheets(1)
    x = WorksheetFunction.VLookup(ComboBox1.Value, ws.Range("A:M"), 4, 0)
    TextBox1.Text = x
End Sub
```

13.9 列表框及其应用

复合框每次只显示一个项目，也只能选择一个项目。如果项目很多，使用复合框就不方便了，此时可以使用列表框。

列表框的默认名称是 ListBox，插入的列表框默认名称都是 ListBox1、ListBox2、ListBox3……

列表框没有标题。列表框常用的默认事件是 Click 事件，也就是在单击列表框中的某个项目时执行程序。

在使用列表框时，必须为用户窗体设计初始化事件程序。

13.9.1 利用 AddItem 方法为列表框列表添加项目

为列表框列表添加项目的方法之一就是利用 AddItem 方法，其语法如下：

列表框名 .AddItem 字符串

案例13-32

下面的程序演示了利用 AddItem 方法为列表框列表添加项目的方法。

```
Private Sub UserForm_Initialize()
    Dim myArray As Variant, i As Integer
    myArray = Array("AAAA", "BBBB", "CCCC", "DDDD")
    For i = 0 To UBound(myArray)
        ListBox1.AddItem myArray(i)
    Next i
    With ListBox2
        .AddItem "AAAA"
        .AddItem "BBBB"
        .AddItem "CCCC"
        .AddItem "DDDD"
    End With
End Sub
```

窗体设计结构及运行窗体后的列表框如图13-30和图13-31所示。

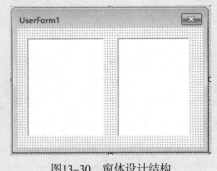
图13-30 窗体设计结构

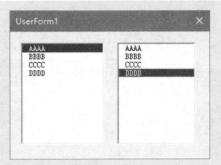
图13-31 启动窗体后的列表框

13.9.2 利用 RowSource 属性为列表框列表添加项目

当列表框的项目来源是工作表区域数据时，需要使用RowSource属性为列表框列表添加项目。

案例13-33

下面的例子是将工作表指定列数据，添加为列表框的项目。

```
Private Sub UserForm_Initialize()
    Dim ws As Worksheet
    Set ws = ThisWorkbook.Worksheets(1)    ' 指定工作表
    ListBox1.RowSource = ws.Name & "!A1:A10"
    Set ws = Nothing
End Sub
```

运行窗体后列表框的项目设置情况如图13-32所示。

图13-32 利用RowSource属性为列表框设置的项目

13.9.3 利用List属性为列表框列表添加项目

我们还可以利用List属性为列表框列表添加项目。一般情况下,需要先将列表项目保存到一个数组,然后再设置为List属性值。

案例13-34

下面的例子是利用List属性,将工作表指定列数据添加为列表框的项目。

```
Private Sub UserForm_Initialize()
    Dim myArray As Variant
    myArray = Array("AAAA", "BBBB", "CCCC", "DDDD")
    ListBox1.List = myArray

    Dim ws As Worksheet
    Set ws = ThisWorkbook.Worksheets(1)          '指定工作表
    myArray = ws.Range("A1:A10").Value           '指定数据源
    ListBox2.List = myArray
    Set ws = Nothing
End Sub
```

图13-33所示是运行窗体后列表框的项目设置情况。

图13-33　利用List属性为列表框设置的项目

13.9.4 利用Value属性获取列表框的某条项目值

利用Value属性获取列表框的某条项目值,是获取列表框项目值的最简单的一种方法。其

基本语句如下：

x = 列表框名称 .Value

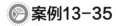**案例13-35**

下面的程序是利用Value属性获取列表框的某条项目值。

 注意

在程序中利用了ListIndex属性来判断是否选择了列表框项目。当ListIndex值是 −1时，就表示没有选择项目。

```
Private Sub UserForm_Initialize()
    Dim myArray As Variant
    myArray = Array("AAAA", "BBBB", "CCCC", "DDDD")
    ListBox1.List = myArray
End Sub

Private Sub CommandButton1_Click()
    If ListBox1.ListIndex = −1 Then
        MsgBox " 没有选择项目 "
    Else
        MsgBox " 选择的项目为 ： " & ListBox1.Value
    End If
End Sub
```

13.9.5 利用 Clear 方法删除列表框的全部项目

删除列表框的全部项目，最简单的办法就是使用Clear方法。

 注意

如果绑定了工作表区域数据，Clear方法将会失败。

案例13-36

下面的例子是使用Clear方法来清除列表框的全部项目。

```
Private Sub UserForm_Initialize()
    Dim myArray As Variant, i As Integer
    myArray = Array("AAAA", "BBBB", "CCCC", "DDDD")
    For i = 0 To UBound(myArray)
        ListBox1.AddItem myArray(i)
    Next i
End Sub


Private Sub CommandButton1_Click()
    ListBox1.Clear
End Sub
```

13.9.6 利用 RowSource 属性删除列表框的全部项目

如果是利用RowSource属性为列表框添加的项目，必须从RowSource属性入手，将RowSource属性设置为空值，即：

列表框名称 .RowSource = ""

13.9.7 删除列表框的某条项目

利用RemoveItem方法，可以将列表框内的某条项目删除。这种删除，仅仅是在使用窗体时从显示列表中删除了，并不是真正删除了数据源。当重新启用窗体时，又会恢复原始的列表项目。

> **注意**
>
> 如果列表框被数据绑定(也就是当 RowSource 属性为列表框规定了数据源时)，此方法不能从该列表中删去一行。

案例13-37

下面的例子是删除列表框中的某条项目。

```
Private Sub UserForm_Initialize()
    Dim myArray As Variant, i As Integer
    myArray = Array("AAAA", "BBBB", "CCCC", "DDDD")
    For i = 0 To UBound(myArray)
        ListBox1.AddItem myArray(i)
    Next i
End Sub


Private Sub CommandButton1_Click()
    MsgBox " 单击将删除组合框内选择的项目 "
    With ListBox1
        If ListBox1.ListIndex = -1 Then
            MsgBox " 没有选择要删除的条目!", vbCritical
        Else
            .RemoveItem ListBox1.ListIndex    ' 删除选中的项目
        End If
    End With
End Sub
```

注意

    当从列表框列表中删除了某个条目后,列表框各个条目的索引号就会重新排列。例如,删除第2条项目后,原来的第3条项目就会变为第2条,原来的第4条项目就会变为第3条,以此类推。

13.9.8 取消列表框项目的选择

    将列表框的ListIndex属性设置为–1,就可以取消对列表框项目的选择,将列表框恢复为未选择状态,具体语句如下:

    列表框名称 .ListIndex = –1

13.9.9 在列表框的值发生改变时执行程序

    当列表框的值发生改变时,将触发Change事件。Change事件常用来检索数据。

案例13-38

下面的程序是当选择列表框ListBox1中的不同值时，就将选择的列表框项目值显示在文本框TextBox1中。

```
Private Sub UserForm_Initialize()
  With ListBox1
    .AddItem "EXCEL"
    .AddItem "WORD"
    .AddItem "ACCESS"
  End With
End Sub

Private Sub listBox1_Change()
  TextBox1.Value = ListBox1.Value
End Sub
```

13.9.10 在单击列表框时执行程序

除了利用列表框的Change事件来检索数据外，还可以利用列表框的Click事件来检索数据。

案例13-39

下面的程序是当单击列表框ListBox1中的某个条目时，就将该条目值显示在文本框TextBox1中。

```
Private Sub listBox1_Click()
  TextBox1.Value = ListBox1.Value
End Sub
```

13.10 图像控件及其应用

图像控件用于在窗体中显示图片。通过图像控件，可以将图片作为数据的一部分显示在窗体中。例如，可使用图像控件在人事管理窗体中显示员工的照片。

通常可用图像控件来剪裁、调整大小或缩放图片，但不能编辑图片的内容。例如，不能用图像控件改变图片的颜色，将图片变成透明的，也不能对图片进行加工。这些工作必须通过图像编辑软件完成。

图像控件支持以下文件格式：BMP、CUR、GIF、ICO、JPG 和 *WMF。

13.10.1 使用图像控件显示图片

为图像控件添加图片，可在设计阶段进行(即使用属性窗口)，也可以在运行阶段利用 LoadPicture 函数动态加载。

案例13-40

本例将为窗体上的图像控件添加4张不同的图片，分别由单击一个列表框的不同项目来完成。窗体的结构如图13-34所示。有关的程序代码如下：

图13-34　窗体结构

```
Private Sub UserForm_Initialize()
    With ListBox1
        .AddItem " 春天 "
        .AddItem " 夏天 "
        .AddItem " 秋天 "
        .AddItem " 冬天 "
    End With
```

```
End Sub

Private Sub ListBox1_Click()
    Dim myPic As String
    Select Case ListBox1.Value
        Case " 春天 "
            myPic = "Spring.jpg.psd"
        Case " 夏天 "
            myPic = "Summer.jpg.psd"
        Case " 秋天 "
            myPic = "Autumn.jpg.psd"
        Case " 冬天 "
            myPic = "Winter.jpg.psd"
    End Select
    With Image1
        .Picture = LoadPicture(ThisWorkbook.Path & "\" & myPic)
        .PictureAlignment = fmPictureAlignmentCenter
        .PictureSizeMode = fmPictureSizeModeZoom
    End With
End Sub
```

启动窗体，从列表框中选择项目，就会在图像框中分别显示春、夏、秋、冬的图片，如图13-35和图13-36所示。

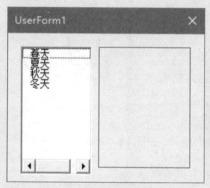

13-35　启动窗体

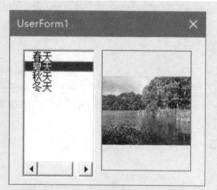

图13-36　在图像框内显示图片

13.10.2 设置图片的显示效果

由图 13-36 可以看出，由于将图像的 PictureSizeMode 属性设置为 fmPictureSizeModeZoom，图片可以保证不失真，但也使得图片可能不能充满整个图像框。

如果要想让图片充满整个图像框（但这可能造成图片失真），可以将 PictureSizeMode 属性设置为 fmPictureSizeModeStretch。

13.10.3 利用工作表数据为图像控件添加图片

我们还可以利用工作表数据为图像框添加图片，即在工作表的相关单元格中输入图片的名称及图片文件名名称，然后再利用图像控件的有关属性和方法为图像控件添加图片。

案例13-41

本例将利用工作表数据为窗体上的图像控件添加 4 张不同的图片，分别由单击一个列表框的不同项目来完成。窗体结构如图 13-34 所示。有关的程序代码如下：

```
Private Sub ListBox1_Click()
    Dim myPic As String
    myPic = Range("B" & ListBox1.ListIndex + 1)
    With Image1
        .Picture = LoadPicture(ThisWorkbook.Path & "\" & myPic)
        .PictureAlignment = fmPictureAlignmentCenter
        .PictureSizeMode = fmPictureSizeModeZoom
    End With
End Sub


Private Sub UserForm_Initialize()
    ListBox1.RowSource = Sheets(1).Name & "!A1:A4"
End Sub
```

运行窗体，就可以根据工作表数据为图像控件添加图片，如图 13-37 所示。

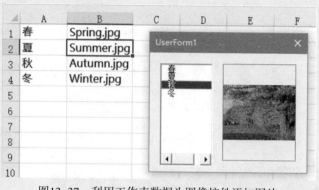

图13-37 利用工作表数据为图像控件添加图片

13.11 其他控件及其应用

在利用 Excel VBA 开发应用程序时，还可以使用其他一些控件，如旋转按钮、滚动条、多页控件、切换按钮、进度条等。下面简单介绍几个常用控件的使用方法。

13.11.1 旋转按钮

旋转按钮又称数值调节钮，用于增加及减少数值。单击数值调节钮会更改参数值，然后利用这个值来控制数据的处理和分析。

旋转按钮的主要属性如下。

（1）Max 属性和 Min 属性：指定值调节钮的 Value 属性可接收的最大值和最小值。

（2）Value 属性：Max 和 Min 属性所规定的数值之间的整数。

旋转按钮的名称是SpinButton，插入旋转按钮后的默认名称是SpinButton1、SpinButton2、SpinButton3……

旋转按钮的默认属性是Value属性，默认事件是Change事件。

案例13-42

本例利用旋转按钮的Change事件，实现快速查找指定月份各个产品的数据，并显示在文本框中。具体程序代码如下：

```
Private Sub UserForm_Initialize()
   With SpinButton1
      .Min = 1
      .Max = 12
      .SmallChange = 1
   End With
End Sub

Private Sub SpinButton1_Change()
   Dim ws As Worksheet
   Dim Mon As String
   Dim n As Integer
   Set ws = Worksheets(1)
   Mon = SpinButton1.Value & " 月 "
   n = WorksheetFunction.Match(Mon, ws.Range("A:A"), 0)
   TextBox1.Value = ws.Range("B" & n)
   TextBox2.Value = ws.Range("C" & n)
   TextBox3.Value = ws.Range("D" & n)
   Label1.Caption = Mon
 End Sub
```

窗体结构及运行后的效果如图13-38、图13-39所示。

图13-38　窗体结构

	A	B	C	D
1	月份	产品1	产品2	产品3
2	1月	422	1069	727
3	2月	1319	1013	530
4	3月	543	1315	327
5	4月	1398	1249	319
6	5月	1478	448	831
7	6月	1376	676	389
8	7月	542	1054	1061
9	8月	797	1373	656
10	9月	1424	790	1046
11	10月	1008	890	1183
12	11月	316	933	817
13	12月	1332	622	607

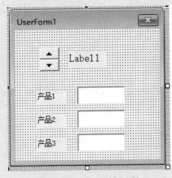

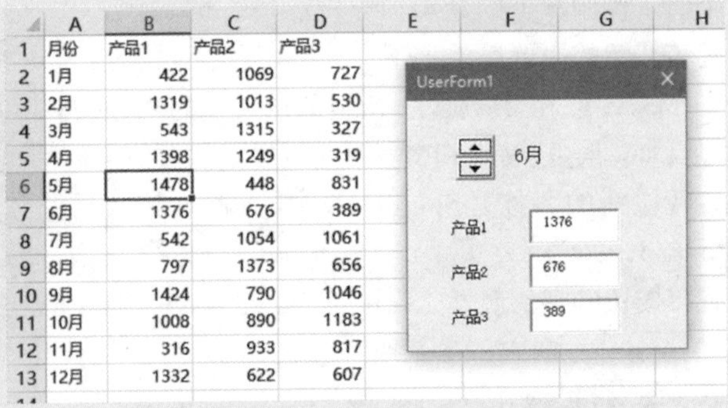

图13-39　调节旋转按钮的效果

13.11.2 滚动条

滚动条用来设置数值的变化,利用鼠标改变滚动条的位置来改变数值的大小,其构成如图13-40所示。

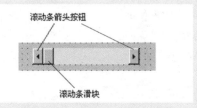

图13-40 滚动条控件的构成

滚动条的主要属性如下。

(1) Min:滚动条的最小值。Min属性的默认值为0。

(2) Max:滚动条的最大值。Max属性的默认值为32767。

(3) SmallChange:单击滚动条两端的箭头按钮时滚动条值的变化,默认值为1。

(4) LargeChange:单击滚动条两端箭头中间时滚动条值的变化,默认值为1。

(5) Value:滚动条目前的值。

滚动条的默认属性是Value属性,默认事件是Change事件。

案例13-43

本例利用滚动条的Change事件,使用滚动条返回值查找工作表数据,即当单击窗体的滚动条控件时,获取工作表不同行数据。程序代码如下:

```
Private Sub UserForm_Initialize()
    With ScrollBar1
        .Max = 600
        .Min = 1
        .SmallChange = 1
        .LargeChange = 30
    End With
End Sub

Private Sub ScrollBar1_Change()
    Dim ws As Worksheet
```

```
    Dim n As Integer
    Set ws = Worksheets(1)
    n = ScrollBar1.Value
    TextBox1.Value = ws.Range("A" & n)
    TextBox2.Value = ws.Range("B" & n)
    TextBox3.Value = ws.Range("C" & n)
    TextBox4.Value = ws.Range("D" & n)
    Label6.Caption = " 第 " & n & " 行 "
End Sub
```

窗体结构及运行后的效果如图13-41、图13-42所示。

图13-41　窗体结构

图13-42　窗体运行效果

案例13-44

本例利用滚动条的Change事件,实现窗体上的4个框架背景颜色的不断变化,也就是设计一个配色器。

窗体结构如图13-43所示,4个框架的名称分别为Frame1、Frame2、Frame3和Frame4,分别用来显示3种单色和1种彩色;3个滚动条的名称分别为ScrollBar1、ScrollBar2和ScrollBar3,分别用来调节3种单色。

这里,还使用了4个标签显示3种单色的数字及1种彩色的RGB。

```
Private Sub UserForm_Initialize()
    With ScrollBar1
        .Min = 0
        .Max = 255
        .SmallChange = 5
```

```
      End With
      With ScrollBar2
         .Min = 0
         .Max = 255
         .SmallChange = 5
      End With
      With ScrollBar3
         .Min = 0
         .Max = 255
         .SmallChange = 5
      End With
End Sub

Private Sub ScrollBar1_Change()
   Frame1.BackColor = RGB(ScrollBar1.Value, 0, 0)
   Frame4.BackColor = RGB(ScrollBar1.Value, ScrollBar2.Value, ScrollBar3.Value)
   Label1.Caption = ScrollBar1.Value
   Label4.Caption = "RGB(" & ScrollBar1.Value & "," & ScrollBar2.Value & "," & ScrollBar3.
               Value & ")"
End Sub
Private Sub ScrollBar2_Change()
   Frame2.BackColor = RGB(0, ScrollBar2.Value, 0)
   Frame4.BackColor = RGB(ScrollBar1.Value, ScrollBar2.Value, ScrollBar3.Value)
   Label2.Caption = ScrollBar2.Value
   Label4.Caption = "RGB(" & ScrollBar1.Value & "," & ScrollBar2.Value & "," & ScrollBar3.
               Value & ")"
End Sub
Private Sub ScrollBar3_Change()
   Frame3.BackColor = RGB(0, 0, ScrollBar3.Value)
   Frame4.BackColor = RGB(ScrollBar1.Value, ScrollBar2.Value, ScrollBar3.Value)
   Label3.Caption = ScrollBar3.Value
   Label4.Caption = "RGB(" & ScrollBar1.Value & "," & ScrollBar2.Value & "," & ScrollBar3.
               Value & ")"
End Sub
```

运行窗体, 调节3个滚动条, 就可以观察3种单色和1种彩色的变化情况, 如图13-44所示。

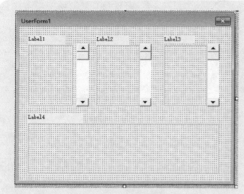

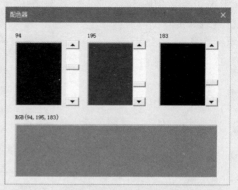

图13-43　窗体结构　　　　　图13-44　调节滚动条, 改变框架背景颜色

13.11.3 进度条

进度条控件(ProgressBar)用于显示进度。它不是一个常用的控件, 因此在控件工具箱中没有这个控件。需要时可将此控件添加到控件工具箱中: 在"附加控件"对话框的"可用控件"列表框中选择Microsoft ProgressBar Control 6.0(SP4), 单击"确定"按钮。

ProgressBar控件的主要属性如下。

(1) Max: 指定 ProgressBar控件的最大值。

(2) Min: 指定 ProgressBar控件的最小值。

(3) Value: 指定 ProgressBar控件的值, 用于进度条的显示进程。

ProgressBar控件的主要事件是Click事件。

案例13-45

本例设计进度条, 程序代码如下(注意要使用DoEvents语句来触发事件)。

```
Private Sub CommandButton1_Click()
    Dim i As Integer
    ProgressBar1.Min = 1
    ProgressBar1.Max = 10000
    CommandButton1.Caption = " 正在计算 ..."
    For i = 1 To 10000
```

```
        ProgressBar1.Value = i
        Label1.Caption = " 运行到第 " & i & " 步 ......"
        Label2.Caption = Int(i / 100) & "%"
        DoEvents
    Next i
    CommandButton1.Caption = " 计算完毕 "
End Sub
```

进度条窗体结构设计和运行效果如图13-45、图13-46所示。

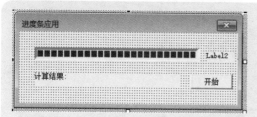
图13-45　在窗体上插入的ProgressBar控件

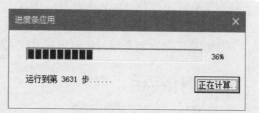
图13-46　在ProgressBar控件中显示程序运行进度

13.11.4　利用 ListView 控件在窗体上制作报表

ListView控件用来在窗体上以ListItem对象的形式显示数据。例如，在窗体上以报表形式显示数据。要使用ListView控件，首先需要将其添加到控件工具箱中。方法是在"附加控件"对话框的"可用控件"列表框中选择Microsoft ListView Control, version 6.0，如图13-47所示。

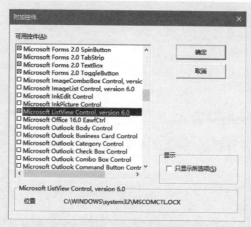
图13-47　选择Microsoft ListView Control, version 6.0控件

ListView控件的主要属性如下。

(1) ColumnHeaders：指定 ListView 控件的标题。

(2) ListItems：指定 ListView 控件的各行各列的项目。

(3) View：指定 ListView 控件的显示方式。如果将其设置为 lvwReport，就表示显示方式为报表式。

(4) FullRowSelect：指定 ListView 控件某行的选择方式。如果将其设置为 True，就表示选择整行。

(5) Gridlines：指定 ListView 控件是否显示格线。如果将其设置为 True，就表示显示格线。

ListView控件的主要方法如下。

(1) Clear 方法：删除 ListView 控件的项目。

(2) Add 方法：为 ListView 控件添加项目。

下面结合实际案例介绍如何利用 ListView 控件在窗体上制作报表。

案例13-46

本例以工作表的数据为基础，在窗体上利用 ListView 控件制作报表，并且当单击 ListView 控件中的某行数据时，就将该行的各数据输出到相应的文本框中。

工作表数据如图 13-48 所示。

窗体结构如图 13-49 所示，在此窗体上有两个框架，一个框架内插入 1 个 ListView 控件，其名称为 ListView1；另一个框架内插入 6 个标签和 6 个文本框，其中 6 个标签用于对 6 个文本框进行说明，而 6 个文本框的名称分别为 TextBox1 ~ TextBox6。

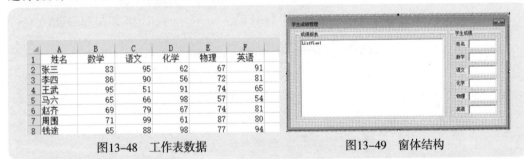

图13-48　工作表数据　　　　　　图13-49　窗体结构

为窗体设计 Initialize 事件程序，启动窗体时，就将工作表的数据在 ListView1 控件中生成窗体报表。程序代码如下：

```
Private Sub UserForm_Initialize()
    Dim ws As Worksheet
    Dim col As ColumnHeader
    Dim Itemx As ListItem
```

```
        Dim i As Integer, j As Integer, n As Integer
        Set ws = Worksheets(1)
        n = ws.Range("A65536").End(xlUp).Row – 1
        With ListView1
            ' 设置 ListView1 格式
            .FullRowSelect = True
            .View = lvwReport
            .Gridlines = True
            .BackColor = &HE0E0E0
            .ForeColor = &HFF0000
            .Font = " 华文新魏 "
            .Font.Size = 12
            ' 添加列标题
            For i = 1 To 6
                Set col = ListView1.ColumnHeaders.Add()
                col.Text = ws.Cells(1, i)
                col.Width = ListView1.Width / 6
                If i <> 1 Then col.Alignment = lvwColumnCenter
            Next i
            ' 为 ListView1 设置各行数据
            .ListItems.Clear
            For i = 1 To n
                .ListItems.Add , , ws.Cells(i + 1, 1)
                For j = 1 To 5
                    .ListItems(i).SubItems(j) = ws.Cells(i + 1, j + 1)
                Next j
            Next i
        End With
        Set col = Nothing
        Set Itemx = Nothing
        Set ws = Nothing
    End Sub
```

对 ListView1 控件设计 ItemClick 事件程序，单击该控件内的某行数据时，就将该行的各个数据输出到相应的文本框中。具体程序代码如下：

```
Private Sub ListView1_ItemClick(ByVal Item As MSComctlLib.ListItem)
    Dim i As Integer
    i = ListView1.SelectedItem.Index
    TextBox1.Text = ListView1.ListItems.Item(i)
    TextBox2.Text = ListView1.ListItems(i).SubItems(1)
    TextBox3.Text = ListView1.ListItems(i).SubItems(2)
    TextBox4.Text = ListView1.ListItems(i).SubItems(3)
    TextBox5.Text = ListView1.ListItems(i).SubItems(4)
    TextBox6.Text = ListView1.ListItems(i).SubItems(5)
End Sub
```

启动窗体，得到如图13-50所示的效果；单击ListView1控件的某行数据时，得到如图13-51所示的效果。

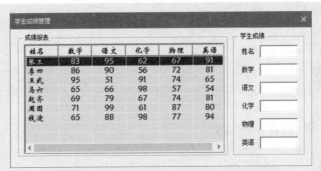

图13-50　启动窗体，在窗体上生成报表

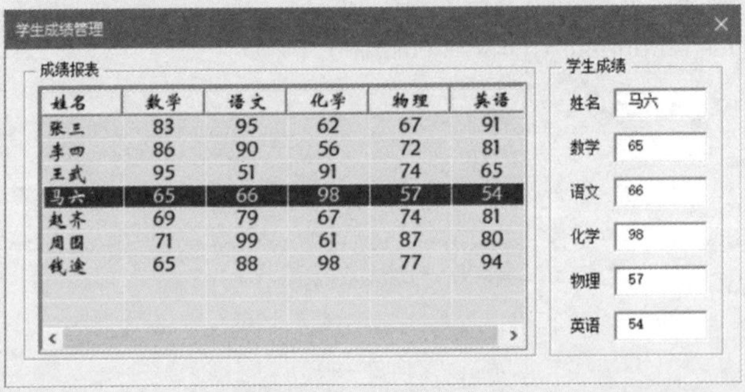

图13-51　单击报表某行数据，将各项数据输出到文本框中

13.11.5 利用 TreeView 控件在窗体上显示多维数据

TreeView控件用来在窗体上以树形结构显示数据。要使用TreeView控件，首先需要将其添加到控件工具箱，控件名称为Microsoft TreeView Control, version 6.0，如图13-52所示。利用TreeView控件，可以设计出树形结构图，便于用户选择不同的项目。

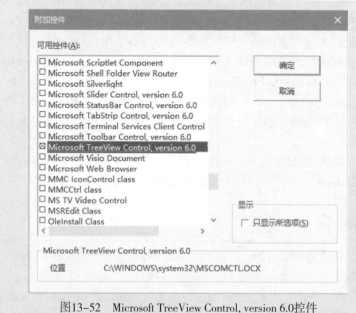

图13-52　Microsoft TreeView Control, version 6.0控件

使用TreeView控件时的注意事项如下。

（1）在TreeView控件中添加节点的方法是使用Add方法，即：

Set newNode = TreeView1.Nodes.Add (字符串 1, 节点参数 , 字符串2, 字符串 3)

其中：

- newNode是用户定义的Node对象变量；
- "字符串1"表示添加的节点是同级节点还是子节点，如果省略，表示添加的节点是同级节点，如果设置了字符串1，则表示添加的节点是子节点；
- "节点参数"为添加节点类别的参数，如果添加的节点是同级节点，则该参数值为tvwNext，如果添加的节点是子节点，则该参数值为tvwChild；
- "字符串2"表示添加节点的名称，通过它可以对该节点进行操作和访问；
- "字符串3"表示添加节点的标题，也就是TreeView控件中的文字。

(2) 展开 TreeView 控件节点的方法是将 Expanded 属性设置为 True, 即 TreeView1.Nodes(i). Expanded = True。如果要收缩节点, 则要将 Expanded 属性设置为 False, 即 TreeView1.Nodes(i). Expanded = False。

(3) 把节点与节点之间的 "树线" 显示出来的方法是将 LineStyle 属性设置为 tvwTreeLines, 即 TreeView1.LineStyle = tvwTreeLines。

(4) 读取 TreeView 控件节点数量的方法是使用 Count 属性, 即 n = TreeView1.Nodes.Count。

(5) 读取 TreeView 控件节点标题文本的方法是使用 Text 属性, 即 myText = TreeView1. Nodes(i).Text, 其中 Nodes(i) 为 TreeView 控件的第 i 个节点, i 为节点的 "索引" 值。

(6) 判断节点是否被选中的方法是使用 Selected 属性, 即 TreeView1.Nodes(i).Selected, 如果选中某节点, 则 Selected 属性返回值为 True, 反之则返回 False。

(7) 删除节点的方法是使用 Remove 方法, 即 TreeView1.Nodes.Remove TreeView1.SelectedItem. Index, 这里 Remove 方法的唯一参数是 TreeView1.SelectedItem.Index, 表示被选中的待删除节点的 Index 值。

获取选中节点的值, 需要使用 SelectedItem 属性, 即 TreeView1.SelectedItem。

下面结合实际案例介绍如何利用 TreeView 控件在窗体上显示多维数据。

🎯 案例13-47

本例以当前工作簿为基础, 设计一个三级节点的数据显示界面, 其中二级节点为部门, 三级节点为各个部门下的员工姓名(即每个工作表的 A 列数据), 如图13-53所示。

通过选择某个部门下的员工姓名, 自动查询出该员工的数据, 并显示在文本框中。

创建一个用户窗体, 并在窗体上插入一个 TreeView1 控件, 窗体结构如图13-54所示。

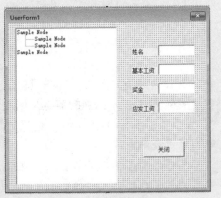

图13-53　工作表数据　　　　图13-54　窗体结构

为用户窗体设计如下的Initialize事件程序代码。

```
Private Sub UserForm_Initialize()
    Dim i As Integer, j As Integer, n As Integer, ws As Worksheet
    With TreeView1                  '设置TreeView1控件的有关属性
        .Nodes.Clear                '清除所有节点
        .LineStyle = tvwRootLines    '显示节点之间的树形线
        .Style = tvwTreelinesPlusMinusPictureText  '显示"+""-"号
        .Indentation = 20            '间距20
    End With
    TreeView1.Nodes.Add , , "key0", "部门" '为TreeView1控件添加一级节点(工作表名称)
    For i = 2 To Worksheets.Count    '为TreeView1控件添加二级节点(数据表名称)
        Set ws = Worksheets(i)
        TreeView1.Nodes.Add "key0", 4, "key" & i, ws.Name
    Next i
    For i = 2 To Worksheets.Count    '查询每个工作表数据,设置三级节点
        Set ws = Worksheets(i)
        n = ws.Range("A10000").End(xlUp).Row
        For j = 2 To n
            TreeView1.Nodes.Add "key" & i, 4, "员工" & i & j, ws.Range("A" & j)
        Next j
    Next i
    TreeView1.Nodes(1).Expanded = True '展开二级节点
    Set ws = Nothing
End Sub
```

为TreeView控件设计Click事件程序,当选择某个员工时,查询该员工数据,显示在4个文本框中。程序代码如下:

```
Private Sub TreeView1_Click()
    Dim x As String
    Dim y As String
    Dim Rng As Range
    x = Left(TreeView1.SelectedItem.Key, 2)
    If x = "员工" Then
        Set Rng = Worksheets(TreeView1.SelectedItem.Parent.Text).Range("A:D")
```

```
        y = TreeView1.SelectedItem.Text
        TextBox1 = y
        TextBox2 = WorksheetFunction.VLookup(y, Rng, 2, 0)
        TextBox3 = WorksheetFunction.VLookup(y, Rng, 3, 0)
        TextBox4 = WorksheetFunction.VLookup(y, Rng, 4, 0)
    End If
End Sub
```

运行窗体，得到如图13-55所示的窗体界面。单击某个部门名称节点，就会展开该部门下的员工姓名，再单击某个员工，就显示该员工的数据。

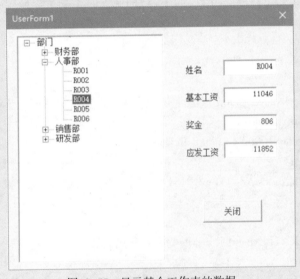

图13-55　显示某个工作表的数据

13.11.6 多页控件

多页控件是将多个Page对象整合为一个页面的容器。多页控件是Pages集合的容器。它允许多个Page对象同时存在，并通过切换标签的方式进入不同的Page对象。在每个页面上，用户可以设计属于各自页面的控件，并赋予不同的任务，从而使得数据管理更加方便。例如，在人事管理应用程序中，可用多页控件显示雇员信息，第1页用于显示个人的基本信息，如姓名和地址，第2页列出工作经历，第3页列出教育信息。

多页控件的默认属性是Value属性，用于标识当前的激活页。Value值为0表示是第1页，

Value值为1表示第2页。最大值比总页数少1。

多页控件的默认事件是Change事件。

Pages集合中的Page对象具有唯一的名称和索引值。可用名称或索引值引用Page对象。集合中的第1个Page对象的索引值是0，第2个Page对象的索引值是1；第1个页面的默认名称是Page1，第2个页面的默认名称是Page2……以此类推。可以使用Add方法添加1个页面，使用Remove方法删除1个页面。

Page对象的主要属性是Caption属性和Visible属性。Caption属性用于返回或设置页面的标签文本，例如，语句"MultiPage1.Page1.Caption = "职工基本信息""就是将第1个页面Page1的标签文本设置为"职工基本信息"；语句"MsgBox MultiPage1.Page1.Caption"是显示第1个页面Page1的标签文本。

Visible属性用于设置页面是否可见。例如，语句"MultiPage1.Page1.Visible = False"将隐藏第1个页面Page1。

案例13-48

本例演示了如何设置多页控件的有关属性并利用多页控件的Change事件，来控制页面之间的切换。

```
Private Sub UserForm_Initialize()
    With MultiPage1
        .Pages.Add " 新增的一页 "
        .Pages(0).Caption = " 第一页 "
        .Pages(1).Caption = " 第二页 "
    End With
End Sub


Private Sub MultiPage1_Change()
    If MultiPage1.Value = 0 Then
        MsgBox " 您打开了第一页 "
    ElseIf MultiPage1.Value = 1 Then
        MsgBox " 您打开了第二页 "
    End If
End Sub
```

窗体的原始结构及运行效果如图13-56、图13-57所示。

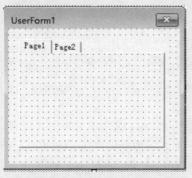
图13-56　窗体的设计结构

图13-57　操作多页控件的效果

13.12　窗体和控件综合应用：员工信息查询

　　了解了用户窗体和常用控件的基本用法后，下面将结合一个员工信息查询的综合案例，来说明如何整合用户窗体、控件、工作表对象、单元格对象等，以实现数据的查询。

13.12.1　窗体结构设计

　　员工信息查询窗体结构如图13-58所示。在这个窗体上，有以下几个控件。

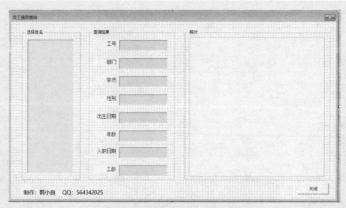
图13-58　员工信息查询窗体

（1）3个框架，分别用于对不同功能控件的分组，对其标题分别做了修改。

（2）1个列表框，用于显示所有员工姓名。

（3）8个标签，用于对文本框进行说明。

（4）8个文本框，用于显示员工的信息。

（5）1个图像控件，用于显示员工的照片。

（6）1个命令按钮，用于关闭窗体。

13.12.2 程序代码设计

对窗体设计如下的初始化事件程序，可以在启动窗体时，在列表框中显示员工姓名。

```
Private Sub UserForm_Initialize()
    Dim n As Integer
    Dim ws As Worksheet
    Set ws = Worksheets(" 员工清单 ")
    n = ws.Range("A10000").End(xlUp).Row
    ListBox1.RowSource = ws.Name & "!B2:B" & n
End Sub
```

对列表框设计Click事件程序，可以在单击选择某个员工姓名时，把该员工的信息以及照分别片显示到窗体上的文本框和图像中。

```
Private Sub ListBox1_Click()
    Dim n As Integer
    Dim ws As Worksheet
    Dim Emp As String
    Dim PicPath As String
    Emp = ListBox1.Value
    PicPath = ThisWorkbook.Path & "\ 员工照片 \"
    Set ws = Worksheets(" 员工清单 ")
    n = WorksheetFunction.Match(Emp, ws.Range("B:B"), 0)
    TextBox1.Value = ws.Range("A" & n)
    TextBox2.Value = ws.Range("C" & n)
    TextBox3.Value = ws.Range("D" & n)
    TextBox4.Value = ws.Range("E" & n)
    TextBox5.Value = ws.Range("F" & n)
```

```
    TextBox6.Value = ws.Range("G" & n)

    TextBox7.Value = ws.Range("H" & n)

    TextBox8.Value = ws.Range("I" & n)

    On Error GoTo hhh

    Image1.Picture = LoadPicture(PicPath & Emp & ".jpg.psd")

    Exit Sub

hhh:

    Image1.Picture = LoadPicture(PicPath & " 无照片 .jpg.psd")

End Sub
```

为命令按钮设计 Click 事件程序，当单击此按钮时，关闭窗体。

```
Private Sub CommandButton1_Click()

    End

End Sub
```

在工作表中插入一个按钮，建立一个标准模板，为该按钮指定下面的宏。

```
Sub 启用窗体 ()

    UserForm1.Show 0

End Sub
```

13.12.3 使用效果

单击工作表中的按钮，打开窗体，如图 13-59 所示。

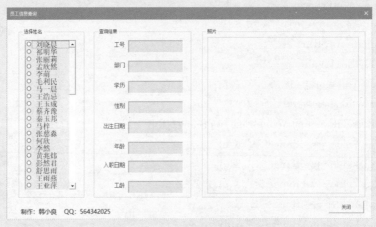

图13-59　启动窗体

从左侧的列表框中选择某个员工，显示该员工的信息和照片，如图13-60所示。

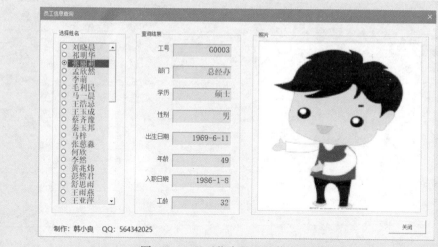

图13-60 显示指定员工的信息和图片

14

Excel VBA综合应用案例之一：学生成绩管理系统

前面讲解了Excel VBA的基础知识，并陆续介绍了一些应用实例。本章将以"学生成绩管理系统"为案例，详细介绍使用Excel VBA开发应用程序的方法、步骤和编程技巧。

本案例有很多不完善的地方，也有很多功能和代码需要修改。这里抛出这个不成熟的案例，目的是给大家提供一个学习利用VBA开发应用程序的基本逻辑和思路，供大家参考。

14.1 学生成绩管理系统的总体设计

对学生的考试成绩进行管理，是学校重要的日常管理工作之一。由于学校的考试科目很多，参加人数很多，如果人工管理学生成绩，将会降低学校的运作效率；而利用 Excel VBA 开发一个学生成绩管理系统，则可以大大提高管理效率。

14.1.1 学生成绩管理系统构成模块

本章介绍的学生成绩管理系统的模块构成如图14-1所示。本系统由"班级管理""学生名单管理""登记学生成绩""查询学生成绩""成绩统计分析"和"打印成绩单"6个模块构成，各个模块的功能介绍如下。

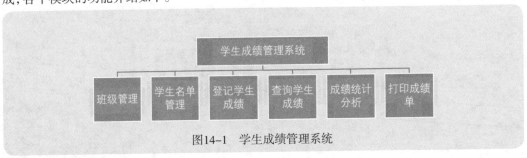

图14-1　学生成绩管理系统

(1) 班级管理：设置各个年级的班级名称。

(2) 学生名单管理：用于管理各班级的学生名单信息，包括学生的学号、姓名、性别等基本信息。

(3) 登记学生成绩：完成学生各学科考试成绩的登记、修改等功能。

(4) 查询学生成绩：根据设定的条件查询学生成绩。

(5) 成绩统计分析：对各班、各年级的学生考试成绩进行统计分析。

(6) 打印成绩单：将学生的考试成绩按班级生成成绩单，并打印出来。

14.1.2 学生成绩管理系统工作簿设计

新建一个名为"学生成绩管理系统"的工作簿，然后将此工作簿中的一张工作表重命名为

"首页"。在此工作表中插入一张自己喜欢的背景图片；插入艺术字"学生成绩管理系统"，设置其格式；插入6个自选图形(矩形)，分别在这6个形状中添加文字"管理学生名单""管理学生成绩""查询学生成绩""成绩统计分析""打印成绩单"和"班级管理"，设置自选图形和文字的格式；插入其他用于修饰界面的自选图形，并设置其格式。

最后的界面如图14-2所示。

图14-2　学生成绩管理系统界面

14.1.3　为自选图形按钮指定宏

为了在单击"首页"工作表中的6个自选图形时，能够执行相应的操作，为这6个自选图形指定如下的宏，并将它们保存在一个名为"自定义按钮的指定宏"的标准模块中。程序代码如下：

```
Sub 管理学生名单 ()              ' "管理学生名单" 按钮
    学生管理窗口 .Show
End Sub
Sub 管理学生成绩 ()              ' "管理学生成绩" 按钮
    学生成绩管理窗口 .Show
End Sub
```

```
Sub 查询学生成绩 ()                          '"查询学生成绩"按钮
    学生成绩查询窗口 .Show
End Sub
Sub 成绩统计分析 ()                          '"成绩统计分析"按钮
    成绩统计分析窗口 .Show
End Sub
Sub 打印成绩单 ()                            '"打印成绩单"按钮
    打印成绩单窗口 .Show
End Sub
Sub 班级管理 ()                              '"班级管理"按钮
    Worksheets(" 班级管理 ").Visible = True   '显示工作表"班级管理"
    Worksheets(" 班级管理 ").Activate         '激活工作表"班级管理"
End Sub
```

14.1.4 为工作簿对象编写有关的事件程序

要做到在打开系统工作簿时,自动激活"首页"工作表,并将该工作表进行保护。同时将工作簿中除"首页"工作表外的所有工作表隐藏起来,以保护其中的数据(如果用户需要查看某个工作表的数据,可以在相应窗体进行相关操作,使隐藏的工作表显示出来)。可以为工作簿对象设置Open事件,程序代码如下。

```
Private Sub Workbook_Open()
    Dim i As Integer
    Worksheets(" 首页 ").Activate         '激活工作表"首页"
    Worksheets(" 首页 ").Protect          '保护工作表"首页"
    For i = 1 To Worksheets.Count
        If Worksheets(i).Name <> " 首页 " Then
            Worksheets(i).Visible = False   '保护除"首页"工作表外的所有工作表
        End If
    Next i
End Sub
```

由于在操作系统时,对学生考试成绩进行了录入、修改等操作,而学生成绩都保存在本系统工作簿的有关工作表中,因此在关闭系统工作簿之前,要保存工作簿。可以为工作簿对象设置BeforeClose事件,程序代码如下。

```
Private Sub Workbook_BeforeClose(Cancel As Boolean)
    ThisWorkbook.Close SaveChanges:=True
End Sub
```

此外，在操作系统时，我们会激活某些工作表并查看数据。为了能够返回"首页"工作表，并隐藏其他的工作表，应该为工作簿的所有工作表都设置一个能够返回"首页"工作表的事件。为工作簿对象设置SheetBeforeRightClick事件，即单击鼠标右键激活"首页"工作表。工作簿对象的SheetBeforeRightClick事件程序代码如下：

```
Private Sub Workbook_SheetBeforeRightClick(ByVal Sh As Object, ByVal Target As Range,
                                           Cancel As Boolean)
    Dim i As Integer
    Cancel = True
    For i = 1 To Worksheets.Count
        If Worksheets(i).Name <> " 首页 " Then
            Worksheets(i).Visible = False
        End If
    Next i
    Worksheets(" 首页 ").Activate
End Sub
```

14.1.5 保护工作表

为了保护"首页"工作表的各个自选图形及其布置，应该对此工作表进行保护。在设计好工作表后，可以通过手工的方法对工作表进行保护。为了保险起见，在工作簿对象的Open事件程序中，也同样对工作表进行保护。

14.1.6 定义公共变量

定义下面几个公共变量，将它们保存在一个名为"公共变量"的标准模块中。

```
Public ClassName        '保存班级名称的数组变量
Public Class            '保存年级名称的数组变量
Public n                '保存某年级下的班级数目的数组变量
Public m As Integer     '保存年级数目
Public p As Integer     '保存某班级学生人数
```

14.2 班级管理模块的设计

班级管理模块的功能是对各个年级的班级名字进行管理。班级管理是通过"班级管理"工作表进行的。

14.2.1 工作表数据结构

"班级管理"工作表的结构如图14-3所示。在"班级管理"工作表中,第1行保存年级名称,例如"初一""初二""初三"等,在年级名称对应的各列分别保存各年级的班级名称,比如"1班""2班""3班"等。这样设计是为了便于对各个班级学生成绩工作表实施操作。

在"首页"工作表中单击"班级管理"图形按钮,即可激活"班级管理"工作表。

图14-3 "班级管理"工作表结构

14.2.2 班级数据管理

数据管理的基本规则是:在第1行输入班级名称,比如"初一""初二"等,然后在班级名称下的第2行开始输入各自班级的具体班名称,例如"1班""2班"等。

14.3 学生名单管理模块的设计

学生名单管理模块的功能是激活各个班级工作表并输入或修改学生的基本信息，包括"学号""姓名""性别"等基本信息。而各个班级工作表可以编制程序自动创建。学生名单管理模块的这些功能是通过"管理学生名单"窗体完成的。

14.3.1 "管理学生名单"窗体的结构设计

"管理学生名单"窗体的结构如图14-4所示。在此窗体上，有2个框架、1个TreeView控件、1个标签和3个命令按钮。各个控件的功能及属性设置说明如下。

图14-4 "管理学生名单"窗体结构

（1）用户窗体：名称属性设置为"学生管理窗口"，Caption属性设置为"管理学生名单"。将用户窗体的ShowModal属性设置为False，即设置为无模式窗体，以便在运行窗体后，仍可以操作工作表。

（2）2个框架：用于将不同功能的控件组合在一起，其Caption属性分别设置为"选择班级"

和"创建班级工作表"。

(3) 1个TreeView控件：名称为TreeView1，用于显示各个年级的各个班级名称。分2级节点显示：一级节点是年级名称，二级节点是班级名称。

(4) 1个标签：显示说明文字，其Caption属性设置为"如果还没有班级工作表，就单击此按钮"。

(5) 命令按钮"创建班级工作表"：单击此按钮，系统将自动创建班级工作表，其名称属性和Caption属性均设置为"创建班级工作表"。

(6) 命令按钮"重新选择"：单击此按钮，系统将TreeView控件中的节点收缩，以便用户重新选择班级工作表，其名称属性和Caption属性均设置为"重新选择"。

(7) 命令按钮"查看班级名单"：单击此按钮，将打开"班级管理工作表"，方便查看班级情况，增加班级或删除班级。

(8) 命令按钮"退出"：单击此按钮，就关闭窗体，其名称属性和Caption属性均设置为"退出"。

14.3.2 班级工作表结构设计

班级工作表用于保存各个班级的学生基本信息和各科考试成绩，可以通过单击命令按钮"创建班级工作表"自动创建。班级工作表的结构如图14-5所示。

图14-5 班级工作表的结构

当各个班级工作表创建完毕后，就可以激活某个班级工作表，在其中输入学生的基本信息了。

注意

学生的"学号""姓名""性别"等基本信息是通过工作表输入的，这样设计的好处是可以充分利用Excel的工具实现数据的快速输入，比如学号是有规律的序列号，可以采用填充复制的方法输入学号。

14.3.3 "管理学生名单"窗体的程序代码设计

（1）首先为用户窗体设置Initialize事件。当启动窗体时，查询年级数和班级数，为TreeView1设置节点。程序代码如下：

```vba
Private Sub UserForm_Initialize()
    Dim i As Integer, j As Integer
    Call 年级班级
    ' 清除原有的节点
    TreeView1.Nodes.Clear
    ' 设置 TreeView1 控件的属性
    TreeView1.LineStyle = tvwRootLines
    TreeView1.Style = tvwTreelinesPlusMinusText
    TreeView1.LabelEdit = tvwManual
    ' 添加一级节点 ( 年级 )
    For j = 1 To m
        Set nodx = TreeView1.Nodes.Add(, , Class(j), Class(j))
    Next j
    ' 添加二级节点 ( 班级 )
    For j = 1 To m
        For i = 1 To n(j)
            Set nodx = TreeView1.Nodes.Add(Class(j), _
            tvwChild, Class(j) & Space(1) & ClassName(j, i), ClassName(j, i))
        Next i
    Next j
End Sub
```

这里，子程序"年级班级"的功能是查询年级名称和班级名称，并保存在数组变量中。这个子程序保存在一个名为"公共子程序"的标准模块中。程序代码如下：

```vba
Public Sub 年级班级 ()
```

```
    Dim i As Integer, j As Integer, nmax As Integer
    Dim ws As Worksheet
    ' 获取年级个数和班级个数
    Set ws = Worksheets(" 班级管理 ")
    m = ws.Range("IV1").End(xlToLeft).Column
    ReDim n(1 To m) As Integer
    ReDim Class(1 To m) As String
    ' 获取各年级的最大班级数目
    nmax = ws.UsedRange.Rows.Count − 1
    ReDim ClassName(1 To m, 1 To nmax) As String
    ' 保存班级名称
    For j = 1 To m
        n(j) = ws.Cells(65536, j).End(xlUp).Row − 1
        Class(j) = ws.Cells(1, j)
        For i = 1 To n(j)
            ClassName(j, i) = ws.Cells(1 + i, j)
        Next i
    Next j
End Sub
```

（2）为 TreeView1 设置 NodeClick 事件。当单击某个班级节点时，激活相应的班级工作表。程序代码如下：

```
Private Sub TreeView1_NodeClick(ByVal Node As MSComctlLib.Node)
    On Error Resume Next
    ' 显示并激活某班级工作表
    Worksheets(Node.Key).Visible = True
    Worksheets(Node.Key).Activate
End Sub
```

（3）为"重新选择"按钮设置 Click 事件。当单击此按钮时，收缩 TreeView 控件的节点，隐藏所有班级工作表，以便重新选择班级工作表。程序代码如下：

```
Private Sub 重新选择 _Click()
    ' 收缩班级节点
    Dim i As Integer
    For i = 1 To TreeView1.Nodes.Count
```

```
      TreeView1.Nodes(i).Expanded = False
   Next i
   ' 隐藏除首页外的其他所有工作表
   For i = 1 To Worksheets.Count
      If Worksheets(i).Name <> " 首页 " Then
         Worksheets(i).Visible = False
      End If
   Next i
End Sub
```

（4）为"创建班级工作表"按钮设置Click事件。当单击此按钮时，系统将自动创建班级工作表，并输入工作表的标题数据。程序代码如下：

```
Private Sub 创建班级工作表 _Click()
   On Error Resume Next
   Dim ws As Worksheet
   Dim i As Integer, j As Integer
   Worksheets(" 班级管理 ").Select
   MsgBox " 请先确认在此工作表单元格输入班级及班级名，然后再单击创建 ", vbOKOnly
   ' 创建班级工作表，工作表名称格式为"年级名 班级名"
   For j = 1 To m
      For i = 1 To n(j)
         If SheetExist(Class(j) & Space(1) & ClassName(j, i)) = False Then
            Worksheets.Add After:=Worksheets(Worksheets.Count)
            ActiveSheet.Name = Class(j) & Space(1) & ClassName(j, i)
            Range("A1:K1") = Array(" 学号 "," 姓名 "," 性别 "," 数学 "," 语文 ",_
               " 英语 "," 物理 "," 化学 "," 生物 "," 体育 "," 总分 ")
            Selection.HorizontalAlignment = xlCenter
            Columns("A:A").NumberFormatLocal = "@"
         End If
      Next i
   Next j
   Worksheets(" 首页 ").Activate
   ActiveSheet.Range("A2").Select
End Sub
```

这里，调用了一个自定义函数"SheetExist"，用来判断当前工作簿中是否已经存在了要创建的工作表，它保存在一个名字为"公共子程序"的标准模块中。程序代码如下：

```
Public Function SheetExist(Sh As String) As Boolean
    Dim w As Worksheet
    SheetExist = False
    For Each w In ThisWorkbook.Worksheets
        If LCase(w.Name) = LCase(Sh) Then
            SheetExist = True
            Exit For
        End If
    Next
End Function
```

(5) 为"查看班级名单"设置Click事件。当单击此按钮时，就显示出工作表"班级管理工作表"。程序代码如下：

```
Private Sub CommandButton1_Click()
    Worksheets(" 班级管理 ").Visible = True
    Worksheets(" 班级管理 ").Activate
End Sub
```

(6) 为"退出"设置Click事件。当单击此按钮时，关闭窗体。程序代码如下：

```
Private Sub 退出 _Click()
    End
End Sub
```

14.3.4 学生名单管理模块的应用举例

单击"首页"工作表的"管理学生名单"图形按钮，打开"管理学生名单"窗体，如图14-6所示。

如果还没有各个班级的工作表，就单击"创建班级工作表"按钮，创建各个班级工作表。

单击左边控件中的某个年级，展开年级节点，选择要操作的班级，系统就自动激活该班级节点对应的工作表，如图14-7所示。此时可以单击"退出"按钮，关闭窗体后在该工作表中直接输入学生信息，也可以不关闭窗体而直接在该工作表中输入学生信息(因为窗体被设置为无模式窗体)，如图14-8所示。输入完毕后，按Ctrl+S组合键或单击"保存"按钮将工作簿保存。

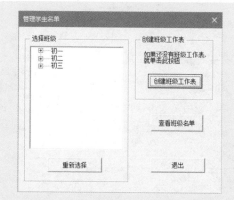

图14-6 启动"管理学生名单"窗体

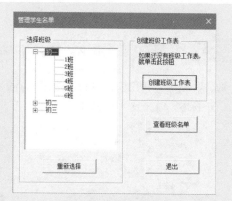

图14-7 选择班级名称

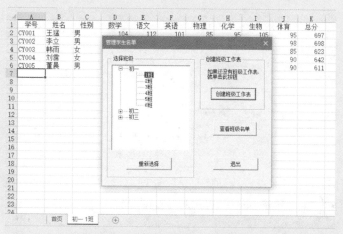

图14-8 不关闭窗体，在班级工作表中直接输入学生基本信息

当全部学生的基本信息输入完毕后，就可以在当前工作表中单击鼠标右键，返回到"首页"工作表。

14.4 管理学生成绩模块的设计

管理学生成绩模块的功能是输入和修改各个班级学生的考试成绩。管理学生成绩模块的这些功能是通过"学生成绩管理"窗体完成的。

14.4.1 "学生成绩管理"窗体的结构设计

"学生成绩管理"窗体的结构如图14-9所示。在此窗体上,有3个框架、1个TreeView控件、12个标签、12个文本框和4个命令按钮。各个控件的功能及属性设置说明如下。

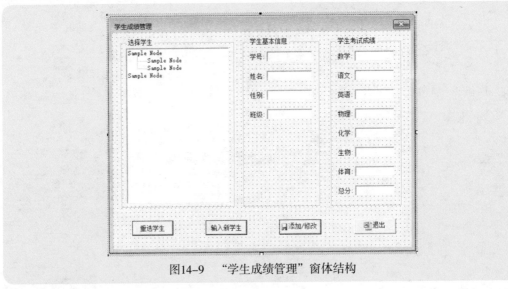

图14-9 "学生成绩管理"窗体结构

(1) 用户窗体:名称属性设置为"学生成绩管理窗口",Caption属性设置为"学生成绩管理"。将用户窗体的ShowModal属性设置为False,即设置为无模式窗体,以便在运行窗体后,仍可以操作工作表。

(2) 3个框架:用于将不同功能的控件组合在一起,其Caption属性分别设置为"选择学生""学生基本信息"和"学生考试成绩"。

(3) 1个TreeView控件:名称为TreeView1,用于显示各个年级、各个班级的各个学生姓名。分3级节点显示:一级节点是年级名称,二级节点是班级名称,三级节点是学生姓名。

(4) 12个标签:用于对12个文本框的功能进行说明,其Caption属性的设置情况如图14-9所示。

(5) 12个文本框,分别用于显示或输入学生的基本信息和各科的考试成绩,其名称属性分别设置为"学号""姓名""性别""班级""数学""语文""英语""物理""化学""生物""体育"和"总分"。

(6) 命令按钮"重选学生":单击此按钮,系统将TreeView控件中的节点收缩,以便重新选择学生，其名称属性和Caption属性均设置为"重选学生"。

（7）命令按钮"输入新学生"：单击此按钮，系统将窗体文本框中的学生信息数据清除（但保留"班级"文本框的数据），以准备输入新的学生信息，其名称属性和Caption属性均设置为"输入新学生"。

（8）命令按钮"添加/修改"：单击此按钮，系统将输入的学生考试成绩保存到该学生所在的班级工作表中，其名称属性设置为"添加/修改"，Caption属性设置为"添加/修改"。此外，在按钮中插入一个图片（通过设置其Picture属性来插入图片），并将PicturePosition属性设置为fmPicturePositionLeftCenter。

（9）命令按钮"退出"：单击此按钮，关闭窗体，其名称属性和Caption属性均设置为"退出"。此外，在按钮中插入一个图片（通过设置其Picture属性来插入图片），并将PicturePosition属性设置为fmPicturePositionLeftCenter。

14.4.2 "学生成绩管理"窗体的程序代码设计

（1）首先定义如下的模块级变量，将它们放在用户窗体对象程序代码窗口的顶部。

```
Dim myText As String
Dim myName As String
Dim ws As Worksheet
Dim myArray As Variant
```

（2）为用户窗体设置Initialize事件。当启动窗体时，查询年级数和班级数，为TreeView1设置节点。程序代码如下：

```
Private Sub UserForm_Initialize()
    On Error Resume Next
    myArray = Array("学号", "姓名", "性别", "班级", "数学", "语文", "英语", "物理",
                    "化学", "生物", "体育", "总分")
    Call 设置节点                ' 设置 TreeView1 控件的节点
End Sub
```

这里的子程序"设置节点"就是为TreeView1设置节点，程序代码如下：

```
Public Sub 设置节点 ()
    Dim i As Integer, j As Integer, k As Integer, p As Integer
    Dim mystr As String
    Call 年级班级                ' 设置年级班级变量数据
    TreeView1.Nodes.Clear       ' 清除原有的节点
```

```
' 设置 TreeView1 控件的属性
TreeView1.LineStyle = tvwRootLines
TreeView1.Style = tvwTreelinesPlusMinusText
TreeView1.LabelEdit = tvwManual
' 添加一级节点 ( 年级 )
For j = 1 To m
    Set nodx = TreeView1.Nodes.Add(, , Class(j), Class(j))
Next j
' 添加二级节点 ( 班级 )
For j = 1 To m
    For i = 1 To n(j)
        Set nodx = TreeView1.Nodes.Add(Class(j), _
        tvwChild, Class(j) & Space(1) & ClassName(j, i), ClassName(j, i))
    Next i
Next j
' 添加三级节点 ( 学生 )
For j = 1 To m
    For i = 1 To n(j)
        ' 查询某个班级的学生数
        mystr = Class(j) & Space(1) & ClassName(j, i)
        Set ws = Worksheets(mystr)
        p = ws.Range("B65536").End(xlUp).Row − 1
        For k = 1 To p
            Set nodx = TreeView1.Nodes.Add(mystr, _
            tvwChild, mystr & k, ws.Range("B" & k + 1))
        Next k
    Next i
Next j
End Sub
```

（3）为 TreeView1 设置 NodeClick 事件。当单击某个学生姓名时，激活某班级工作表，并将该学生的基本信息及考试成绩显示在有关文本框中，同时选中工作表中该学生所在的行。程序代码如下：

```
Private Sub TreeView1_NodeClick(ByVal Node As MSComctlLib.Node)
```

```
On Error Resume Next
Dim cel As Range
' 确定选择的学生所在的工作表
myText = Node.Parent.Text & Space(1) & Node.Text
Set ws = Worksheets(myText)
ws.Visible = True
ws.Activate
' 查找该学生及其信息
myName = Node.Text
p = ws.Range("B65536").End(xlUp).Row – 1
For Each cel In ws.Range("B2:B" & p + 1)
    If cel.Text = myName Then
        班级 .Value = myText
        For i = 0 To UBound(myArray)
            Me.Controls(myArray(i)).Value = cel.Offset(0, i – 1)
        Next i
        Rows(cel.Row).Select
        Exit For
    Else
        Call 清除窗口
    End If
Next
End Sub
```

这里，子程序"清除窗口"的功能是清除窗口中各个文本框的数据，程序代码如下：

```
Public Sub 清除窗口 ()
    Dim i As Integer
    For i = 0 To UBound(myArray)
        Me.Controls(myArray(i)).Value = ""
    Next i
End Sub
```

（4）为"重选学生"按钮设置Click事件。当单击此按钮时，收缩TreeView控件的节点，隐藏所有班级工作表，以便用户重新选择学生。程序代码如下：

```
Private Sub 重选学生 _Click()
```

```
    Call 设置节点      ' 收缩班级节点
    Dim i As Integer
    For i = 1 To TreeView1.Nodes.Count
        TreeView1.Nodes(i).Expanded = False
    Next i
    Call 清除窗口
    班级 .Value = ""
    For i = 1 To Worksheets.Count
        If Worksheets(i).Name <> " 首页 " Then
            Worksheets(i).Visible = False
        End If
    Next i
    Worksheets(" 首页 ").Activate
End Sub
```

(5) 为"输入新学生"按钮设置 Click 事件。当单击此按钮时，系统将窗体中学生的信息数据清除(但保留"班级"文本框的数据)，以准备输入新的学生信息。程序代码如下：

```
Private Sub 输入新学生 _Click()
    Call 清除窗口
End Sub
```

(6) 为学生各科考试成绩的文本框设置 Change 事件。当输入各科考试成绩分数时，自动计算出总分，并显示在"总分"文本框中。这些文本框的 Change 事件程序代码分别如下：

```
Private Sub 数学 _Change()
    Call 总分计算
End Sub
Private Sub 语文 _Change()
    Call 总分计算
End Sub
Private Sub 英语 _Change()
    Call 总分计算
End Sub
Private Sub 物理 _Change()
    Call 总分计算
End Sub
```

```
Private Sub 化学 _Change()
    Call 总分计算
End Sub
Private Sub 生物 _Change()
    Call 总分计算
End Sub
Private Sub 体育 _Change()
    Call 总分计算
End Sub
```

而子程序"总分计算"用于计算总分，并将计算的总分显示在"总分"文本框中，程序代码如下：

```
Public Sub 总分计算 ()
    总分 .Value = Val( 数学 .Value) + Val( 语文 .Value) + Val( 英语 .Value) _
        + Val( 物理 .Value) + Val( 化学 .Value) + Val( 生物 .Value) + Val( 体育 .Value)
End Sub
```

（7）为"添加/修改"按钮设置Click事件。当单击此按钮时，对工作表中已经存在的学生信息进行修改，或将输入的新的学生信息保存到工作表。如果是新输入的学生，则该学生的姓名同时也添加到TreeView1控件。程序代码如下：

```
Private Sub 添加修改 _Click()
    Dim cel As Range, i As Integer
    ' 保存该学生信息
    Set ws = Worksheets( 班级 .Value)
    p = ws.Range("B65536").End(xlUp).Row – 1
    For Each cel In ws.Range("A2:A" & p + 1)
        If cel.Text = 学号 .Value Then    ' 修改数据
            For i = 1 To UBound(myArray)
                cel.Offset(0, i) = Me.Controls(myArray(i)).Value
            Next i
            GoTo hhh
        End If
    Next
    ' 添加新的数据
    p = ws.Range("B65536").End(xlUp).Row
```

```
    For i = 1 To UBound(myArray) + 1
        Cells(p + 1, i) = Me.Controls(myArray(i – 1)).Value
    Next i
hhh:
    Call 设置节点
    For i = 1 To m
        If TreeView1.Nodes(i).Key = Class(i) Then
            TreeView1.Nodes(i).Expanded = True
            Exit For
        End If
    Next i
End Sub
```

(8) 为"退出"设置Click事件，当单击此按钮时就关闭窗体。程序代码如下：

```
Private Sub 退出 _Click()
    End
End Sub
```

14.4.3 学生成绩管理模块的应用举例

单击"首页"工作表中的"管理学生成绩"图形按钮，打开"学生成绩管理"窗体，如图14-10所示。

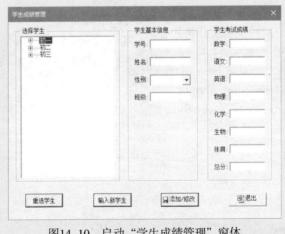

图14-10 启动"学生成绩管理"窗体

单击左边控件中的某个年级节点，展开年级节点，单击班级节点，展开班级节点，选择要输入或修改成绩的学生，则该学生的基本信息就显示在窗体上，如图14-11所示。

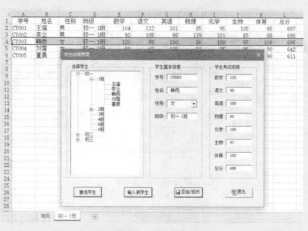

图14-11　选择学生

在考试成绩文本框中输入各科考试成绩，然后单击"添加/修改"按钮，则该学生的考试成绩就保存到工作表中，如图14-12所示。

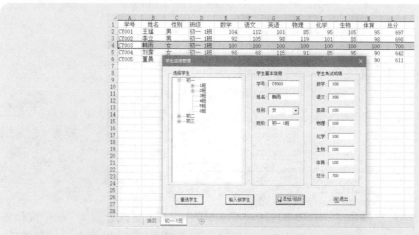

图14-12　将学生考试成绩保存到工作表

如果输入数据有误，可以在左边的控件中将该学生查找出来，再在文本框中进行修改，最后单击"添加/修改"按钮即可。也可以直接在工作表中进行修改。

输入完毕后，可以按Ctrl+S组合键或单击"保存"按钮将工作簿进行保存。

当全部学生的基本信息输入完毕后，就可以在当前工作表中单击鼠标右键，返回到"首页"工作表。

14.5 查询学生成绩模块的设计

查询学生成绩模块的功能是根据用户设定的条件（比如某科分数或总分大于、等于或小于某数）查询出所有满足条件分数的学生。查询学生成绩模块的这些功能是通过"学生成绩查询"窗体完成的。

14.5.1 "学生成绩查询"窗体的结构设计

"学生成绩查询"窗体的结构如图14-13所示。在此窗体上，有2个框架、4个复合框、8个标签、4个文本框和2个命令按钮。各个控件的功能及属性设置说明如下。

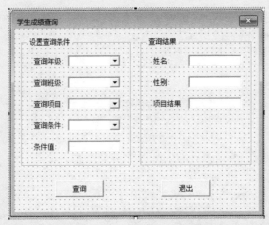

图14-13 "学生成绩查询"窗体结构

（1）用户窗体：名称属性设置为"学生成绩查询窗口"，Caption属性设置为"学生成绩查询"。将用户窗体的ShowModal属性设置为False，即设置为无模式窗体，以便在运行窗体后，仍可以操作工作表。

（2）2个框架：用于将不同功能的控件组合在一起，其Caption属性分别设置为"设置查询条件"和"查询结果"。

（3）8个标签：用于对4个复合框和4个文本框的功能进行说明，其Caption属性设置如

图 14-13 所示。其中 Caption 属性为 "项目结果" 的标签的名称属性也设置为 "项目结果"，其功能是用于显示具体的查询项目名称。

(4) 4个复合框：分别用于选择查询年级、查询班级、查询项目(即科目和总分项目)和设置查询条件(大于、等于或小于)，其名称属性分别设置为 "查询年级" "查询班级" "查询项目" 和 "查询条件"。

(5) 4个文本框，分别用于输入或显示查询条件值及查询结果，其名称属性分别设置为 "条件值" "姓名" "性别" 和 "项目结果"。

(6) 命令按钮 "查询"：单击此按钮，系统将根据条件进行查询，并将查询结果在窗口中显示出来，同时在相应的工作表中标识出该结果所在的行。其名称属性均设置为 "查询"。

(7) 命令按钮 "退出"：单击此按钮，就关闭窗体，其名称属性和 Caption 属性均设置为 "退出"。

14.5.2 "学生成绩查询" 窗体的程序代码设计

(1) 首先定义如下的模块级变量，将它们放在用户窗体对象程序代码窗口的顶部。

```
Dim myArray
Dim myRow As Integer
Dim ws As Worksheet
```

(2) 为用户窗体设置 Initialize 事件。当启动窗体时，查询年级数和班级数，为复合框设置项目。程序代码如下：

```
Private Sub UserForm_Initialize()
    Dim j As Integer
    Call 年级班级
    ' 为查询年级复合框设置项目
    For j = 1 To m
        查询年级 .AddItem Class(j)
    Next j
    查询年级 .ListIndex = 0
    ' 为查询项目复合框设置项目
    myArray = Array(" 数学 ", " 语文 ", " 英语 ", " 物理 ", " 化学 ", " 生物 ", " 体育 ", " 总分 ")
    For j = 0 To UBound(myArray)
        查询项目 .AddItem myArray(j)
    Next j
```

```
    查询项目 .ListIndex = 0
    ' 为查询条件复合框设置项目
    With 查询条件
        .AddItem " 大于 "
        .AddItem " 等于 "
        .AddItem " 小于 "
    End With
    查询条件 .ListIndex = 0
End Sub
```

（3）为"查询年级"复合框设置 Change 事件。当选择要查询的年级时，自动为"查询班级"复合框设置项目，以便选择该年级下的某个班级。程序代码如下：

```
Private Sub 查询年级 _Change()
    Dim i As Integer
    ' 为查询班级复合框设置项目
    查询班级 .Clear
    For i = 1 To n( 查询年级 .ListIndex + 1)
        查询班级 .AddItem ClassName( 查询年级 .ListIndex + 1, i)
    Next i
    查询班级 .ListIndex = 0
End Sub
```

（4）为"查询"按钮设置 Click 事件。当单击此按钮时，就将符合条件的学生成绩逐次显示在窗口中，同时在相应的工作表中逐次地标识出该学生所在的行。当有符合条件的学生时，此按钮的 Caption 属性会被设置为"查找下一个"；当所有的符合条件的学生都查找并显示出来后，此按钮的 Caption 属性又被重新设置为"查询"。程序代码如下：

```
Private Sub 查询 _Click()
    On Error Resume Next
    Dim myColumn As Integer
    Set ws = Worksheets( 查询年级 .Value & Space(1) & 查询班级 .Value)
    ws.Visible = True
    ws.Activate
    If 查询 .Caption = " 查询 " Then myRow = 2
    myColumn = 查询项目 .ListIndex + 5
    For i = myRow To ws.Range("A65536").End(xlUp).Row
```

```
        If 查询条件 .Value = " 大于 " Then
            If Val(Cells(i, myColumn).Value) > Val( 条件值 .Value) Then
                Call 查询显示 (Cells(i, myColumn), myColumn)
                myRow = Cells(i, myColumn).Row + 1
                查询 .Caption = " 查找下一个 "
                Exit Sub
            End If
        ElseIf 查询条件 .Value = " 等于 " Then
            If Val(Cells(i, myColumn).Value) = Val( 条件值 .Value) Then
                Call 查询显示 (Cells(i, myColumn), myColumn)
                myRow = Cells(i, myColumn).Row + 1
                查询 .Caption = " 查找下一个 "
                Exit Sub
            End If
        ElseIf 查询条件 .Value = " 小于 " Then
            If Val(Cells(i, myColumn).Value) < Val( 条件值 .Value) Then
                Call 查询显示 (Cells(i, myColumn), myColumn)
                myRow = Cells(i, myColumn).Row + 1
                查询 .Caption = " 查找下一个 "
                Exit Sub
            End If
        End If
    Next i
    MsgBox " 没有查询到结果 !", vbExclamation, " 无查询结果 "
    查询 .Caption = " 查询 "
End Sub
```

这里，子程序"查询显示"的功能是在窗体上显示查询结果，同时在相应的工作表中标识出该学生所在的行。子程序"查询显示"的程序代码如下：

```
Public Sub 查询显示 (mycel As Range, myCol As Integer)
    姓名 .Value = Cells(mycel.Row, 2)
    性别 .Value = Cells(mycel.Row, 3)
    项目结果 .Caption = 查询项目 .Value & " 分数 :"
    查询结果 .Value = Cells(mycel.Row, myCol)
    Rows(mycel.Row).Select
End Sub
```

(5)为"退出"设置Click事件。当单击此按钮时,关闭窗体。程序代码如下:

```
Private Sub 退出 _Click()
    End
End Sub
```

14.5.3 学生成绩查询模块的应用举例

单击"首页"工作表的"查询学生成绩"图形按钮,打开"学生成绩查询"窗体,如图14-14所示。

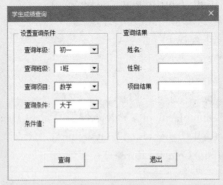

图14-14 启动"学生成绩查询"窗体

选择年级、班级、学科名称或总分,设置查询条件及条件值,单击"查询"按钮,则查询出的结果显示在窗体的文本框中,同时该学生所在行也被选中,如图14-15所示。此时,"查询"按钮的标题变为"查找下一个"。继续单击此按钮,将依次显示出符合条件的学生信息,如图14-16所示。

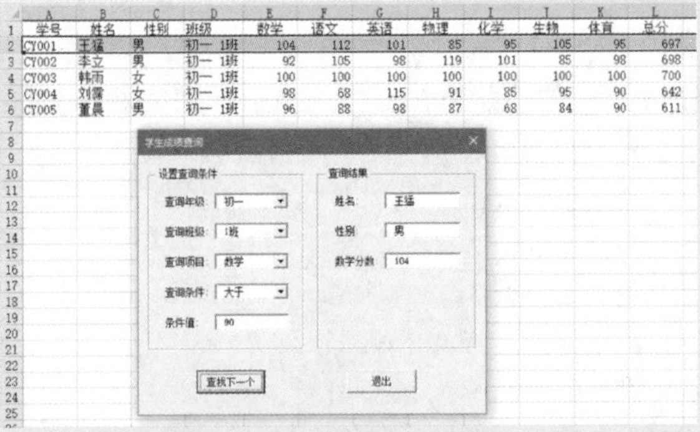

图14-15 查询出符合条件的学生

图14-16 继续查找符合条件的学生

14.6 成绩统计分析模块的设计

成绩统计分析模块的功能是对某班级或某年级的学生考试成绩，按设定的条件进行统计分析。成绩统计分析模块的这些功能是通过"成绩统计分析"窗体完成的。

14.6.1 "成绩统计分析"窗体的结构设计

"成绩统计分析"窗体的结构如图14-17所示。在此窗体上，有1个框架、3个标签、4个复合框、2个文本框和2个命令按钮。各个控件的功能及属性设置说明如下。

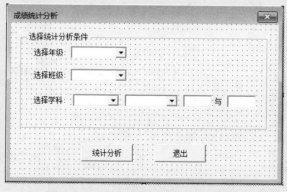

图14-17 "成绩统计分析"窗体结构

（1）用户窗体：名称属性设置为"成绩统计分析窗口"，Caption属性设置为"成绩统计分析"。将用户窗体的ShowModal属性设置为False，即设置为无模式窗体，以便在运行窗体后，仍可操作工作表。

（2）1个框架：用于美化窗体，其Caption属性设置为"选择统计分析条件"。

（3）3个标签：用于对3个复合框的功能进行说明，其Caption属性设置如图14–17所示。其中Caption属性为"与"的标签的名称属性也设置为"与"。

（4）4个复合框：分别用于选择查询年级、选择查询班级、选择学科以及设置条件比较符，其名称属性分别设置为"查询年级""查询班级""学科"和"比较符"。

（5）2个文本框：分别用于设定查询条件值，其名称属性分别设置为"条件1"和"条件2"。当在"比较符"复合框中选择"between"时，就会在窗体上出现这两个文本框，用于设置一个条件区间；当在"比较符"复合框中选择"="">"或">"时，仅出现第一个条件值文本框"条件1"。

（6）命令按钮"统计分析"：单击此按钮，系统就根据条件进行查询，并将查询结果复制到工作表"统计分析结果"中。

（7）命令按钮"退出"：单击此按钮，关闭窗体，其名称属性和Caption属性均设置为"退出"。

14.6.2 "成绩统计分析"窗体的程序代码设计

（1）首先定义如下的模块级变量，将它们放在用户窗体对象程序代码窗口的顶部。

```
Dim myArray As Variant
```

（2）为用户窗体设置Initialize事件。当启动窗体时，查询年级数和班级数，为复合框设置项目。程序代码如下：

```
Private Sub UserForm_Initialize()
    Dim j As Integer
    Set wb = ThisWorkbook
    Call 年级班级
    ' 为选择年级复合框设置项目
    For j = 1 To m
        选择年级 .AddItem Class(j)
    Next j
    选择年级 .ListIndex = 0
    ' 为学科复合框设置项目
    myArray = Array(" 数学 ", " 语文 ", " 英语 ", " 物理 ", " 化学 ", " 生物 ", " 体育 ", " 总分 ")
```

```
        For j = 0 To UBound(myArray)
            学科 .AddItem myArray(j)
        Next j
        学科 .ListIndex = 0
        With 比较符
            .AddItem "="
            .AddItem ">"
            .AddItem "<"
            .AddItem "between"
        End With
        比较符 .ListIndex = 0
    End Sub
```

（3）为"选择年级"复合框设置Change事件。当选择要查询的年级时，自动为"选择年级"复合框设置项目，以便选择该年级下的某个班级。程序代码如下：

```
    Private Sub 选择年级 _Change()
        Dim i As Integer
        ' 为选择班级复合框设置项目
        选择班级 .Clear
        For i = 1 To n( 选择年级 .ListIndex + 1)
            选择班级 .AddItem ClassName( 选择年级 .ListIndex + 1, i)
        Next i
        选择班级 .AddItem " 全年级 "
        选择班级 .ListIndex = 0
    End Sub
```

（4）为"比较符"复合框设置Change事件。当选择不同的比较符时，设置2个文本框和1个标签的可见性，以及"条件1"文本框的宽度。程序代码如下：

```
    Private Sub 比较符 _Change()
        If 比较符 .Value = "between" Then
            与 .Visible = True: 条件 2.Visible = True: 条件 1.Width = 36
        Else
            与 .Visible = False: 条件 2.Visible = False: 条件 1.Width = 90
        End If
        条件 1.SetFocus
    End Sub
```

(5) 为"统计分析"按钮设置Click事件。当单击此按钮时，系统将根据选择的统计分析条件进行统计分析，并将统计结果复制到"统计分析结果"工作表中。程序代码如下：

```
Private Sub 统计分析 _Click()
    Dim ws As Worksheet
    Dim finalRow As Integer, i As Integer, k As Integer
    Dim myCondition As String
    Dim cnn As ADODB.Connection
    Dim rs As ADODB.Recordset
    '判断工作簿中是否存在工作表"统计分析结果"
    SheetExist = False                    '默认工作表不存在
    For Each ws In Worksheets
        If ws.Name = " 统计分析结果 " Then
            SheetExist = True: Exit For
        End If
    Next
    If SheetExist = False Then    '如果工作表"统计分析结果"不存在 , 就创建它
        Worksheets.Add After:=Worksheets(Worksheets.Count)
        ActiveSheet.Name = " 统计分析结果 "
    End If
    Set ws = Worksheets(" 统计分析结果 ")    '定义工作表对象变量
    ws.Visible = True                     '显示工作表"统计分析结果"
    ws.Activate                           '激活工作表"统计分析结果"
    ws.Cells.Clear                        '删除工作表"统计分析结果"的所有数据
    '设置查询条件
    myCondition = "where " & 学科 .Value
    If 比较符 .Value = "between" Then
        myCondition = myCondition & " between " & 条件 1.Value _
            & " and " & 条件 2.Value
    Else
        myCondition = myCondition & 比较符 .Value & 条件 1.Value
    End If
    '建立与当前工作簿的连接
    Set cnn = New ADODB.Connection
    With cnn
```

```vba
        .Provider = "microsoft.jet.oledb.4.0"
        .ConnectionString = "Extended Properties=Excel 8.0;" _
            & "Data Source=" & ThisWorkbook.FullName
        .Open
    End With
    '输入标题
    ws.Range("A1:E1") = Array(" 班级 "," 学号 "," 姓名 "," 性别 ",学科 .Value)
    ' 根据选择的统计分析要求，查询数据并复制到工作表 " 统计分析结果 " 中
    If 选择班级 .Value = " 全年级 " Then         ' 选择某年级进行统计分析
        For i = 1 To Worksheets.Count
            If Worksheets(i).Name = " 首页 " Or Worksheets(i).Name = " 班级管理 " _
            Or Worksheets(i).Name = " 统计分析结果 " Then GoTo myNext
            mysql = "select 学号 , 姓名 , 性别 ," & 学科 .Value & " from [" _
                & Worksheets(i).Name & "$] " & myCondition _
                & " order by " & 学科 .Value & " DESC"
            Set rs = New ADODB.Recordset
            rs.Open mysql, cnn, adOpenKeyset, adLockOptimistic
            finalRow = ws.Range("A65536").End(xlUp).Row     ' 计算最后一行行号
            If rs.RecordCount > 0 Then
                For k = 1 To rs.RecordCount
                    ws.Range("A" & k + finalRow) = Worksheets(i).Name
                Next k
                ' 复制查询到的数据
                ws.Range("B" & finalRow + 1).CopyFromRecordset rs
            End If
myNext:
        Next i
    Else        ' 选择某班级进行统计分析
        mysql = "select 学号 , 姓名 , 性别 ," & 学科 .Value & " from [" _
            & 选择年级 .Value & Space(1) & 选择班级 .Value & "$] " _
            & myCondition & " order by " & 学科 .Value & " DESC"
        Set rs = New ADODB.Recordset
        rs.Open mysql, cnn, adOpenKeyset, adLockOptimistic
        finalRow = ws.Range("A65536").End(xlUp).Row                ' 计算最后一行行号
```

```
        If rs.RecordCount > 0 Then
            ws.Range("A" & finalRow + 1) = 选择班级 .Value
            ws.Range("B" & finalRow + 1).CopyFromRecordset rs        ' 复制查询到的数据
        Else
            MsgBox " 没有查询到符合条件的学生 !", vbInformation, " 没有记录 "
        End If
    End If
    Application.ScreenUpdating = True
End Sub
```

(6) 为 "退出" 按钮设置 Click 事件, 当单击此按钮时就关闭窗体。程序代码如下：

```
Private Sub 退出 _Click()
    End
End Sub
```

14.6.3 成绩统计分析模块的应用举例

单击"首页"工作表的"成绩统计分析"图形按钮，打开"成绩统计分析"窗体，如图 14-18 所示。

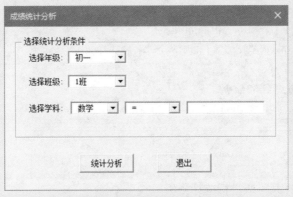

图14-18 启动"成绩统计分析"窗体

选择年级、班级、学科名称或总分，设置统计条件(比如要查询所有初一年级的数学成绩介于90到110分的学生)，设置的条件如图14-19所示。单击"统计分析"按钮，系统就开始进行统计分析，结果如图14-20所示。

由于是对每个班级进行排序统计，并将各个班级自己的排序结果都放在一个工作表中，造成所有的统计数据并不是真正意义上的从大到小排列，如图14-20所示。此时，可以单击工作表工具栏上的排序按钮，进行重新排序。这里将各个班级符合条件的学生放在一起，是为了方便查看各个班级的符合条件的学生。也可以在程序的最后加上排序语句，将某学科的成绩从高到低进行自动排序，这个排序语句可以通过录制宏的方式得到。

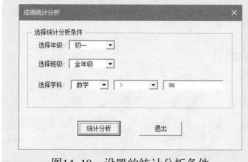

图14-19　设置的统计分析条件　　　　图14-20　得到的分析结果

如果要统计初一1班中所有语文成绩大于90分的学生，则设置如图14-21所示的条件，得到的结果如图14-22所示。

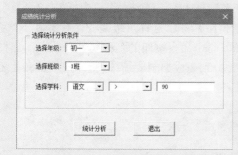

图14-21　设置统计分析条件　　　　图14-22　初一1班所有语文成绩大于90分的学生

14.7　打印成绩单模块的设计

打印成绩单模块的功能是生成某班的学生成绩单，并打印出来，以便分发给每个学生。打印成绩单模块的这些功能是通过"打印成绩单"窗体完成的。

14.7.1 学生成绩单结构

成绩单是分发给每个学生的。每个学生的成绩单上应该有完整的科目名称和考试成绩。成绩单的结构如图14-23所示。本模块就是要生成这样的成绩单，并打印出来。

	A	B	C	D	E	F	G	H	I	J	K	L
1	学号	姓名	性别	班级	数学	语文	英语	物理	化学	生物	体育	总分
2	CY001	王猛	男	初一1班	104	112	101	85	95	105	95	697
3												
4	学号	姓名	性别	班级	数学	语文	英语	物理	化学	生物	体育	总分
5	CY002	李立	男	初一1班	92	105	98	119	101	85	98	698
6												
7	学号	姓名	性别	班级	数学	语文	英语	物理	化学	生物	体育	总分
8	CY003	韩雨	女	初一1班	100	100	100	100	100	100	100	700
9												
10	学号	姓名	性别	班级	数学	语文	英语	物理	化学	生物	体育	总分
11	CY004	刘霈	女	初一1班	98	68	115	91	85	95	90	642
12												
13	学号	姓名	性别	班级	数学	语文	英语	物理	化学	生物	体育	总分
14	CY005	蕫晨	男	初一1班	96	88	98	87	68	84	90	611
15												

图14-23　学生成绩单结构

14.7.2 "打印成绩单"窗体的结构设计

"打印成绩单"窗体的结构如图14-24所示。在此窗体上，有1个框架、2个标签、2个复合框和3个命令按钮。标签的Caption属性设置为"选择年级"和"选择班级"。2个标签和2个复合框的功能及属性设置与"成绩统计分析"窗体相同。3个命令按钮的名称属性和Caption属性分别设置为"生成成绩单""打印成绩单"和"退出"，分别完成编制成绩单、打印成绩单和关闭窗体的功能。

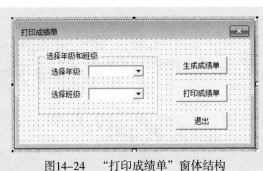

图14-24　"打印成绩单"窗体结构

14.7.3 "打印成绩单"窗体的程序代码设计

（1）首先定义如下的模块级变量。

```
Dim wb As Workbook
```

(2) 为用户窗体设置Initialize事件，程序代码如下。

```
Private Sub UserForm_Initialize()
    Dim j As Integer
    Set wb = ThisWorkbook
    Call 年级班级
    ' 为选择年级复合框设置项目
    For j = 1 To m
        选择年级 .AddItem Class(j)
    Next j
    选择年级 .ListIndex = 0
End Sub
```

(3) 为"选择年级"复合框设置Change事件，程序代码如下。

```
Private Sub 选择年级 _Change()
    Dim i As Integer
    ' 为选择班级复合框设置项目
    选择班级 .Clear
    For i = 1 To n( 选择年级 .ListIndex + 1)
        选择班级 .AddItem ClassName( 选择年级 .ListIndex + 1, i)
    Next i
    选择班级 .ListIndex = 0
End Sub
```

(4) 为命令按钮"生成成绩单"设计Click事件，程序代码如下。

```
Private Sub 生成成绩单 _Click()
    Dim newBook As Workbook
    Dim myArray As Variant
    Dim ws As Worksheet
    Set ws = ThisWorkbook.Sheets( 选择年级 .Value & Space(1) & 选择班级 .Value)
    Dim finaCol As Integer, finalRow As Integer
    finalRow = ws.Range("A65536").End(xlUp).Row
    finalcolumn = ws.Range("IV1").End(xlToLeft).Column
    myArray = Array(" 学号 "," 姓名 "," 性别 "," 班级 "," 数学 "," 语文 "," 英语 "," 物理 ",_
                " 化学 "," 生物 "," 体育 "," 总分 ")
```

```
'根据选择设定新工作簿名
myBookName= 选择年级 .Value & Space(1) & 选择班级 .Value & Space(1) & " 成绩单 "
'检查是否有已经打开的同名文件，如果有，就关闭它
For i = 1 To Workbooks.Count
    If Workbooks(i).Name = myBookName & ".xls" Then
        Workbooks(i).Close SaveChanges:=False
    End If
Next i
'删除当前文件夹中已有的重名工作簿
On Error Resume Next
Kill ThisWorkbook.Path & "\" & myBookName & ".xls"
On Error GoTo 0
'创建新工作簿
Set newBook = Workbooks.Add
With newBook
    .Sheets(1).Name = " 成绩单 "
    .SaveAs Filename:=ThisWorkbook.Path & "\" & myBookName
End With
newBook.Worksheets(" 成绩单 ").Columns("A:A").NumberFormatLocal = "@"
Cells.Delete Shift:=xlUp
Cells.Interior.ColorIndex = 2
k = 1
For i = 2 To finalRow
    '复制数据，并设置数据格式
    Range(Cells(k, 1), Cells(k, finalcolumn)) = myArray
    Range(Cells(k, 1), Cells(k, finalcolumn)).HorizontalAlignment = xlCenter
    For j = 1 To finalcolumn
        Cells(k + 1, j) = ws.Cells(i, j)
        Cells(k + 1, j).HorizontalAlignment = xlCenter
    Next j
    '设置单元格边框
    Range(Cells(k, 1), Cells(k + 1, finalcolumn)).Select
    With Selection
```

```
        .Borders(xlEdgeLeft).Weight = xlThin

        .Borders(xlEdgeTop).Weight = xlThin

        .Borders(xlEdgeBottom).Weight = xlThin

        .Borders(xlEdgeRight).Weight = xlThin

        .Borders(xlInsideVertical).Weight = xlThin

        .Borders(xlInsideHorizontal).Weight = xlThin

    End With

    k = k + 3

    Next i

    Cells(1, 1).Select

End Sub
```

（5）为命令按钮"打印成绩单"设置Click事件。可以通过录制宏的方式获得基本的宏代码，然后再进行修改，以适应本系统的需要。程序代码如下：

```
Private Sub 打印成绩单 _Click()

    If MsgBox(" 是否打印成绩单 ?", vbQuestion + vbYesNo, " 打印成绩单 ") = vbNo Then

            Exit Sub

    ActiveSheet.PageSetup.PrintArea = "$A$1:$K$" & Range("A65536").End(xlUp).Row

    With ActiveSheet.PageSetup

        .LeftHeader = ""

        .CenterHeader = 选择年级 .Value & Space(1) & 选择班级 .Value & Space(1) & " 成绩单 "

        .CenterFooter = " 第 &P 页，共 &N 页 "

        .LeftMargin = Application.InchesToPoints(0.748031496062992)

        .RightMargin = Application.InchesToPoints(0.748031496062992)

        .TopMargin = Application.InchesToPoints(0.984251968503937)

        .BottomMargin = Application.InchesToPoints(0.984251968503937)

        .HeaderMargin = Application.InchesToPoints(0.511811023622047)

        .FooterMargin = Application.InchesToPoints(0.511811023622047)

        .PrintComments = xlPrintNoComments

        .CenterHorizontally = True

        .Orientation = xlLandscape

        .PaperSize = xlPaperA4

        .Order = xlDownThenOver

        .Zoom = 100
```

```
            .PrintErrors = xlPrintErrorsDisplayed
        End With
        ActiveWindow.SelectedSheets.PrintPreview
End Sub
```

14.7.4 "打印成绩单"模块的应用举例

单击"首页"工作表的"打印成绩单"图形按钮,打开"打印成绩单"窗体,如图14-25所示。

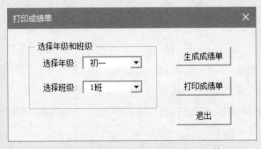

图14-25 启动"打印成绩单"窗体

选择年级和班级,单击"生成成绩单"按钮,则系统会编制某班的成绩单,结果如图14-23所示。单击"打印成绩单"按钮,系统将首先进行预览,如图14-26所示。然后单击预览窗口中的"打印"按钮,即开始打印。如果不想打印,可单击预览窗口中的"关闭"按钮。

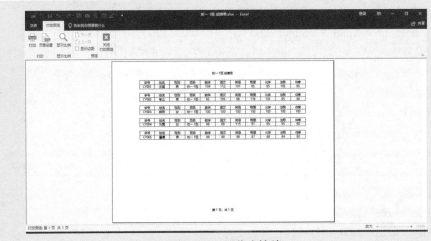

图14-26 预览成绩单

Chapter

15

Excel VBA综合应用案例之二：客户信息管理系统

本章将介绍如何以Excel工作簿为后台数据库开发一个客户信息管理系统。也就是将所有的客户信息资料都保存在工作簿的一个工作表中，通过利用数据库访问技术ADO和SQL，实现客户信息资料的日常管理。

15.1 客户信息管理系统的总体设计

15.1.1 客户信息管理系统功能模块

本章介绍的客户信息管理系统主要包括两个模块：客户资料管理和客户资料查询与导出，而这两个模块又有各自的子模块，分别完成不同的任务。客户信息管理系统功能模块如图15-1所示。

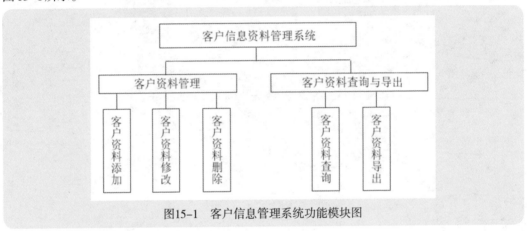

图15-1　客户信息管理系统功能模块图

1. 客户资料管理模块

客户资料管理模块用于完成对客户信息资料的添加、修改和删除等基本操作。在修改和删除客户信息资料时，还附加有各自的客户查询子模块。

2. 客户资料查询与导出模块

客户资料查询与导出模块用于完成对客户信息资料的查询和导出等操作。在查询客户信息资料时，可以按照客户的全名称、名称缩写或者名称拼音等进行查询，为用户提供了灵活的查询方式，这部分是本系统的重点和难点。客户信息资料的导出是将查询出的客户信息资料保存到一个新工作簿中。

15.1.2 客户信息资料的构成

本系统主要管理如表15-1所示的客户信息资料。

表 15-1 客户信息资料的构成

字 段 名 称	数 据 类 型	是否允许为空	备 注
客户ID	文本	否	关键字
客户名称	文本	否	
名称缩写	文本	否	
负责人	文本	否	
地址	文本	否	
邮政编码	文本	否	
城市	文本	否	
地区	文本	否	
国家	文本	否	默认值：中国
电话	文本	否	
传真	文本	否	
Email	文本	否	
网址	文本	否	
经营范围	文本	否	
客户级别	文本	否	
信用等级	文本	否	
联系人	文本	否	
联系人电话	文本	否	
联系人Email	文本	否	
备注	文本	是	

15.1.3 设计系统工作簿

客户信息管理系统是一个名为"客户信息管理系统.xls"的工作簿文件，该工作簿有两个工作表："首页"和"客户信息资料"。

1. "首页"工作表

"首页"工作表是系统的操作界面，在此工作表上，读者可以发挥想象设计一个美观的界面。本节设计的"首页"工作表如图15-2所示。

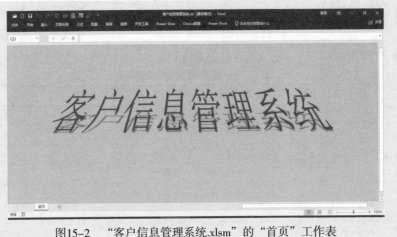

图15-2　"客户信息管理系统.xlsm"的"首页"工作表

在此工作表上，插入一个艺术字"客户信息管理系统"，并为其指定一个"启动窗体"的宏。宏代码如下：

```
Public Sub 启动窗体 ()
    客户信息管理系统 .Show 0
End Sub
```

当工作表界面设计完成后，对工作表进行保护。

2. "客户信息资料" 工作表

"客户信息资料"工作表是保存客户信息资料的工作表，也是本系统的核心工作表。"客户信息资料"工作表是一个隐藏的工作表。该工作表的结构如图15-3所示。

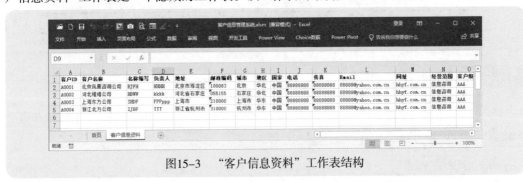

图15-3　"客户信息资料"工作表结构

在"客户信息资料"工作表中的第一行，输入有客户信息的字段名称。这些名称可以人工输入，也可以由程序输入。如果在第一行没有输入这些字段名称，那么在打开系统工作簿时，系统会在第一行的各个单元格中自动输入这些字段名称。

15.2 "客户信息管理系统"窗体结构的设计

在打开"客户信息管理系统"工作簿后，系统自动启动"客户信息管理系统"窗体。该窗体的结构如图15-4和图15-5所示。下面分别介绍该窗体的结构设计和程序代码设计。

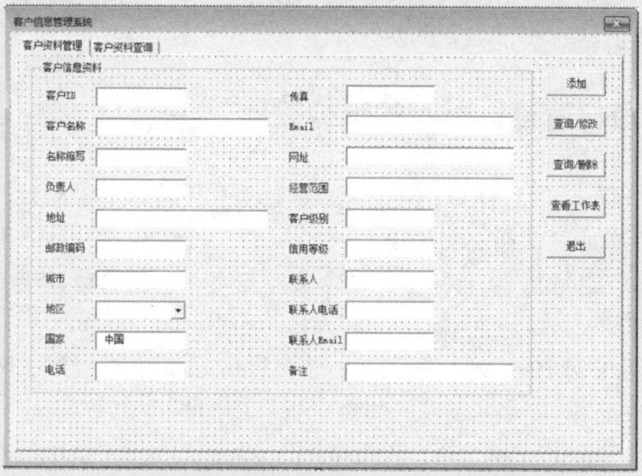

图15-4 "客户信息管理系"统窗体——"客户资料管理"页面

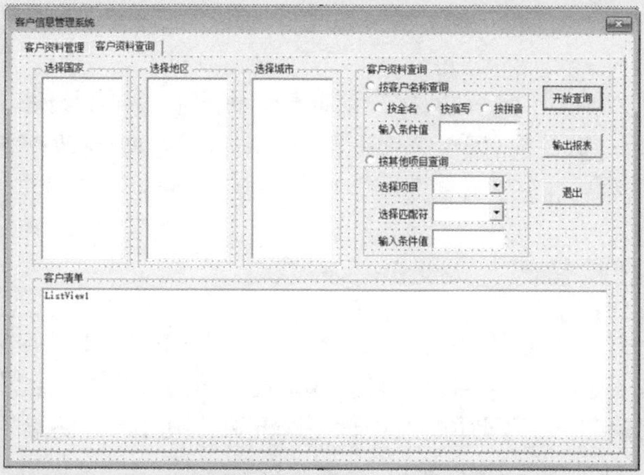

图15-5 "客户信息管理系统"窗体——"客户资料查询"页面

15.2.1 "客户信息管理系统"窗体的总体设计

"客户信息管理系统"窗体是一个名称为"客户信息管理系统"的用户窗体,其Caption属性设置为"客户信息管理系统"。在此窗体上,插入一个多页控件MultiPage,其名称为MultiPage1,共有Page1和Page2两个页,这两个页的Caption属性分别设置为"客户资料管理"和"客户资料查询"。

此外,用户窗体的ShowModel属性设置为False,即将用户窗体设置为无模式状态,这样就可以在用户窗体显示的情况下,在工作表中输入数据,从工作表中复制、粘贴数据,切换工作表,使用Excel菜单和工具栏等,就好像这个窗体不存在一样。

15.2.2 "客户资料管理"页面的结构设计

在"客户资料管理"页面上有1个框架、20个标签、19个文本框、1个复合框、5个命令按钮。这些控件的功能及属性设置说明如下。

(1) 1个框架:其功能是将20个标签、19个文本框和1个复合框组合在一起,其Caption属性设置为"客户信息资料"。

(2) 20个标签:用于对19个文本框和1个复合框的功能进行说明,其Caption属性分别设置为"客户ID""客户名称""名称缩写""负责人""地址""邮政编码""城市""地区""国家""电话""传真""Email""网址""经营范围""客户级别""信用等级""联系人""联系人电话""联系人Email"和"备注"。

(3) 19个文本框和1个复合框:用于显示或输入客户的各项信息资料数据,其名称属性分别设置为与其对应标签的Caption属性相同的文字。其中,"国家"文本框的Value属性为"中国"(默认值)。

(4) 5个命令按钮:分别用于完成对客户信息资料的添加、查询/修改、查询/删除、打开资料表和关闭窗体的功能。其Caption属性分别设置为"添加""查询/修改""查询/删除""查看工作表"和"退出";而名称属性分别设置为"添加""修改""删除""查看工作表"和"退出"。

15.2.3 "客户资料查询"页面的结构设计

在"客户资料查询"页面上有7个框架、3个列表框、4个标签、2个文本框、2个复合框、5个单选按钮、3个命令按钮和1个ListView控件。这些控件的功能及属性设置说明如下。

(1) 7个框架分别用于将不同功能的控件组合起来。其中5个框架的Caption属性分别设置为"选择国家""选择地区""选择城市""客户资料查询"和"客户清单",另外两个框架的Caption属性设置为空值。

(2) 在标题为"选择国家"的框架内有1个列表框，用于显示国家名称，其名称属性设置为ListBox1。

(3) 在标题为"选择地区"的框架内有1个列表框，用于显示地区名称，其名称属性设置为ListBox2。

(4) 在标题为"选择城市"的框架内有1个列表框，用于显示城市名称，其名称属性设置为ListBox3。

(5) 在标题为"客户资料查询"的框架内有5个单选按钮，用于选择查询的条件。其Caption属性和名称属性分别设置为"按客户名称查询""按全名""按缩写""按拼音"和"按其他项目查询"。

(6) 在标题为"客户资料查询"的框架内有4个标签，分别用于说明对应的文本框和复合框的功能。其Caption属性分别设置为"输入条件值""选择项目""选择匹配符"和"输入条件值"。

(7) 2个文本框分别用于输入查询的条件值(客户名称或其他项目名称)，其名称属性分别设置为"客户名"和"条件值"。

(8) 2个复合框分别用于选择查询项目和匹配符，其名称属性分别设置为"查询项目"和"匹配符"。

(9) 3个命令按钮分别用于完成查询、输出报表和关闭窗体的操作。其Caption属性分别设置为"开始查询""输出报表"和"退出"，其名称属性分别设置为"开始查询""输出报表"和"关闭窗体"。其中，命令按钮"开始查询"的Default属性设置为True。

(10) 1个ListView控件用于显示查询出的客户信息资料，其名称属性设置为ListView1。

15.3 程序代码设计

本系统利用 ADO 和 SQL 语言对工作簿的客户信息资料进行管理和查询，因此必须首先引用 ADO 对象库 Microsoft Active Data Objects 2.x Library。下面详细介绍本系统的程序代码设计。

15.3.1 工作簿打开与关闭事件程序代码设计

为了实现自动化操作，为工作簿设置Open事件和BeforeClose事件。其程序代码分别如下：

```
Private Sub Workbook_Open()
    Set ws = Worksheets(" 客户信息资料 ")
    myArray = Array(" 客户 ID ", " 客户名称 ", " 名称缩写 ", " 负责人 ", " 地址 ", _
```

```
        " 邮政编码 "," 城市 "," 地区 "," 国家 "," 电话 "," 传真 ","Email"," 网址 ",_
        " 经营范围 "," 客户级别 "," 信用等级 "," 联系人 "," 联系人电话 ",_
        " 联系人 Email"," 备注 ")
    With ws
        .Range("A1").Resize(1, UBound(myArray) + 1) = myArray
        .Columns.AutoFit
        .Cells.NumberFormatLocal = "@"
        .Visible = xlSheetVeryHidden
    End With
    客户信息管理系统 .Show 0      ' 以无模式的方式启动窗体
End Sub
```

```
Private Sub Workbook_BeforeClose(Cancel As Boolean)
    ThisWorkbook.Close savechanges:=True
End Sub
```

15.3.2 窗体事件程序代码设计

客户信息管理系统的核心是前面介绍的"客户信息管理系统"窗体。下面介绍这个窗体的程序代码设计。

1. 定义公共变量

由于本系统的各个窗体控件以及工作簿的事件程序要用到一些公共变量，为此定义如下的公共变量，并将它们保存在一个标准模块中。

```
Public ws As Worksheet
Public myArray As Variant
Public cnn As ADODB.Connection
Public rs As ADODB.Recordset
```

2. 用户窗体的初始化程序代码

为用户窗体设置 Initialize 事件；当启动窗体时，切换到"客户资料管理"页面，为有关的控件设置属性；利用 ADO 建立与工作簿的连接，从工作簿中查询不重复的国家名称并设置给列表框 ListBox1；查询所有的客户信息并显示在 ListView1 控件中。程序代码如下：

```
Private Sub UserForm_Initialize()
```

```vba
Dim SQL As String
ListBox1.ListStyle = fmListStyleOption
ListBox2.ListStyle = fmListStyleOption
ListBox3.ListStyle = fmListStyleOption
MultiPage1.Value = 0
条件值.ControlTipText = "如果不输入任何条件值，并且匹配符选择LIKE，那么就查询
                        全部记录"
Set ws = Worksheets("客户信息资料")
myArray = Array("客户ID", "客户名称", "名称缩写", "负责人", "地址", _
    "邮政编码", "城市", "地区", "国家", "电话", "传真", "Email", "网址", _
    "经营范围", "客户级别", "信用等级", "联系人", "联系人电话", _
    "联系人Email", "备注")
With 地区      '为地区复合框设置项目
    .AddItem "东北"
    .AddItem "华北"
    .AddItem "西北"
    .AddItem "西南"
    .AddItem "华东"
    .AddItem "华南"
    .ListIndex = 0
End With
With ListView1    '设置ListView1的标题、显示类型、整行选择、网格线及排序属性
    .ColumnHeaders.Clear
    .ListItems.Clear
    .View = lvwReport
    .FullRowSelect = True
    .Gridlines = True
    .Sorted = True
    .ColumnHeaders.Add , , myArray(0)
    For i = 1 To UBound(myArray)
        .ColumnHeaders.Add , , myArray(i)
    Next i
End With
'建立与工作簿的连接
```

```
    Set cnn = New ADODB.Connection
    cnn.Open "Provider=microsoft.ace.oledb.12.0;" _
        & "Extended Properties=Excel 8.0;" _
        & "Data Source=" & ThisWorkbook.FullName
    Call myCountry    ' 查询所有国家名称，并设置给列表框 ListBox1
    ListBox1.ControlTipText = " 单击或双击某个国家名称，显示该国家的全部客户信息 "
    ListBox2.ControlTipText = " 单击某个地区名称，显示该地区的全部客户信息 "
    ListBox3.ControlTipText = " 单击某个城市名称，显示该城市的全部客户信息 "
End Sub
```

这里，调用的子程序myCountry的功能是查询不重复的国家名称，并将国家名称显示在列表框ListBox1中，其程序代码如下：

```
Public Sub myCountry()
    Dim SQL As String
    SQL = "select distinct 国家 from [ 客户信息资料 $]"
    Set rs = New ADODB.Recordset
    rs.Open SQL, cnn, adOpenKeyset, adLockOptimistic
    Call myList(" 国家 ", Me.ListBox1)
End Sub
```

在这个子程序中，又调用了一个带参数的子程序myList，其功能是将查询出的国家、地区、城市名称分别设置给3个列表框，这样做的目的是简化程序代码。子程序myList的程序代码如下：

```
Public Sub myList(myStr As String, myListBox As MSForms.ListBox)
    On Error Resume Next
    Dim SQL As String
    With myListBox
        .Clear
        For i = 1 To rs.RecordCount
            .AddItem rs.Fields(0).Value
            rs.MoveNext
        Next i
    End With
End Sub
```

3. 多页控件的 Change 事件程序代码

为多页控件设置 Change 事件，是为了在切换"客户资料管理"页面和"客户资料查询"页面时，分别进行不同的查询，为两个页面的有关控件设置属性。具体的程序代码如下：

```vba
Private Sub MultiPage1_Change()
    Dim SQL As String
    Dim i As Integer
    If MultiPage1.Value = 0 Then Exit Sub
    ' 将"按客户名称查询"和"按全名"单选按钮设置为默认按钮
    按全名 .Value = True
    按客户名称查询 .Value = True
    ' 查询各个项目的不重复值，并设置给"查询项目"复合框
    SQL = "select distinct * from [ 客户信息资料 $]"
    Set rs = New ADODB.Recordset
    rs.Open SQL, cnn, adOpenKeyset, adLockOptimistic
    With 查询项目
      .Clear
      For i = 0 To rs.Fields.Count − 1
        .AddItem rs.Fields(i).Name
      Next i
      .ListIndex = 0
    End With
    With 匹配符    ' 为"匹配符"复合框设置项目
      .Clear
      .AddItem "="
      .AddItem "like"
      .ListIndex = 0
    End With
    Call myCountry    ' 查询所有国家名称，并设置给列表框 ListBox1
End Sub
```

4. "添加"按钮的 Click 事件程序代码

为"添加"按钮设置 Click 事件。当单击此按钮时，就将窗体上的客户信息资料保存到工

作表中。具体的程序代码如下：

```
Private Sub 添加 _Click()
    Dim n As Long, i As Integer
    For i = 0 To UBound(myArray)
        If myArray(i) = " 备注 " Then Exit For
        If Me.Controls(myArray(i)).Value = "" Then
            MsgBox myArray(i) & " 不能为空!", vbCritical, " 警告 "
            Me.Controls(myArray(i)).SetFocus
            Exit Sub
        End If
    Next i
    n = ws.Range("A65536").End(xlUp).Row + 1
    For i = 1 To UBound(myArray) + 1
        ws.Cells(n, i) = Me.Controls(myArray(i - 1)).Value
    Next i
    ws.Columns.AutoFit
    MsgBox " 客户信息添加成功!", vbInformation, " 添加数据 "
    For i = 1 To UBound(myArray) + 1        ' 清除各个文本框数据
        Me.Controls(myArray(i - 1)).Value = ""
    Next i
    客户 ID.SetFocus                        ' 将焦点移到 "客户 ID" 文本框
    ' 设置 "地区" 文本框和 "国家" 文本框的默认值
    地区 .ListIndex = 0
    国家 .Value = " 中国 "
    ThisWorkbook.Save                       ' 保存工作簿
End Sub
```

5. "查询 / 修改" 按钮的 Click 事件程序代码

为 "查询/修改" 按钮设置 Click 事件。当单击此按钮时，弹出一个查询客户的输入框，以便查询要修改数据的客户。然后在窗体上对客户信息资料进行修改，修改后再单击此按钮（此时按钮的标题变为 "修改"），就可以将修改后的客户资料保存到工作表中。具体的程序代码如下：

```
Private Sub 修改 _Click()
```

```vba
Dim myName As String, i As Integer, SQL As String
If Me. 修改 .Caption = " 修改 " Then
  '准备修改选定的客户资料
  If MsgBox(" 是否修改选定的客户资料?", _
  vbQuestion + vbYesNo, " 修改资料 ") = vbNo Then
      Me. 修改 .Caption = " 查询 / 修改 "
      For i = 0 To rs.Fields.Count − 1
         Me.Controls(myArray(i)).Value = ""
      Next i
      Exit Sub
  End If
  For i = 0 To UBound(myArray)
      ws.Cells(rs.AbsolutePosition+1, i+1)=Me.Controls(myArray(i)).Value
  Next i
  ws.Columns.AutoFit
  Me. 修改 .Caption = " 查询 / 修改 "
  ThisWorkbook.Save                    '保存工作簿
  For i = 1 To UBound(myArray) + 1     '清除各个文本框数据
      Me.Controls(myArray(i − 1)).Value = ""
  Next i
  客户 ID.SetFocus                    '将焦点移到“客户 ID”文本框
  '设置“地区”文本框和“国家”文本框的默认值
  地区 .ListIndex = 0
  国家 .Value = " 中国 "
  Exit Sub
End If
If Me. 修改 .Caption = " 查询 / 修改 " Then
  For i = 0 To rs.Fields.Count − 1     '清空窗体数据，准备查询客户资料
      Me.Controls(myArray(i)).Value = ""
  Next i
End If
'输入客户名称汉语拼音字头
myName = InputBox(" 请输入要进行资料修改的客户名称的汉语拼音字头 :", _
```

```
                 " 输入客户名称汉语拼音字头 ")
    ' 开始查询某个客户
    SQL = "select * from [ 客户信息资料 $]"
    Set rs = New ADODB.Recordset
    rs.Open SQL, cnn, adOpenKeyset, adLockOptimistic
    If myPYYesNo(myName) Then
        For i = 0 To rs.Fields.Count – 1        ' 将查询到的客户资料显示在窗体上
            If IsNull(rs.Fields(i).Value) Then
                Me.Controls(myArray(i)).Value = ""
            Else
                Me.Controls(myArray(i)).Value = rs.Fields(i).Value
            End If
        Next i
        Me. 修改 .Caption = " 修改 "
    Else
        Me. 修改 .Caption = " 查询 / 修改 "
    End If
End Sub
```

6. "查询 / 删除" 按钮的 Click 事件程序代码

为 "查询/删除" 按钮设置 Click 事件。当单击此按钮时，弹出一个查询客户的输入框，以便查询出要删除数据的客户。当查询出要删除的客户后，单击弹出的信息框的 "是" 按钮，即可将该客户信息资料从工作表中删除。具体的程序代码如下：

```
Private Sub 删除 _Click()
    Dim myName As String, i As Integer, SQL As String
    If Me. 删除 .Caption = " 查询 / 删除 " Then
        For i = 0 To rs.Fields.Count – 1        ' 清空窗体数据，准备查询客户资料
            Me.Controls(myArray(i)).Value = ""
        Next i
    End If
    ' 输入客户名称汉语拼音字头
    myName = InputBox(" 请输入要进行资料删除的客户名称的汉语拼音字头 :", _
        " 输入客户名称汉语拼音字头 ")
```

```
' 开始查询某个客户
SQL = "select * from [ 客户信息资料 $]"
Set rs = New ADODB.Recordset
rs.Open SQL, cnn, adOpenKeyset, adLockOptimistic
If myPYYesNo(myName) Then
    For i = 0 To rs.Fields.Count − 1                '将查询到的客户资料显示在窗体上
        If IsNull(rs.Fields(i).Value) Then
            Me.Controls(myArray(i)).Value = ""
        Else
            Me.Controls(myArray(i)).Value = rs.Fields(i).Value
        End If
    Next i
    ' 准备删除选定的客户资料
    If MsgBox(" 是否删除选定的客户资料？ ", _
        vbQuestion + vbYesNo, " 删除资料 ") = vbNo Then
        For i = 0 To rs.Fields.Count − 1
            Me.Controls(myArray(i)).Value = ""
        Next i
        Exit Sub
    End If
    ws.Rows(rs.AbsolutePosition + 1).Delete Shift:=xlUp
    ThisWorkbook.Save                          '保存工作簿
    For i = 1 To UBound(myArray) + 1           '清除各个文本框数据
        Me.Controls(myArray(i − 1)).Value = ""
    Next i
    客户 ID.SetFocus                            '将焦点移到"客户 ID"文字框
    '设置"地区"文本框和"国家"文本框的默认值
    地区 .ListIndex = 0
    国家 .Value = " 中国 "
End If
End Sub
```

7. "查看工作表" 按钮的 Click 事件程序代码

为"查看工作表"按钮设置Click事件。当单击此按钮时，系统就激活并显示保存客户信息资料的"客户信息资料"工作表，以便于用户直接在工作表中查看、修改、删除数据，而不必关闭窗体。具体的程序代码如下：

```
Private Sub 查看工作表 _Click()
    ws.Visible = xlSheetVisible
    ws.Activate
End Sub
```

8."退出"按钮的 Click 事件程序代码

为"退出"按钮设置Click事件。当单击此按钮时，系统关闭与工作簿的连接，释放变量，并卸载窗体。具体的程序代码如下：

```
Private Sub 退出 _Click()
    rs.Close
    cnn.Close
    Set rs = Nothing
    Set cnn = Nothing
    Unload 客户信息管理系统
End Sub
```

9."选择国家"列表框的 Click 事件和 DblClick 事件程序代码

为"选择国家"列表框设置Click事件和DblClick事件。当单击或双击此列表框内的某个国家名称时，就在"选择地区"列表框中显示出该国家的全部地区名称，并在ListView1控件中显示出该国家的全部客户信息资料。具体的程序代码如下：

```
Private Sub ListBox1_Click()
    按全名 .Value = True: 客户名 .Value = "": 条件值 .Value = ""
    Dim SQL As String
    ' 为 "地区" 列表框设置项目
    SQL = "select distinct 地区 from [ 客户信息资料 $] where 国家 ='" _
        & ListBox1.Value & "'"
    Set rs = New ADODB.Recordset
    rs.Open SQL, cnn, adOpenKeyset, adLockOptimistic
    Call myList(" 地区 ", Me.ListBox2)
    Me.ListBox3.Clear   ' 清除 "城市" 列表框的项目
    ' 查询指定国家的所有客户信息
```

```
    SQL = "select * from [ 客户信息资料 $] where 国家 ='" & ListBox1.Value & "'"
    Set rs = New ADODB.Recordset
    rs.Open SQL, cnn, adOpenKeyset, adLockOptimistic
    Call myListView    ' 调用子程序，为 ListView1 控件输入数据
End Sub


Private Sub ListBox1_DblClick(ByVal Cancel As MSForms.ReturnBoolean)
    Call ListBox1_Click
End Sub
```

这里，子程序myListView的功能是在ListView控件中显示客户信息数据。其程序代码如下：

```
Public Sub myListView()
    On Error Resume Next
    Dim i As Integer, j As Long
    ' 将查询结果显示在 ListView1 控件中
    If 按拼音 .Value = False Then
        With ListView1
            .ListItems.Clear
            For i = 1 To rs.RecordCount
                .ListItems.Add , , rs.Fields(0).Value
                For j = 1 To rs.Fields.Count − 1
                    If IsNull(rs.Fields(j).Value) Then
                        .ListItems(i).SubItems(j) = ""
                    Else
                        .ListItems(i).SubItems(j) = rs.Fields(j).Value
                    End If
                Next j
                rs.MoveNext
            Next i
        End With
        rs.MoveFirst
    Else
        With ListView1
```

```
            .ListItems.Clear
            .ListItems.Add , , rs.Fields(0).Value
            For j = 1 To rs.Fields.Count − 1
                If IsNull(rs.Fields(j).Value) Then
                    .ListItems(1).SubItems(j) = ""
                Else
                    .ListItems(1).SubItems(j) = rs.Fields(j).Value
                End If
            Next j
        End With
    End If
    ' 自动设置 ListView1 控件各列的宽度
    For i = 1 To ListView1.ColumnHeaders.Count
        ListView1.ColumnHeaders(i).Width = ws.Cells(1, i).Width * 0.9
    Next i
End Sub
```

10. "选择地区" 列表框的 Click 事件程序代码

为 "选择地区" 列表框设置 Click 事件。当单击此列表框内的某个地区名称时, 就在 "选择城市" 列表框中显示出该地区的全部城市名称, 并在 ListView1 控件中显示出该地区的全部客户信息资料。具体的程序代码如下:

```
Private Sub ListBox2_Click()
    按全名 .Value = True: 客户名 .Value = "": 条件值 .Value = ""
    Dim SQL As String
    ' 为 "城市" 列表框设置项目
    SQL = "select distinct 城市 from [ 客户信息资料 $]" _
        & " where 国家 ='" & ListBox1.Value & "' and 地区 ='" & ListBox2.Value & "'"
    Set rs = New ADODB.Recordset
    rs.Open SQL, cnn, adOpenKeyset, adLockOptimistic
    Call myList(" 城市 ", Me.ListBox3)
    ' 查询指定国家和地区的所有客户信息
    SQL = "select * from [ 客户信息资料 $] " _
        & " where 国家 ='" & ListBox1.Value & "' and 地区 ='" & ListBox2.Value & "'"
    Set rs = New ADODB.Recordset
```

```
    rs.Open SQL, cnn, adOpenKeyset, adLockOptimistic
    Call myListView    ' 调用子程序，为 ListView1 控件输入数据
End Sub
```

11. "选择城市" 列表框的 Click 事件程序代码

为"选择城市"列表框设置Click事件。当单击此列表框内的某个城市名称时，就在ListView1控件中显示出该城市的全部客户信息资料。具体的程序代码如下：

```
Private Sub ListBox3_Click()
    按全名 .Value = True: 客户名 .Value = "": 条件值 .Value = ""
    Dim SQL As String
    ' 查询指定国家、地区和城市的所有客户信息
    SQL = "select * from [ 客户信息资料 $] " _
        & " where 国家 ='" & ListBox1.Value & "'" _
        & " and 地区 ='" & ListBox2.Value & "' and 城市 ='" & ListBox3.Value & "'"
    Set rs = New ADODB.Recordset
    rs.Open SQL, cnn, adOpenKeyset, adLockOptimistic
    Call myListView    ' 调用子程序，为 ListView1 控件输入数据
End Sub
```

12. 有关单选按钮、文本框和复合框的 Enter 事件程序代码

为"按客户名称查询""按其他项目查询""按全名""按缩写"和"按拼音"等单选按钮、"客户名"和"条件值"2个文本框、"查询项目"和"匹配符"2个复合框设置Enter事件或Click事件。当焦点移到这几个控件上或单击这几个控件时，对列表框、单选按钮、文本框和ListView1等控件的有关属性进行设置。具体的程序代码分别如下：

```
Private Sub 按客户名称查询 _Click()
    查询项目 .Value = "": 匹配符 .Value = "": 条件值 .Value = ""
    Call ListPriValue
End Sub
```

```
Private Sub 按其他项目查询 _Click()
    按全名 .Value = False: 按缩写 .Value = False: 按拼音 .Value = False
    客户名 .Value = ""
End Sub
```

```
Private Sub 按全名 _Enter()
    按客户名称查询 .Value = True
    Call ListPriValue
End Sub
```

```
Private Sub 按缩写 _Enter()
    按客户名称查询 .Value = True
    Call ListPriValue
End Sub
```

```
Private Sub 按拼音 _Enter()
    按客户名称查询 .Value = True
    Call ListPriValue
End Sub
```

```
Private Sub 客户名 _Enter()
    按客户名称查询 .Value = True
    Call ListPriValue
End Sub
```

```
Private Sub 查询项目 _Enter()
    按其他项目查询 .Value = True
    Call ListPriValue
End Sub
```

```
Private Sub 匹配符 _Enter()
    按其他项目查询 .Value = True
    Call ListPriValue
End Sub
```

```
Private Sub 条件值 _Enter()
    按其他项目查询 .Value = True
```

```
    Call ListPriValue
End Sub
```

这里，设置子程序ListPriValue的目的是简化程序代码。其程序代码如下：

```
Public Sub ListPriValue()
    ListBox1.ListIndex = -1
    ListBox2.ListIndex = -1
    ListBox3.ListIndex = -1
    ListBox2.Clear
    ListBox3.Clear
    ListView1.ListItems.Clear
End Sub
```

13. "开始查询"按钮的 Click 事件程序代码

为"开始查询"按钮设置Click事件。当单击此按钮时，系统就根据所设置的条件进行查询，并将查询结果显示在窗体上的ListView1中。具体的程序代码如下：

```
Private Sub 开始查询 _Click()
    Dim SQL As String
    SQL = "select * from [ 客户信息资料 $]"
    If 按客户名称查询 .Value = True Then
        If 按全名 .Value = True Then
            SQL = SQL & " where 客户名称 ='" & 客户名 .Value & "'"
        ElseIf 按缩写 .Value = True Then
            SQL = SQL & " where 名称缩写 ='" & 客户名 .Value & "'"
        ElseIf 按拼音 .Value = True Then
            SQL = SQL
        End If
    ElseIf 按其他项目查询 .Value = True Then
        If 匹配符 .Value = "=" Then
            SQL = SQL & " where " & 查询项目 .Value & "='" & 条件值 .Value & "'"
        Else
            SQL = SQL & " where " & 查询项目 .Value & " like '%" & 条件值 .Value & "%'"
        End If
    End If
```

```
    Set rs = New ADODB.Recordset
    rs.Open SQL, cnn, adOpenKeyset, adLockOptimistic
    If 按拼音 .Value = False Then
        If rs.EOF And rs.BOF Then
            MsgBox " 没有查询到符合条件的记录!", vbInformation, " 查询结果 "
        Else
            Call myListView
        End If
    Else
        If myPYYesNo( 客户名 .Value) = True Then
            Call myListView
        End If
    End If
End Sub
```

14. "输出报表" 按钮的 Click 事件程序代码

为 "输出报表" 按钮设置 Click 事件。当单击此按钮时, 系统就将查询结果保存到一个新工作簿中。具体的程序代码如下:

```
Private Sub 输出报表 _Click()
    Dim i As Integer
    Dim wb As Workbook
    Set wb = Workbooks.Add
    With wb.ActiveSheet
        For i = 1 To rs.Fields.Count
            .Cells(1, i) = rs.Fields(i – 1).Name
        Next i
        .Range("A2").CopyFromRecordset rs
        .Columns.AutoFit
    End With
    Set wb = Nothing
End Sub
```

15. "退出" 按钮的 Click 事件程序代码

为 "退出" 按钮设置 Click 事件。当单击此按钮时, 系统关闭与工作簿的连接, 释放变量,并卸载窗体。具体的程序代码如下：

```
Private Sub 关闭窗体 _Click()
    rs.Close
    cnn.Close
    Set rs = Nothing
    Set cnn = Nothing
    Unload 客户信息管理系统
End Sub
```

16. 用户窗体的 QueryClose 事件程序代码

为用户窗体设置QueryClose事件，以便只能通过单击窗体上的"退出"按钮来关闭窗体，而不允许单击窗体右上角的"×"按钮来关闭窗体。具体的程序代码如下：

```
Private Sub UserForm_QueryClose(Cancel As Integer, CloseMode As Integer)
    If CloseMode = vbFormControlMenu Then
        Cancel = True
        MsgBox " 请单击 < 退出 > 按钮关闭窗体!", vbCritical, " 警告 "
    End If
End Sub
```

15.3.3 按汉语拼音字头查询的自定义函数

本系统可以按客户名称的汉语拼音字头来查询客户信息，它是由两个自定义函数myPYYesNo和PinYinChr组成的，具体的程序代码分别如下：

```
Public Function myPYYesNo(khmc As String) As Boolean
    Dim myLen As Integer, k As Integer
    myPYYesNo = False
    For i = 1 To rs.RecordCount
        myLen = Len(rs.Fields(" 客户名称 ").Value)      ' 获取每个记录的客户名称的数据长度
        ReDim myName(1 To myLen) As String
        For j = 1 To myLen        ' 将客户名称的每个汉字保存到数组 myName
            myName(j) = Mid(rs.Fields(" 客户名称 ").Value, j, 1)
        Next j
        ' 获取客户名称的汉语拼音的第一个字母
```

```
        myPY = ""
        For j = 1 To myLen
            myPY = myPY & PinYinChr(myName(j))
        Next j
        '判断是否有符合条件的客户记录
        If LCase(khmc) = LCase(myPY) Then
            myPYYesNo = True
            Exit Function
        Else
            rs.MoveNext
        End If
    Next i
    MsgBox " 没有符合条件的客户资料!", vbCritical, " 查询结果 "
End Function
```

```
Public Function PinYinChr(myChar As String) As String
    Dim i As Long
    i = Asc(myChar)
    If i >= Asc(" 啊 ") And i < Asc(" 芭 ") Then
        PinYinChr = "A"
    ElseIf i >= Asc(" 芭 ") And i < Asc(" 擦 ") Then
        PinYinChr = "B"
    ElseIf i >= Asc(" 擦 ") And i < Asc(" 搭 ") Then
        PinYinChr = "C"
    ElseIf i >= Asc(" 搭 ") And i < Asc(" 蛾 ") Then
        PinYinChr = "D"
    ElseIf i >= Asc(" 蛾 ") And i < Asc(" 发 ") Then
        PinYinChr = "E"
    ElseIf i >= Asc(" 发 ") And i < Asc(" 噶 ") Then
        PinYinChr = "F"
    ElseIf i >= Asc(" 噶 ") And i < Asc(" 哈 ") Then
        PinYinChr = "G"
    ElseIf i >= Asc(" 哈 ") And i < Asc(" 击 ") Then
```

```
        PinYinChr = "H"
    ElseIf i >= Asc(" 击 ") And i < Asc(" 喀 ") Then
        PinYinChr = "J"
    ElseIf i >= Asc(" 喀 ") And i < Asc(" 垃 ") Then
        PinYinChr = "K"
    ElseIf i >= Asc(" 垃 ") And i < Asc(" 妈 ") Then
        PinYinChr = "L"
    ElseIf i >= Asc(" 妈 ") And i < Asc(" 拿 ") Then
        PinYinChr = "M"
    ElseIf i >= Asc(" 拿 ") And i < Asc(" 哦 ") Then
        PinYinChr = "N"
    ElseIf i >= Asc(" 哦 ") And i < Asc(" 啪 ") Then
        PinYinChr = "O"
    ElseIf i >= Asc(" 啪 ") And i < Asc(" 欺 ") Then
        PinYinChr = "P"
    ElseIf i >= Asc(" 欺 ") And i < Asc(" 然 ") Then
        PinYinChr = "Q"
    ElseIf i >= Asc(" 然 ") And i < Asc(" 撒 ") Then
        PinYinChr = "R"
    ElseIf i >= Asc(" 撒 ") And i < Asc(" 塌 ") Then
        PinYinChr = "S"
    ElseIf i >= Asc(" 塌 ") And i < Asc(" 挖 ") Then
        PinYinChr = "T"
    ElseIf i >= Asc(" 挖 ") And i < Asc(" 昔 ") Then
        PinYinChr = "W"
    ElseIf i >= Asc(" 昔 ") And i < Asc(" 压 ") Then
        PinYinChr = "X"
    ElseIf i >= Asc(" 压 ") And i < Asc(" 匝 ") Then
        PinYinChr = "Y"
    ElseIf i >= Asc(" 匝 ") And i <= Asc(" 座 ") Then
        PinYinChr = "Z"
    End If
End Function
```

这里，自定义函数myPYYesNo根据输入的客户名称汉语拼音字头与记录集中每个客户的汉语拼音字头进行比较，如果相同，就表明查询到数据。自定义函数PinYinChr则用于获取汉字的汉语拼音字头的字母。

15.4 客户信息管理系统使用说明

15.4.1 客户信息管理

打开"客户信息管理系统.xls"工作簿，或者在系统工作簿的首页单击艺术字"客户信息管理系统"，即可打开"客户信息管理系统"窗体，如图15-6所示。

在各个文本框和复合框中输入某个客户的信息资料，单击"添加"按钮，即可将该客户的信息资料数据保存到工作表中，如图15-7所示。

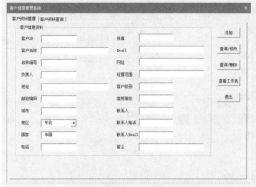

图15-6　启动"客户信息管理系统"窗体

图15-7　输入客户信息资料

如果想要查看工作表的数据，可以单击"查看工作表"按钮，激活并显示"客户信息资料"工作表，可以看到显示了刚刚输入的客户信息资料，如图15-8所示。此时，用户可以抛开窗体(将窗体关闭或挪开)，直接在此工作表内查看、输入、修改客户信息资料，或者对这些资料进行分析。

	A	客户名称	名称编写	负责人	地址	邮政编码	城市	地区	国家	电话	传真	Email	网址	经营范围	客户级别	信用等级
1	客户ID	客户名称	名称编写	负责人	地址	邮政编码	城市	地区	国家	电话	传真	Email	网址	经营范围	客户级别	信用等级
2	A0001	北京凤凰咨询公司	BJFH	BBBH	北京市海淀区	100083	北京	华北	中国	88888888	88888888	88888@yahoo.com	hhyf.com.cn	信息咨询	AAA	AAB
3	A0002	河北维棒公司	HBWW	kkkk	河北省石家庄	055155	石家庄	华北	中国	88888888	88888888	88888@yahoo.com	hhyf.com.cn	信息咨询	AAA	AAB
4	A0003	上海东方公司	SHDF	PPPppp	上海市	310000	上海	华东	中国	88888888	88888888	88888@yahoo.com	hhyf.com.cn	信息咨询	AAA	AAB
5	A0004	浙江北方公司	IJBF	TTT	浙江省湖州市	310000	杭州市	华东	中国	88888888	88888888	88888@yahoo.com	hhyf.com.cn	信息咨询	AAA	AAB
6	C001	北京网睿信息科技有限公司	BJWD	张三	北京市海淀区学院路	100083	北京	华北	中国	010-62339901	010-62339901	bjdw@qq.com	www.bjwd.com	网络安全	AAA	AA
7																

图15-8　激活并显示"客户信息资料"工作表

如果要修改或删除某个客户的信息资料，可以单击"查询/修改"按钮或"查询/删除"按钮，再按照系统的提示进行操作。

15.4.2　客户信息查询

单击窗体上的"客户资料查询"选项卡，打开"客户资料查询"页面，如图15-9所示。

单击"选择国家"列表框中的国名，在"选择地区"列表框中选择地区，在"选择城市"列表框中选择城市，即可分别查看某个国家、某个地区和某个城市的所有客户信息，分别如图15-10、图15-11和图15-12所示。

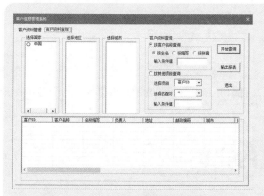

图15-9　打开"客户资料查询"页面

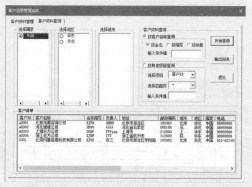

图15-10　显示某个国家的全部客户信息

图15-11　显示某个地区的全部客户信息

图15-12　显示某个城市的全部客户信息

选中"按拼音"单选按钮，然后在"输入条件值"文本框中输入客户名称的汉语拼音字头，单击"开始查询"按钮，即可将该客户的资料查询并显示出来，如图15-13所示。

选中"按其他项目查询"单选按钮，然后选择要查询的项目，选择匹配符，并在"输入条件值"文本框中输入条件值，单击"开始查询"按钮，即可将符合条件的资料查询并显示出来，如图15-14所示。

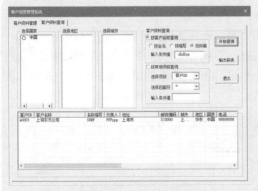

图15-13　按拼音查询客户信息　　　　图15-14　查找包含"北京"的客户信息

15.5　客户信息管理系统的完善

本客户信息管理系统是比较粗糙的，有很多缺陷。比如，如果客户名称为英文名称，就不能使用汉语拼音的查询方法；由于是以工作簿为后台数据库的，因此客户数量不能超过65535个。感兴趣的读者可以在此系统的基础上，根据实际工作情况，加以改进和完善。